多媒体教学DVD导读

本书DVD包括93小节多媒体教学课程，全程语音讲解+视频动画演示，总教学时间长达284分钟。

U0116385

[主界面]

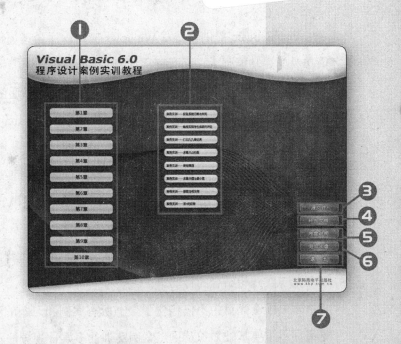

1. 主菜单（单击可打开下一级菜单）
2. 下一级菜单（单击可打开相应的播放文件）
3. 单击可浏览源文件
4. 单击可打开补充文件所在的文件夹
5. 单击可查看光盘说明
6. 单击可浏览光盘内容
7. 单击可退出播放程序

[播放界面]

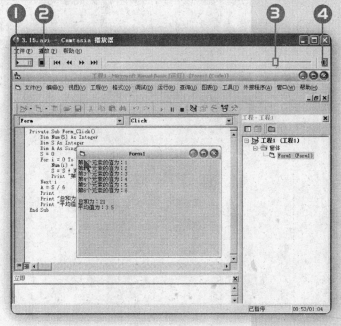

1. 播放/暂停按钮（单击可播放/暂停视频）
2. 单击可停止播放视频
3. 拖动可控制播放进度
4. 单击可调节音量

小提示

一般情况下，将本光盘放入光驱中后，就会自动运行，片头播放完后，就可以通过单击界面上的按钮选择学习内容。如果光盘没有自动运行，可以通过双击光盘根目录下的AutoRun.exe文件来运行。

如果您的电脑无法正常播放视频文件，请先执行"DATA\TSCC.exe"程序安装所需的插件，然后即可打开相应的AVI文件进行观看。

内 容 提 要

Visual Basic 提供了开发 Windows 应用程序最迅速、最简洁的方法。Visual Basic 不仅简单易学、功能强大，而且应用广泛。

本书通过大量典型的与实际工作相关的案例，以通俗的语言系统地介绍了用中文 Visual Basic 6.0 开发应用程序的思想和方法。内容包括：Visual Basic 6.0 概述，Visual Basic 6.0 基本概念及操作、Visual Basic 编程基础、窗体的设计、基本控件的使用、对话框的设计、菜单的设计与多文档界面的创建、图形程序设计、文件管理及操作、数据库编程技术、打印等方面的知识。最后，通过 10 精典案例帮助读者综合应用 Visual Basic 进行程序的开发，提高读者的实践水平。

本书最大特点是，每一章都通过大量的案例来进行阐述，避免纯理论讲解的枯燥，达到理论与实践相结合的目的。

本书配套光盘中不仅包含了全书所有案例和习题的源文件以及文中提到的拓展知识，还提供了重要基础知识及重点案例实训的多媒体视频演示，播放时间长达 284 分钟，读者在家就可以享受专家课堂式的讲解，提高学习效率。

本书可作为各类职业院校、大中专院校，以及计算机培训学校的教材，也可作为程序设计从业人员的自学参考书。

21 世纪高职高专计算机操作技能实训规划教材

Visual Basic 6.0 程序设计案例实训教程

杨 聪 刘培涛 主 编

中国人民大学出版社
·北京·

北京科海电子出版社
www.khp.com.cn

图书在版编目(CIP)数据

Visual Basic 6.0 程序设计案例实训教程/杨聪，刘培涛主编.
北京：中国人民大学出版社，2008
21 世纪高职高专计算机操作技能实训规划教材
ISBN 978-7-300-09697-1

Ⅰ.V…
Ⅱ.①杨…　②刘…
Ⅲ.BASIC 语言—程序设计—高等学校：技术学校—教材
Ⅳ. TP312

中国版本图书馆 CIP 数据核字（2008）第 140228 号

21 世纪高职高专计算机操作技能实训规划教材
Visual Basic 6.0 程序设计案例实训教程
杨　聪　刘培涛　主编

出版发行	中国人民大学出版社　北京科海电子出版社			
社　　址	北京中关村大街 31 号	**邮政编码**	100080	
	北京市海淀区上地七街国际创业园 2 号楼 14 层	**邮政编码**	100085	
电　　话	（010）82896442　62630320			
网　　址	http://www.crup.com.cn			
	http://www.khp.com.cn（科海图书服务网站）			
经　　销	新华书店			
印　　刷	北京市艺辉印刷有限公司			
规　　格	185mm×260mm　16 开本	**版　　次**	2009 年 1 月第 1 版	
印　　张	18.50	**印　　次**	2009 年 1 月第 1 次印刷	
字　　数	450 000	**定　　价**	29.80 元	

丛 书 序

　　教育部在"面向 21 世纪教育振兴行动计划"中指出，"高等职业教育必须面向地区经济建设和社会发展，适应就业市场的实际需要，培养生产、管理、服务第一线需要的实用人才，真正办出特色。"因此，职业教育的教学应适应社会需求，以就业为导向，以培养具有较高实践能力的应用型人才为目标，这种职业教育理念已得到社会共识。

　　为此，编写和出版满足现代高等职业教育的应用型教材很有必要。我们在教育部相关教学指导委员会专家的指导和建议下，做了大量的市场调研，邀请了职业教育专家、企业技术人员和高职院校的骨干老师进行了研讨，规划并编写了本套"21 世纪高职高专计算机操作技能实训规划教材"，以满足高等职业院校计算机课程教学的需要。

　　本系列教材的宗旨是，满足现代高等职业教育快速发展的需要，介绍最新的教育改革成果，培养具有较高专业技能的应用型人才。

丛书特色

介绍职业教育改革成果，适应新的教学要求

　　本丛书是在教育部的指导下，针对当前的教学特点，以高等职业教育院校为对象，以"实用、够用"为度，淡化理论，注重实践，消减过时、用不上的知识，内容体系更趋合理。

内容实用，教学手法新颖，适当介绍最新技术

　　本丛书中，我们尽量采用图示方式讲解每一个知识点，降低学习难度；重点介绍计算机应用最常用、实用的知识，尽量避免深奥难懂的不常用知识。即便是必要的理论基础，也从实用的角度结合具体实例加以讲述，包括具体操作步骤、实践应用技巧、接近实际的素材，保证了本丛书的实用性。且在编写过程中，注重吸收新知识、新技术，体现新版本。

基础知识讲解与随堂案例演练的有机结合

　　本丛书将必要掌握的基础知识与随堂案例演练进行结合，讲解基础知识时，以"实践实训"为原则，先对知识点做简要介绍，然后通过精心挑选的随堂案例来演示知识点，专注于解决问题的方法和流程，目的就是培养初学者解决实际工作问题的能力。

培养动手能力的综合案例实训环节

　　本丛书的目标是"操作占篇幅的大部分，老师好教、学生易学，更容易提高学生的兴趣和动手能力"。所以，本丛书除了根据课堂讲解内容，提供精选的大量实际应用实例外，还以"贴近实际工作需要"为原则，在每章最后提供综合实训案例，培养读者综合应用知识、解决实际问题的能力，以适应岗位对工作技能的要求，让学生了解社会对从业人员的真正需求，为就业

铺平道路。

难度适中的课后练习

本丛书除配有大量的例题、实训案例外，还提供有课后练习，包括知识巩固和动手操作两部分，前一部分以填空题、判断题、选择题、问答题的形式出现，后一部分则根据所学内容设计若干个操作题，真正体现学以致用。

丛书组成

陆续推出以下图书：

1. Photoshop CS3 平面设计案例实训教程
2. Flash CS3 动画设计案例实训教程
3. Dreamweaver CS3 网页设计案例实训教程
4. 网页设计三合一案例实训教程（CS3 版）
5. AutoCAD 2008 辅助设计案例实训教程
6. AutoCAD 2008 机械制图案例实训教程
7. AutoCAD 2008 建筑制图案例实训教程
8. Visual Basic 6.0 程序设计案例实训教程
9. Visual FoxPro 6.0 数据库应用案例实训教程
10. Access 2003 数据库应用案例实训教程
11. Visual C++ 6.0 案例实训教程
12. 计算机应用基础案例实训教程
13. 计算机组装与维护案例实训教程
······

丛书作者

本丛书是由具有丰富行业背景的企业技术人员和有丰富教学经验的一线骨干教师执笔，作者在总结了多年教学与实践经验的基础上编写而成。在编写过程中，充分考虑了大多数学生的认知过程，重点讲述目前在信息技术行业实践中不可缺少的、广泛使用的、从业人员必须掌握的实用技术。

在本丛书完稿后，我们聘请企业和教学一线的双师技能型人才审读，确保出版的教材符合企业的需求。

光盘特色

作为"十一五"期间重点计算机多媒体教学出版物规划项目，我们按照"一学即会"的互动教学新观念开发出了互动式多媒体教学光盘，具有如下特色：

※ 活泼生动的多媒体教学环境，全程语音讲解的多媒体教学演示。

※ 所有实例的素材文件、效果文件。

※ 超大容量，播放时间长达数小时。

※ 对于一些日常工作中有可能用到，但图书限于篇幅没能讲解的内容，我们在光盘中进行讲解，拓宽知识面和图书信息容量。

读者对象

"21 世纪高职高专计算机操作技能实训规划教材"及其配套多媒体学习光盘面向初、中级用户，尤其适合用作职业教育院校和各类电脑培训班的教材。

即使没有任何电脑使用经验的自学用户，也可以借助本套丛书跨入电脑应用世界，轻松完成各种日常工作，尽情享受 21 世纪的 IT 新生活。

对于稍有电脑使用基础的用户，可以借助本套丛书快速提升计算机应用水平，早日掌握相关职业技能。

增值服务

本套丛书还免费为用书教师提供 PowerPoint 演示文档，该文档可将书中的内容及图片以幻灯片的形式呈现在学生面前，在很大程度上减轻了教师的备课负担，深受广大教师的欢迎。用书教师请致电：010－82896438 或发 E-mail：feedback@khp.com.cn 索取电子教案。

此外，我们还将在网站（http://www.khp.com.cn）上提供更多的服务，希望我们能成为学校倚重的教学伙伴、教师学习工作的亲密朋友、学习人群的教育资源绿洲。

编者寄语

本套丛书的作者均为具有丰富行业背景的企业技术人员，多年从事计算机应用教学、具有丰富教学实践经验的一线教师或培训专家。愿凝聚着几十位作者、编辑和多媒体开发人员心血和辛勤汗水的本系列图书，为您的学习、工作、生活带来便利。

希望本丛书的人性化设计的多媒体教学环境，配合一看就懂、一学就会的图书，成为计算机职业教育院校、电脑培训学校，以及初、中级自学用户的理想教程。

创新、求实、高质量，一直是科海图书的传统品质，也是我们在策划和创作中孜孜以求的目标。尽管倾心相注，精心而为，但错误和不足在所难免，恳请读者不吝赐教，我们定会全力改进。

丛书编委会
2009 年 1 月

前　言

Visual Basic（VB）是一种由微软公司开发的包含协助开发环境的事件驱动编程语言，Visual Basic 源自于 BASIC 编程语言。Visual Basic 拥有图形用户界面（GUI）和快速应用程序开发（RAD）系统，能够轻松地连接数据库或者创建 ActiveX 控件。程序员可以使用 Visual Basic 提供的组件快速建立一个应用程序。

本书具有以下特点：

1. 案例经典　实用至上

本书讲解了数十个程序开发案例，这些案例全面展示了如何使用 Visual Basic 开发出功能完善的实用程序。每个案例都渗透了程序开发理念，不仅让读者能够掌握 Visual Basic 的使用技巧，更重要的是帮助读者深入体会编程思想，从而领悟真正的编程精髓。

2. 学与练的完美结合

为使读者能够快速掌握 Visual Basic 各个控件的功能，本书将知识点和实践操作紧密结合，每个知识点都尽量通过相应的案例来讲解，使读者能够通过具体的操作来理解和掌握相关知识。本书根据作者多年积累的软件开发和教学的实践经验，按照案例式教学的写作模式，以实例为引导，由浅入深，系统地讲解了使用 Visual Basic 编程的技巧。

本书大部分章节都包含基础知识和案例实训两个部分，基础知识部分为一些重点和关键知识点的讲解，案例实训部分是针对本章基础知识精心设计的一些与实际工作相关的实例，从而将理论讲解和实际应用紧密结合，让读者可以在实际操作中快速掌握使用 Visual Basic 编程的技巧，加深对基本知识的理解，提高实际操作技能。

3. 视频演示　易学易用

本书配套光盘中不仅包含了全书所有案例和习题的源文件以及文中提到的拓展知识，还提供了重要基础知识及重点案例实训的多媒体视频演示，播放时间长达 284 分钟，读者在家就可以享受专家课堂式的讲解，提高学习效率。

本书可作为各类职业院校、大中专院校，以及计算机培训学校的教材，也可作为程序设计从业人员的自学参考书。

由于作者水平有限，书中错误、疏漏之处在所难免。在感谢您选择本书的同时，也希望您能够把对本书的意见和建议告诉我们，请发 E-mail：feedback@khp.com.cn。

编　者
2009 年 1 月

目　录

Chapter

Visual Basic 6.0概述

本章介绍 Visual Basic 6.0 的基础知识，主要包括 Visual Basic 的版本、Visual Basic 6.0 的特点、Visual Basic 6.0 的启动与退出、Visual Basic 6.0 的集成开发环境、代码编辑器的设置等内容，为以后进一步学习 Visual Basic 打下基础。

基础知识 ◆ Visual Basic 6.0 的版本

◆ Visual Basic 6.0 的特点

◆ Visual Basic 6.0 的启动与退出

重点知识 ◆ Visual Basic 6.0 的集成开发环境

◆ 代码编辑器的设置

1.1 Visual Basic 6.0 的版本

Microsoft 公司发布的 Visual Basic 6.0 包括学习版、专业版和企业版 3 种版本，这 3 种版本是在相同的基础上建立起来的，因此大多数应用程序可以在这 3 种版本中通用。下面简述这 3 种版本提供的功能。

- 学习版。这是 Visual Basic 的基础版本，供编程人员用来开发 Windows 和 Windows NT 的应用程序。该版本包括所有的内部控件以及网格、标签和数据绑定控件。
- 专业版。这是面向专业编程人员的版本，提供了一整套功能完备的开发工具。该版本包括学习版的全部功能以及 ActiveX 控件、Internet 控件、集成的 Visual Database Tools、Data Environment、Active Data Objects 和 Dynamic HTML Page Designer。
- 企业版。该版本使得专业编程人员能够开发功能强大的组内分布式应用程序。该版本包括专业版的全部功能以及 Back Office 工具，例如，SQL Server、Microsoft Transaction Server、Internet Information Server、Visual SourceSafe、SNA Server 等工具。

现在 Visual Basic 已经发展到了命名为 Visual Basic .NET 的 7.0 版本，该版本是新一代 Internet 的发展方向——.NET 平台下的强有力的开发工具。本书主要针对 Visual Basic 6.0 中文企业版进行讲解。

1.2 Visual Basic 6.0 的特点

Visual Basic 6.0 是一种可视化的、面向对象和采用事件驱动方式的结构化高级程序设计语言，可用于开发 Windows 环境下的各类应用程序。Visual Basic 6.0 主要有以下特点。

1. 可视化的集成开发环境

Visual 指的是开发图形用户界面（Graphical User Interfaces，GUI）的方法。在使用传统的程序设计语言（例如 C 语言、Basic 语言）编写程序时，都是通过编程计算来设计用户界面的，在设计过程中看不到实际显示效果，使用起来非常不直观。而使用 Visual Basic 编写应用程序，不需要编写大量代码描述界面元素的外观和位置，只要把预先建立的对象添加到屏幕上，Visual Basic 便会自动产生界面设计的代码。

集成开发环境（Integrated Development Environment，IDE）是一个集设计、运行和测试应用程序为一体的环境。Visual Basic 6.0 就是一个集成开发环境，而不只是一门单纯的语言。

2. 面向对象的程序设计方法

面向对象的程序设计（Object Oriented Programming，OOP）是伴随 Windows 图形界面的诞生而产生的一种新的程序设计方法，与传统程序设计有着较大的区别。这种设计方法在 Visual Basic 中得到了最直观的体现，将程序代码和数据封装起来作为一个对象，并为每个对象赋予相应的属性，使对象成为实在的东西。在设计对象时，不必编写建立和描述每个对象的程序代码，而是直接用工具"画"在界面上，Visual Basic 会自动生成对象的程序代码并封装起来。

3. 结构化程序设计语言

Visual Basic 具有高级程序设计语言的语句结构，接近于自然语言，简单易懂，其编辑器可以自动进行语法错误检查。

4. 事件驱动编程机制

Visual Basic 通过事件来执行对象的操作，每个对象都能响应多个不同的事件，每个事件均能执行一段程序代码（事件过程），该段程序代码决定了对象的功能，将这种机制称为事件驱动。事件由用户的操作触发，例如单击一个按钮，则触发按钮的 Click（单击）事件，处于该事件过程中的代码就会被执行。若用户未进行任何操作（未触发事件），则程序将处于等待状态。整个应用程序就是由彼此独立的事件过程构成。因此，使用 Visual Basic 创建应用程序，就是为各个对象编写事件过程。

5. 强大的数据库管理功能

Visual Basic 具有很强的数据库管理功能，它提供的开放式数据连接，即 ODBC 功能，可以通过直接访问或建立连接的方式使用并操作后台大型网络数据库。例如，SQL Server、Oracle 等。

6. 动态数据交换

Visual Basic 提供了动态数据交换的编程技术，可以在应用程序中实现与其他 Windows 应用程序的动态数据交换，从而实现不同的应用程序之间的通信。

7. 支持对象的链接与嵌入

这种技术将每个应用程序都看作是一个对象，将不同的对象名链接起来，再嵌入到其他应用程序中，从而得到一个具有各种信息的集合式文件。

8. 具有动态链接库

Visual Basic 是一种高级程序设计语言，对访问机器硬件的操作不太容易实现，但可以通过动态链接库（Dynamic Link Library，DLL）技术将 C、C++或汇编语言编写的程序添加到 Visual Basic 应用程序中，可以像调用内部函数一样调用其他语言编写的函数。

1.3 Visual Basic 6.0 的启动和退出

Visual Basic 6.0 的启动和退出非常简单，具体介绍如下。

实讲实训
多媒体演示

多媒体文件参见配套光盘中的Media\Chapter01\1.3.1。

1.3.1 启动 Visual Basic 6.0

如果已经安装了 Visual Basic 6.0，安装程序会自动在"开始"菜单中建立 Visual Basic 6.0 的程序组和程序项，这时就可以启动 Visual Basic 6.0，具体操作步骤如下。

Step
01 单击屏幕左下角的"开始"按钮。

Step
02 鼠标指针指向"开始"菜单中的"程序"选项。

^{Step}
03 鼠标指针指向"Microsoft Visual Basic 6.0 中文版"程序组。

^{Step}
04 单击"Microsoft Visual Basic 6.0 中文版"选项，即可启动 Visual Basic 6.0 中文版，
打开的"新建工程"对话框如图 1.1 所示。

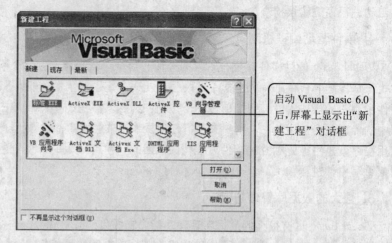

启动 Visual Basic 6.0 后，屏幕上显示出"新建工程"对话框

图 1.1 "新建工程"对话框

 注意

对话框中所显示的项目会因学习版、专业版或企业版而略有不同，图 1.1 所显示的是企业版中的"新建工程"对话框。

在"新建"选项卡中，列出了可以在 Visual Basic 6.0 中使用的工程类型。下面是一些常用应用程序的说明。

- 标准 EXE——这种应用程序提供了较为简洁的工作环境，比较适合初学者使用。本书只讨论此工程类型。
- ActiveX EXE 和 ActiveX DLL——这两种应用程序仅包含在专业版和企业版中，用于建立进程外的对象的链接与嵌入服务器应用程序项目类型。这两种应用程序只是包装不同，ActiveX EXE 程序包装成可执行文件，而 ActiveX DLL 程序包装成动态链接库。
- ActiveX 控件——用于开发用户自定义的 ActiveX 控件。
- VB 应用程序向导——用于在开发环境中直接建立新的应用程序框架。
- 数据工程——为编程人员提供开发数据报表应用程序的框架。
- IIS 应用程序——用 Visual Basic 代码编写服务器的 Internet 应用程序，用于响应由浏览器发出的用户请求。
- 外接程序——用于创建自己的 Visual Basic 外接程序。
- ActiveX 文档 Exe 和 ActiveX 文档 Dll 程序——用于创建在超链接环境中运行的 Visual Basic 应用程序。
- DHTML 应用程序——用于编写响应 HTML 页面操作的 Visual Basic 代码，并且可以将处理过程传递到服务器上。
- VB 企业版控件——用于向工具箱中加入企业版控件图标。

提示

如果单击"新建工程"对话框中的"现存"或"最新"选项卡，则分别显示现有的或最新的 Visual Basic 应用程序文件名列表，让用户从中选择要打开的文件名。

Step 05 在"新建工程"对话框中选择要创建的工程类型（例如，选择"标准 EXE"），然后单击"打开"按扭，进入 Visual Basic 6.0 的主用户界面，如图 1.2 所示。

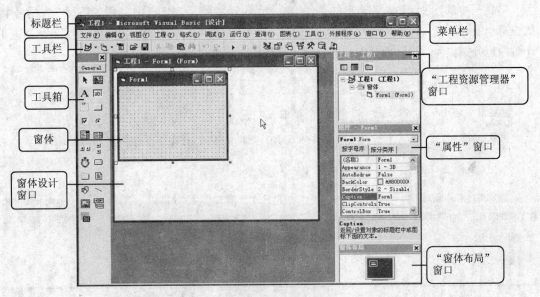

图 1.2　Visual Basic 6.0 的主用户界面

1.3.2　退出 Visual Basic 6.0

如果要退出 Visual Basic 6.0，可以选择"文件"|"退出"命令或者按 Alt+Q 组合键，也可以单击 Visual Basic 6.0 用户界面右上角的"关闭"按钮 ✕。

在退出 Visual Basic 6.0 时，如果当前程序已经修改但尚未保存，则会出现对话框，询问用户是否要存盘。此时，单击"是"按钮则存盘；单击"否"按钮则不存盘。

1.4　Visual Basic 6.0 集成开发环境

如图 1.2 所示，Visual Basic 6.0 的主用户界面由标题栏、菜单栏、工具栏、工具箱、窗体设计器窗口、"工程资源管理器"窗口、"窗体布局"窗口和"属性"窗口等组成。

 提示

初次启动 Visual Basic 6.0 时，在用户界面中可能并不会显示某些窗口，例如"代码"窗口。其实，这些窗口的显示受"视图"菜单中的相关命令控制。例如，选择"视图"|"代码窗口"命令，即可打开"代码"窗口。

 实讲实训
多媒体演示

多媒体文件参见配套光盘中的 Media \Chapter01\1.4。

1.4.1　标题栏

标题栏位于屏幕的顶部。启动 Visual Basic 6.0 后，标题栏中显示的信息为"工程 1－Microsoft Visual Basic [设计]"，如图 1.3 所示。

工程1 - Microsoft Visual Basic [设计]

图 1.3　Visual Basic 的标题栏

方括号中的"设计"表明当前的工作阶段是"设计阶段"。随着工作阶段的不同，方括号中的信息也随之改变。如果是运行阶段，则显示"运行"；如果是中断阶段，则显示为 Break。这 3 个阶段也分别称为"设计模式"、"运行模式"和"中断模式"。

1.4.2　菜单栏

Visual Basic 6.0 的菜单栏包含 13 个菜单，如图 1.4 所示。

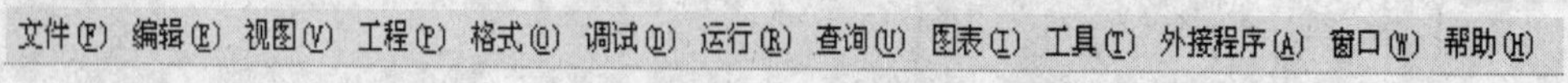

文件(F)　编辑(E)　视图(V)　工程(P)　格式(O)　调试(D)　运行(R)　查询(U)　图表(I)　工具(T)　外接程序(A)　窗口(W)　帮助(H)

图 1.4　菜单栏

除了提供了标准的"文件"、"编辑"、"视图"、"窗口"和"帮助"菜单之外，Visual Basic 6.0 还提供了编程专用的功能菜单，例如"工程"、"格式"、"调试"等。表 1.1 简要介绍了各菜单的功能。

表 1.1　菜单功能表

菜单	功能
文件	用于建立和处理文件。该菜单包括工程管理、保存文件、加入文件、打印文件及退出系统等命令
编辑	包含一般文本的各种编辑功能，例如剪切、复制和粘贴等
视图	用于切换 Visual Basic 6.0 窗口的视图格式，便于用户使用 VB 的集成开发环境。包括显示和隐藏集成开发环境的各种特征，以及操作构成用户应用程序的各种对象和控件
工程	用于管理当前工程。主要包括在工程中添加和删除各种工程组件，显示当前工程的结构和内容等命令
格式	主要用于编排窗体上可视控件的格式，包括自动排齐、对格线排齐等
调试	用于调试程序，包括设置断点、监视器、步进等
运行	用于在集成开发环境中运行程序。包括运行程序、编译后运行程序、中断程序、结束运行和重新开始等命令
查询	用于执行与数据库有关的查询操作
图表	用于执行与图表有关的操作
工具	用于添加菜单或各种工具栏，例如过程控制、菜单设计器、工程和环境等
外接程序	和 VB 协调工作的内置工具选择菜单。例如，可加入数据库管理器、报表设计器等工具与 VB 协调工作

（续表）

菜单	功能
窗口	用于调整各种类型的 VB 子窗口在主窗口的排列方式
帮助	用于启动 Visual Basic 6.0 的联机帮助系统，获取帮助信息

每个菜单内都有许多菜单命令。单击所需的菜单名即可打开相应的菜单，或者先按住 Alt 键，再按下菜单名后括号中带下划线的字母键来打开下拉菜单。例如，按 Alt+F 组合键会打开"文件"下拉菜单，如图 1.5 所示。若想关闭已经打开的下拉菜单，可以单击 Visual Basic 6.0 窗口的其他位置或者按 Esc 键。

图 1.5 "文件"下拉菜单

打开下拉菜单后，只需单击相应的命令或者键入命令后括号中带下划线的字母，即可选择该命令。例如，打开"文件"菜单后，可以直接单击"添加工程"命令，也可以按下 D 键来选择"添加工程"命令。如果某个命令的右侧还带有省略号，则表示选择该命令后会弹出一个对话框。

1.4.3 工具栏

Visual Basic 6.0 的工具栏位于菜单栏的下方，默认情况下，屏幕上显示如图 1.6 所示的"标准"工具栏。该工具栏为菜单栏中的常用命令提供了操作的快捷方式，使用工具栏可以较大程度地提高工作效率。当将鼠标指针指向某个工具按钮时，在该按钮旁边会自动显示出该按钮的名称。

> **实讲实训**
> **多媒体演示**
> 多媒体文件参见配套光盘中的 Media \Chapter01\1.4.3。

有的工具按钮旁边还有一个下三角，表明这是一组按钮。单击下三角按钮，则弹出一个下拉菜单，其中包括一些其他选项，例如，"添加工程"按钮  的下拉菜单，如图 1.7 所示。

图 1.6 "标准"工具栏

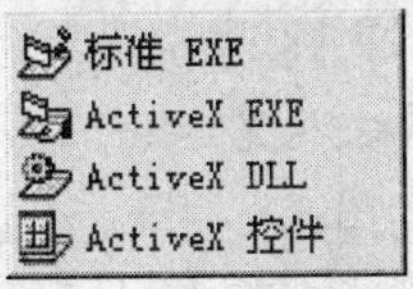

图 1.7 "添加工程"按钮的下拉菜单

表 1.2 中列出了"标准"工具栏中各工具按钮的名称及其功能。

表 1.2 "标准"工具栏中各工具按钮的名称及其功能

图标	名称	功能
	添加工程	添加一个新工程。在 VB 中可以同时编辑多个工程。可以通过其下拉菜单来选择工程的类型

（续表）

图标	名称	功能
	添加窗体	向当前工程中添加新部件，可以通过其下拉菜单来选择部件的类型
	菜单编辑器	打开"菜单编辑器"对话框，用来设计菜单
	打开工程	打开一个已存在的工程，同时关闭正在编辑的工程
	保存工程	保存所编辑的工程
	剪切	删除当前选定的控件、文本等内容，并将其复制到剪贴板中
	复制	将当前选定的控件、文本等内容复制到剪贴板中
	粘贴	将剪贴板中的内容复制到指定的位置。只有剪贴板中有内容时，该按钮才有效
	查找	查找文本。只有在代码窗口被激活时该按钮才有效
	撤消	撤消上次的操作，例如添加控件、输入文本等操作
	恢复	重复上述操作，仅当执行了撤消操作时该按钮才有效
	启动	运行当前工程
	中断	中断正在运行的工程。在调试程序时常常用到中断
	结束	终止正在运行的工程，返回到主窗口
	工程资源管理器	显示"工程资源管理器"窗口
	属性窗口	显示"属性"窗口
	窗体布局窗口	显示"窗体布局"窗口
	对象浏览器	显示"对象浏览器"窗口
	工具箱	显示工具箱
	数据视图窗口	显示"数据视图"窗口
	Visual Component Manager	显示 Visual Component Manager 对话框

1.4.4 工具栏的相关操作

1. 显示或隐藏工具栏

如果要显示或隐藏其他工具栏，具体操作步骤如下。

Step 01　选择"视图"菜单。

Step 02　在"工具栏"级联菜单中单击要显示的工具栏名称，即可显示选定的工具栏，如图1.8所示。

Step 03　若要隐藏某个工具栏，选择"视图"|"工具栏"命令，从"工具栏"级联菜单中单击要隐藏的工具栏名称，清除前面的复选标记即可。

2. 移动工具栏

用户可以随意移动工具栏以适应工作的需要，例如，将工具栏沿着窗口的边沿放置，或者悬浮在窗口中。与程序窗口相连的工具栏称为固定工具栏，浮动工具栏是不与程序窗口相连的工具

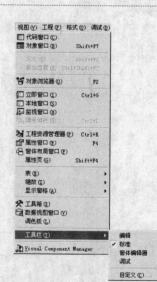

图 1.8　显示工具栏

栏。用户可以根据需要将固定工具栏定位到应用程序标题栏的下方、左侧、右侧或程序窗口边缘的底部，即改为浮动工具栏。

如果要移动固定工具栏，只需将鼠标指针指向固定工具栏的移动柄，当鼠标指针变成一个四向箭头时，拖动鼠标，即可将工具栏移到所需的位置。当拖动到窗口的边缘时，工具栏便停泊在窗口的边缘处；当拖动到窗口的中间时，工具栏便浮动在窗口中，同时工具栏会增加一个标题栏，如图 1.9 所示。

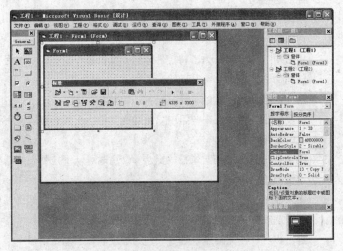

图 1.9　移动后的工具栏

1.4.5　工具箱

工具箱提供了一组工具，用于设计界面时在窗体中放置控件，如图 1.10 所示。在一般情况下，工具箱位于窗体的左侧。工具箱中的工具分为两类：一类是内部控件或标准控件，默认情况下显示的是标准控件；另一类是 ActiveX 控件，只有将其添加到工具箱之后才可以使用。

实讲实训
多媒体演示

多媒体文件参见配套光盘中的 Media\Chapter01\1.4.5。

表 1.3 列出了工具箱中各标准控件的名称及其对应的按钮形式，并给出了各工具的功能简介。

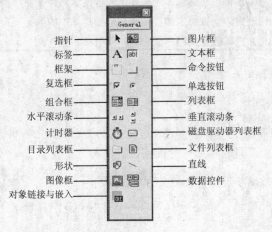

图 1.10　工具箱

表 1.3 标准控件功能一览表

图标	名称	功能简介
	指针	选择其他控件或对象。当选择了其他控件后，如果想恢复鼠标指针的形状，就可以选择"指针"工具
	图片框	显示图形图像，该控件也可作为接受来自图形方法的输出容器，或作为其他控件的容器
A	标签	用来显示一些不被修改的文本，例如一个图形下的标题
ab	文本框	用来输入或显示文本
	框架	用来对控件分组。为了将控件分组，首先要绘制框架，然后在框架中画出控件
	命令按钮	创建命令按钮
	复选框	用来接收用户所做的选择，经常成组使用
	单选按钮	与复选框类似，但在一组中只能选择其中的一项，可以使用框架控件对单选项进行分组
	组合框	组合框是列表框和文本框的组合，使用时可从下拉列表中选择一项，也可在文本框中输入值
	列表框	用来显示一个列表，列表中显示有多个选项可供用户选择
	水平滚动条	可快速在水平方向上移动一个很长的列表或大量信息，并在标尺上指示当前位置，也可以作为输入设备，或作为速度和数量的指示器
	垂直滚动条	可快速在垂直方向上移动一个很长的列表或大量信息，并在标尺上指示当前位置，也可以作为输入设备，或作为速度和数量的指示器
	计时器	在指定的时间间隔内产生 Timer 事件。该控件在运行时不可见
	驱动器列表框	显示有效的磁盘驱动器
	目录列表框	显示目录和路径
	文件列表框	显示文件列表
	形状	使用该控件可在窗体上绘制多种形状的图形，这些图形包括矩形、圆角矩形、正方形、圆角正方形、椭圆形或圆形
	直线	用来在窗体上绘制各种样式的直线
	图像框	与图片框控件类似，用来显示图形图像，但不能作为其他控件的容器
	数据控件	通过窗体上被绑定的控件来访问数据库中的数据
	OLE	允许把其他应用程序创建的对象链接和嵌入到 Visual Basic 应用程序中

1.4.6 工具箱的相关操作

1. 为工具箱添加控件

除了以上的标准控件外，Visual Basic 6.0 还提供了一些其他控件。如果要使用这些控件，用户可以手动将其添加到工具箱中，一般使用以下两种方法。

方法 1：通过菜单命令添加控件，具体操作步骤如下。

Step 01 选择"工程"菜单，单击"部件"命令，如图 1.11 所示。

Step 02 在 "部件" 对话框中，选择 Microsoft Multimedia Control 6.0 控件和 Microsoft Windows Common Controls 5.0 控件，如图 1.12 所示。

Step 03 单击 "确定" 按钮，所选控件被添加到工具箱中，如图 1.13 所示。

图 1.11　选择菜单命令　图 1.12　"部件" 对话框的 "控件" 选项卡　图 1.13　添加新控件后的工具箱

方法 2： 通过 "浏览" 按钮从指定的位置添加控件，具体操作步骤如下。

Step 01 在图 1.12 中，单击 "浏览" 按钮，则出现如图 1.14 所示的 "添加 ActiveX 控件" 对话框。

Step 02 在列表中选择要添加的控件。

Step 03 单击 "打开" 按钮即可将所选控件添加到工具箱中。

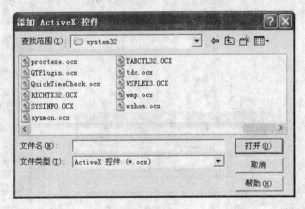

图 1.14　"添加 ActiveX 控件" 对话框

2. 移除工具箱中的控件

对于添加到工具箱中的控件，若不再需要，还可以将其移除，具体操作步骤如下。

Step 01 选择 "工程" | "部件" 命令，打开 "部件" 对话框，如图 1.15 所示。

Step 02 选中 "只显示选定项" 复选框。

Step 03 在控件列表中将只显示添加到工具箱中的控件，如图 1.16 所示。

Step 04 取消对这些控件的选择，然后单击 "确定" 按钮即可将其从工具箱中移除。

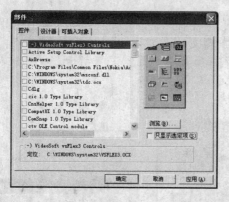 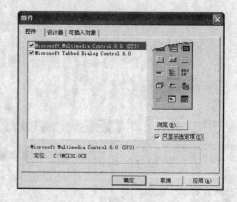

图 1.15　"部件"对话框"控件"选项卡（1）　　图 1.16　"部件"对话框"控件"选项卡（2）

3. 设置工具箱的布局

在默认情况下，工具箱中只有一个 General 选项卡，若为工具箱添加多个控件后，工具箱就会略显杂乱，给使用控件带来不便。此时，用户可以通过为工具箱创建新的选项卡，来自行设置工具箱的布局，使得工具箱中控件的组织更为合理。

Step
01　在工具箱处右击，弹出的快捷菜单如图 1.17 所示。

Step
02　选择"添加选项卡"命令，出现如图 1.18 所示的"新选项卡名称"文本框。在此输入选项卡的名称。

Step
03　单击"确定"按钮，就在工具箱中创建了一个新的选项卡。

单击新创建的选项卡，可以看到在新创建的选项卡中只有一个"指针"工具，为该选项卡添加控件有两种方法：一是打开新建的选项卡，然后添加控件到新的选项卡中；另一种方法是将 General 选项卡中的控件拖动到新建的选项卡中。创建了新选项卡的工具箱如图 1.19 所示。

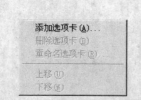　

图 1.17　工具箱快捷菜单　　　图 1.18　选项卡名称输入框　　图 1.19　创建了新选项卡的工具箱

对于用户创建的选项卡，还可以通过图 1.15 和图 1.16 所示的方法来删除或重命名。删除选项卡后，该选项卡中的控件将被移到 General 选项卡中。

1.4.7　窗体设计窗口

窗体设计窗口用来设计应用程序界面。启动 Visual Basic 6.0 后，窗体设计窗口就会出现在用户界面的中央，如图 1.20 所示。如果界面中没有出现该窗口，可以通过选择"视图"|"对象窗口"命令来打开。

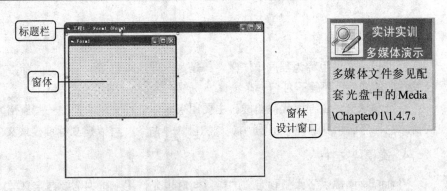

图 1.20　窗体设计窗口

在窗口的标题栏上显示出了当前工程的名称以及其中窗体的名称，"工程 1"是工程的名称，Form1 是窗体名称。如果应用程序包含有几个窗体，则每个窗体都有自己的设计窗口。

在窗体设计窗口中的窗体就是应用程序最终面向用户的窗体。窗体会被 8 个"调整句柄"框住，"调整句柄"又分为"角句柄"与"边句柄"两类，主要是用来调整窗体的大小。在设计应用程序时，窗体就像一块画布，用户可在其中添加控件、图片以及菜单等组件来设计用户界面。在设计阶段，窗体上的控制图标与控制按钮（除最大化按钮）不可用，它们此时只是一个外观，用户可以更改这些外观，例如控制图标、窗体标题等。而在程序运行阶段，控制图标与控制按钮都是可用的，不需要用户编写任何代码。

1.4.8 "工程资源管理器"窗口

"工程资源管理器"窗口主要用来帮助用户管理整个工程中的每一个文件。最简单的工程可能仅包含一个窗体，如图 1.21 所示。工程资源管理器的操作方法简单，主要包括"选择"、"打开"、"关闭"几个操作。可以通过组合键 Ctrl+R 打开"工程资源管理器"窗口。"工程资源管理器"窗口的顶部有 3 个按钮，从左至右分别为"查看代码"、"查看对象"和"切换文件夹"。

图 1.21　"工程资源管理器"窗口

工程资源管理器中的文件可以分为 6 类，即工程文件（.vbp）、工程组文件（.vbg）、**窗体文件（.frm）**、标准模块文件（.bas）、类模块文件（.cls）和资源文件（.res）。

1. 工程文件和工程组文件

每个工程对应一个工程文件。当一个程序包括两个以上的工程时，这些工程构成一个工程组文件。选择"文件"|"新建工程"命令，可以建立一个新的工程；选择"文件"|"打开工程"命令，可以打开一个已有的工程；选择"文件"|"添加工程"命令，可以添加一个工程。

2. 窗体文件

每个窗体对应一个窗体文件，窗体及其控件的属性和其他信息（包括代码）都存放在该窗体文件中。一个应用程序最多可包含 255 个窗体，从而就有最多 255 个以 .frm 为扩展名的窗体文件。选择"工程"|"添加窗体"命令，可以添加一个窗体。

3. 标准模块文件

标准模块文件也称为程序模块文件，是为合理组织程序而设计的。标准模块文件是一个纯代码性质的文件，不属于任何一个窗体，主要在大型应用程序中使用。

标准模块文件由程序代码组成，主要用来声明全局变量和定义一些通用的过程，可以被不同窗体的程序调用。选择"工程"|"添加模块"命令，可以建立标准模块文件。

4. 类模块文件

Visual Basic 提供了大量预定义的类，同时也允许用户根据需要自定义类。用户通过类模块来自定义类，每个类都用一个文件来保存。

5. 资源文件

资源文件中存放的是各种"资源"，是由一系列独立的字符串、位图及声音文件的路径和文件名组成。资源文件是一个纯文本文件，可以用简单的文字编辑器进行编辑。

1.4.9 "属性"窗口

属性是指对象的特征，例如大小、标题名称或颜色。"属性"窗口用来显示某个对象的所有属性，并提供"浏览"（查看属性）以及"重新设置"的功能。按F4键可以激活"属性"窗口。

"属性"窗口由上而下共分成对象框、类型标签、属性列表、说明4个部分，如图1.22（a）所示。

> 实讲实训
> 多媒体演示
> 多媒体文件参见配套光盘中的Media\Chapter01\1.4.9。

对象框可以让用户选择窗体中的任何一个对象。启动 Visual Basic 6.0后，对象框中仅含有窗体的信息，当用户向窗体中添加控件时，Visual Basic 6.0 将把这些控件的相关信息自动加到对象框的下拉列表中。此外，用户还可以在窗体设计窗口中选择对象。

类型标签可以决定是"按字母序"还是"按分类序"来显示整个属性表，如图 1.22 (a)类型标签是"按字母序"来显示的，图1.22 (b) 是"按分类序"来显示的。

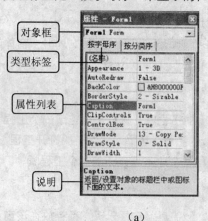

（a）

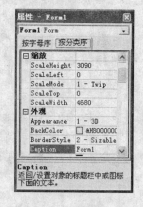

（b）

图 1.22 "属性"窗口

属性列表左栏显示的是属性的名称，右栏显示的是属性的值，用户可以进行设置。不同的对象具有不同的属性列表。

每选择一种属性时，在说明区中将显示该属性的名称和功能说明。例如，图1.22中显示了Caption 的功能说明。

1.4.10　代码窗口

实讲实训
多媒体演示

多媒体文件参见配套光盘中的Media
\Chapter01\1.4.10。

Visual Basic 6.0 的程序代码是专门针对某个对象事件而编写的，每个事件对应一个事件过程。过程需要在程序代码窗口中输入与编辑。

代码窗口由下列部分组成：标题栏、对象下拉列表框、过程/事件下拉列表框、代码区及查看模式按钮，如图1.23所示。

图 1.23　程序代码窗口

1．标题栏

标题栏显示工程名称、窗体名称、最小化、最大化和关闭按钮。

2．对象下拉列表框

对象下拉列表框位于标题栏下一行的左半部分。单击列表框右侧的下三角按钮，会弹出下拉列表，列表中列出当前窗体及所包含的所有对象名。无论窗体的名称如何改动，作为窗体的对象名总是 Form。

3．过程/事件下拉列表框

过程/事件下拉列表框位于标题栏下一行的右半部分，单击列表框右侧的下三角按钮，会弹出下拉列表，列表中列出所选择对象的所有事件名。

4．代码区

窗口中的空白区域即代码区，在其中可编辑程序代码，使用方法与常用的字处理软件类似。

5．"过程查看"和"全模块查看"按钮

这两个按钮位于代码窗口的左下角，用于切换代码窗口的两种查看视图。单击"过程查看"按钮，一次仅查看一个过程；单击"全模块查看"按钮，可以查看程序中的所有过程。

1.5　案例实训——代码编辑器的设置

1.5.1　基本知识要点与操作思路

代码编辑器是程序员使用 Visual Basic 开发应用程序时使用频率最高的工具，所以对于开

发者来说需要熟练掌握代码编辑器的操作，这样就能够利用代码编辑器方便地编写与修改程序。

选择"工具"|"选项"命令，在打开的"选项"对话框中选择"编辑器"选项卡，如图1.24所示，从中可以进行各种设置，使代码的编写工作更加方便。

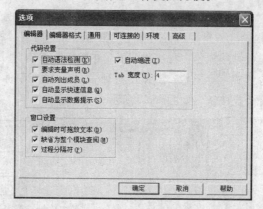

图1.24　"选项"对话框的"编辑器"选项卡

1.5.2　操作步骤

1. 自动语法检测

"自动语法检测"复选框为选中状态时，表示当输入某行代码并回车后，Visual Basic 6.0会自动检测该语句的语法。如果出现错误，Visual Basic 6.0会显示警告提示框，同时该语句变为红色。

2. 要求变量声明

在Basic中使用变量之前不一定要先声明（定义），Visual Basic 6.0也是如此。变量在使用之前不必先声明，这样虽然给用户带来了方便，但也容易造成难以觉察的错误。例如，为变量XY赋值，但如果把XY误写成X，系统会认为新定义一个变量X，而且不会报错。然而，在Visual Basic 6.0中，用户可以要求系统对所使用的变量进行检查，凡是使用了没有预先声明的变量，系统应弹出消息框提醒用户注意。可以在代码窗口中的起始部分加入以下语句：

```
Option Explicit
```

只要在"编辑器"选项卡内选中"要求变量声明"复选框，就会在任何新模块中自动插入Option Explicit语句。但是不会在已经建立起来的模块中自动插入，所以在当前工程内部，只能手动向现有模块添加Option Explicit语句。

3. 自动列出成员

选中"自动列出成员"复选框后，若要在程序中设置控件的属性和方法，可在输入控件名后输入小数点，Visual Basic 6.0会弹出下拉列表框，列表框中包含了该控件的所有成员（属性和方法），如图1.25所示。只要依次输入属性名的前几个字母，系统便会自动索引，显示出相关的属性名，用户可以从中选择所需的属性。

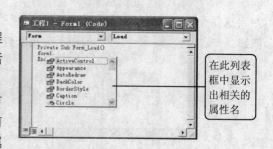

图1.25　显示的属性和方法

4. 自动显示快速信息

选中"自动显示快速信息"复选框后，可显示语句和函数的格式。当在代码窗口中输入合法的语句或函数后，在当前行的下面会自动显示该语句或函数的语法格式，如图 1.26 所示。第 1 个参数为黑体，输入第 1 个参数后，第 2 个参数又变为黑体，如此继续。

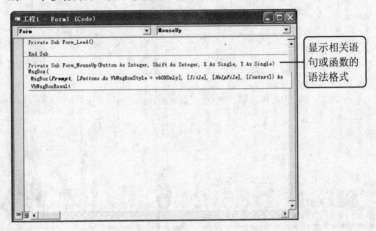

图 1.26　自动显示快速信息

1.6　习　题

1. 填空题

(1) Visual Basic 的程序设计方法是_____设计。

(2) 对象是由_____和_____封装起来的一个整体。

(3) 程序模块文件是一个_____文件，该文件不属于任何窗体。

(4) 每个窗体对应一个窗体文件，窗体文件的扩展名是_____。

(5) 工程文件的扩展名是_____。

(6) 打开工程资源管理器窗口的方法之一是按下_____组合键。

2. 简答题

(1) Visual Basic 6.0 有几种版本？其主要区别是什么？

(2) 简述启动 Visual Basic 6.0 的方法。

3. 上机操作题

(1) 练习启动和退出 Visual Basic 6.0 的操作方法。

(2) 练习显示和隐藏工具栏的操作方法。

(3) 练习新建工程和添加窗体的操作方法。

Chapter 2

Visual Basic 6.0基本概念及操作

　　对象、属性、事件和方法等是在面向对象的编程中经
常遇到的概念，本章将对这些内容进行详细介绍，以帮助读
者真正掌握面向对象编程的一些重要概念及思想。

基础知识 ◆ 对象的概念

◆ 属性、事件和方法

◆ 焦点

重点知识 ◆ 对象的操作

◆ 编写 Visual Basic 应用程序的方法

提高知识 ◆ 工程的管理

2.1 对象的概念

Visual Basic（简写为 VB）采用面向对象的程序设计技术，在 VB 中，一切可以操纵的实体都称为对象。VB 中最基本的对象就是窗体和各种控件，例如命令按钮、图标、文本框、菜单条等。每个对象都有自己的属性和方法，并能响应外部事件。

2.1.1 属性

属性用来描述对象的各种性质，例如对象的位置、颜色、大小等。不同的对象所具有的属性有的是相同的，有的是不同的。例如，收音机有"音量"属性，水杯没有"音量"属性；但水杯有"容量"属性，收音机却没有。此外，收音机和水杯都有"颜色"属性。

实讲实训
多媒体演示
多媒体文件参见配套光盘中的Media\Chapter02\2.1.1。

1. 设置属性的值

改变对象的属性就可以改变对象的特性。例如，改变收音机"音量"属性的值就可调节收音机音量的大小。设置对象的属性有两种方法。

方法 1： 在设计阶段，通过"属性"窗口设置对象属性的值。

方法 2： 在运行阶段，在程序中由代码设置对象属性的值。其一般形式为：

对象名.属性名＝属性值

例如，假设收音机的音量值可设置在 0~10 之间。如果能够通过 VB 控制收音机，则可在程序代码中使用下列语句将收音机的音量调节到中等音量：

```
Radio.Volume = 5
```

提示

在代码中使用的属性名称与在"属性"窗口中列出的属性名称是相同的，但 Font 属性例外。在"属性"窗口中，通过 Font 属性可以同时设置对象上所显示的文本字体、字号以及下划线等属性。在代码中，字体、字号等属性分别对应一个属性名。

在 VB 中，每个对象的每种属性都有一个默认值，在实际应用中，大部分属性都采用系统提供的默认值。用户一般不必逐一设置对象各属性的值，只有在默认值不满足要求时，才需要用户指定所需的值。

2. 读取属性的值

在代码中不仅可以设置属性的值，还可以读取属性的值。在运行时能够设置并获得其值的属性叫做读写属性；在运行时只能读取的属性叫做只读属性。

若要在执行某操作之前要知道对象的状态，此时就要读取属性值。例如，若要将收音机的音量增大一些，在执行该操作前就需要得到当前音量的大小，以确定将"音量"属性的值设置为多少。

可以用以下语法读取属性的值：

变量 = 对象.属性

例如，下列语句就是将当前音量的值赋给变量 Col：

```
Col=Radio.Volume
```

3. 常用的属性

在使用 VB 创建应用程序时，设置窗体以及控件等对象的属性是非常重要的一个步骤。表 2.1 列出了一些常用的属性，这些属性也是大多数对象所共有的。

表 2.1　一些常用的属性

属性	说明
名称	每个对象都有一个名称属性，在代码中正是通过名称来访问对象的。例如，收音机的名称是 Radio，在代码中，总是使用 Radio 来表示收音机对象
Appearance	决定控件和窗体的外观。值为 0 时表示平面外观，值为 1 时表示立体外观。系统默认值为 1。现在多数 Windows 应用程序均采用立体外观，因此，建议读者在设计应用程序时使用该属性的默认值
BackColor	设置对象的背景颜色
ForeColor	设置对象的前景颜色
Font	设置对象上文本的字体、字号等属性
Caption	设置对象上显示的文本。例如，窗体的标题、按钮上的提示文字、复选框旁边的文字等
Width	设置对象的宽度
Height	设置对象的高度
Left	设置控件左上角的横坐标
Top	设置控件左上角的纵坐标
Enabled	决定对象是否可用。值为 True 时，对象可用；值为 False 时，对象不可用
Visible	决定对象是否可见。值为 True 时，对象可见；值为 False 时，对象不可见

2.1.2　事件

事件是由系统事先设定的、能被对象识别和响应的动作。例如，在应用程序中单击一个按钮，则程序会执行相应的操作。在 VB 中，这种情况就称按钮响应了鼠标的单击事件。

实讲实训
多媒体演示

多媒体文件参见配套光盘中的 Media \Chapter02\2.1.2。

传统的高级语言程序由一个主程序和若干个过程和函数组成，程序运行时总是从主程序开始的，由主程序调用各过程和函数。VB 程序没有传统意义上的主程序，在 VB 中，子程序称为过程。VB 中有两类过程：事件过程和通用过程。程序的运行并不要求从主程序开始，每个事件过程也不是由所谓的"主程序"来调用的，而是由相应的"事件"触发执行的，通用过程则由各事件过程来调用。

例如，单击鼠标，系统将跟踪指针所指的对象，如果对象是一个按钮控件，则用户的单击动作就触发了按钮的 Click 事件，在该事件过程中的代码就会被执行。执行结束后，又把控制权交给系统，等待下一个事件发生，如图 2.1 所示。各事件的发生顺序完全由用户的操作决定，这样就使编程的工作变得比较简单，人们不再需要考虑程序的执行顺序，只需针对对象的事件编写出相应的事件过程即可。这些应用程序称为事件驱动应用程序。

在事件驱动应用程序中，由对象来识别事件。事件可以由一个用户动作产生，例如单击鼠标或按下一个键；也可以由程序代码或系统产生，例如计时器。使用 VB 创建应用程序，其实就是为每个对象（例如窗体、按钮、菜单等）编写事件代码。

触发对象事件最常见的方式是通过鼠标或键盘的操作。将通过鼠标触发的事件称为鼠标事件，将通过键盘触发的事件称为键盘事件。

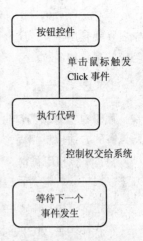

图 2.1　事件调用过程

1. 鼠标事件

计算机中的大部分应用程序是通过鼠标来操作的，例如，单击按钮、选择菜单等。鼠标的操作有单击、双击、移动等几种，这些操作分别能触发一个事件，表 2.2 列出了鼠标的操作及其所触发的事件。

表2.2　鼠标事件

事件	操作	事件	操作
Click	单击鼠标左键	MouseUp	释放鼠标键
DblClick	双击鼠标左键	MouseMove	移动鼠标。移动鼠标时，连续触发 MouseMove 事件
MouseDown	按下鼠标键		

从表中可以看出，鼠标的单击操作实际上会触发 3 个事件：当按下左键后，触发 MouseDown 事件；释放左键后，触发 MouseUp 事件，同时又触发了 Click 事件。

2. 键盘事件

键盘操作也是计算机用户经常使用的操作，表 2.3 列出了键盘的操作及其所触发的事件。

表2.3　键盘事件

事件	操作
KeyDown	按下键
KeyUp	键弹起
KeyPress	按键

同样，键盘的按键操作实际上也会触发 3 个事件：当按下某键后，触发 KeyDown 事件；按键被弹起后，触发 KeyUp 事件，同时又触发了 KeyPress 事件。

每种对象所能识别的事件是不同的。例如，窗体能响应 Click（单击）和 DblClick（双击）事件，而按钮能响应 Click 事件，却不能响应 DblClick 事件。每种对象所能响应的事件在设计阶段可以从该对象的代码窗口中的过程/事件下拉列表中看出（参见第 1 章）。

一个对象通常能响应多个事件，但没有必要编写每一个事件过程（或为每一个事件编写代码）。例如，按钮可以响应 Click、MouseMove（鼠标移动）等事件，但通常只编写 Click 事件过程。因此，在多数应用程序中，单击按钮，则程序会做出相应的操作，而在按钮上移动鼠标，程序不会有任何反应。

VB 的事件过程的一般形式为：

```
Private Sub 对象名_事件名()
…
…     响应事件时执行的程序代码
…
End Sub
```

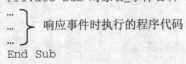

其中"Private Sub 对象名_事件名()"是事件过程的开头,End Sub 是事件过程的结尾。"对象名"就是用户在"属性"窗口中为对象的"名称"属性设置的值,"事件名"则是该对象所能响应的事件的名称。

2.1.3 方法

属性是指对象的特性,而方法则是对象要执行的动作。不同的对象所具有的方法也不相同。

> 实讲实训
> 多媒体演示
>
> 多媒体文件参见配套光盘中的 Media \Chapter02\2.1.3。

例如,拨打电话时,可以说电话(Phone)对象有一个"拨号"(Dial)方法,拨打一个电话号码的语法如下:

```
Phone.Dial 12345678
```

在代码中使用方法时如何书写语句,取决于该方法要求多少参数,以及是否有返回值。如果方法不要求参数,则直接用以下语法编写代码即可:

```
对象名.方法名
```

例如,窗体对象有一个 Cls 方法,该方法的功能是清除窗体上显示的文本或图形等内容。调用该方法的语句如下:

```
窗体名.Cls
```

参数是对方法所执行动作的进一步描述。如果方法带有参数,在调用这类方法时要在方法名的后面写上参数。例如,电话的"拨号"方法就有一个参数,该参数用来说明拨什么号码。如果方法有多个参数,就用逗号将多个参数分隔开。

例如,窗体对象的 Circle 方法就有多个参数,该方法的功能是在窗体上画圆。使用该方法需要指定圆的位置、半径和颜色等参数,该方法语句如下:

```
Form1.Circle (400, 300), 300, vbBlue
```

如果方法带有返回值,需要保存方法的返回值,就必须把参数用括号括起来。例如,剪贴板的 GetData 方法是返回一张图片,语句如下:

```
Picture = Clipboard.GetData (vbCFBitmap)
```

如果没有返回值,则在括号中不出现参数。

使用对象的方法与属性的语法格式有些类似,属性和方法与其拥有者——对象都是以一个点来连接的。在实际操作中,可以通过词性来判断是属性还是方法。属性名一般是名词(例如 Appearance、Caption、Width 等),方法名一般是动词。此外,在程序代码中,"对象名.方法名"可以是一个完整的语句,但"对象名.属性名"不是一个完整的语句。在代码中,涉及到对象属性的语句总是一个赋值语句,如果不是给对象的属性赋值,就是将对象的属性值赋给一个变量。

2.2 对象的操作

2.2.1 基本知识要点与操作思路

在上一节中,详细讲述了对象的概念,在理解这些概念的基础上,本节进一步介绍有关对象的一些操作。本节内容包括在窗体中布置控件，设置对象属性以及编写对象的事件过程等，用户可以通过工具箱添加对象，还可以设置对象的属性及编写对象的事件过程。

2.2.2 在窗体中布置控件

设计应用程序界面的最重要的一项内容就是在窗体中布置控件，例如，添加控件、改变控件的大小和位置、删除控件和锁定控件等。

实讲实训 多媒体演示

多媒体文件参见配套光盘中的Media\Chapter02\2.2.2。

1. 添加控件

向窗体中添加控件的操作步骤如下。

Step 01 在工具箱中分别选择"文本框控件"和"按钮控件"，如图2.2所示。

Step 02 将鼠标指针移动到窗体上，鼠标指针的形状就变为十字形，在要放置控件的位置拖动鼠标，就会出现一个矩形区域。

Step 03 拖动矩形区域到一定大小后释放鼠标，则所选控件就被放置在窗体上指定的位置。鼠标拖动出的矩形区域的大小决定了控件的大小。如图2.3所示是在窗体中添加了两个文本框和两个按钮控件。

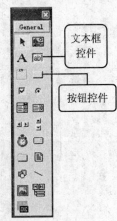

提示

双击工具箱中的控件，可以将其快速地添加到窗体中，并且控件总是以默认的大小添加到窗体的中心位置。

图2.2 工具箱

2. 改变控件的大小和位置

用户可以改变窗体中控件的大小和位置，其操作步骤如下。

Step 01 单击窗体中的控件，则在控件的周围会出现 8 个小方块，该对象被选定，如图2.4所示。

Step 02 将鼠标指针移动到某个小方块上，鼠标指针变成双向箭头状时，拖动鼠标到合适的大小后释放鼠标，控件的大小即被改变。

Step 03 将鼠标指针移动到控件上拖动鼠标，就出现一个和控件一样大小的黑色方框随着鼠标一起移动，到合适的位置后释放鼠标，控件就被移动到新的位置。

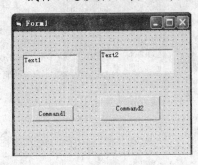

图2.3 添加的控件

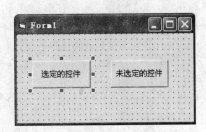

图2.4 控件被选定

窗体中的网格是为方便布置控件而提供的参考线，在程序运行时窗体上并不显示这些网格。用户可以设置有关网格的显示形式，其操作步骤如下。

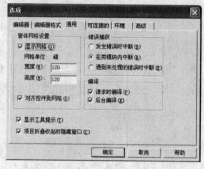

Step 01　选择"工具"|"选项"命令，弹出"选项"对话框，如图2.5所示。

Step 02　选择"通用"选项卡，在"窗体网格设置"选项组中设置有关网格的各种参数。

Step 03　选中"显示网格"复选框，则在设计时窗体中将出现网格。

Step 04　选中"对齐控件到网格"复选框，则控件总是与网格对齐。

图2.5　"选项"对话框的"通用"选项卡

Step 05　单击"确定"按钮，保存设置并关闭对话框。

3. 删除控件

选择控件后，按 Delete 键即可将其删除。也可以选择"编辑"菜单中的"剪切"或"删除"命令来删除控件。

4. 锁定控件

在控件的大小以及位置调整完成后，为了避免改变原来的设置，可以在选定控件后选择"格式"|"锁定控件"命令将所有的控件锁定。

2.2.3　对象属性的设置

单击工具栏中的"属性窗口"按钮打开"属性"窗口，在"属性"窗口中显示的是当前选中对象的属性。要使某个对象（窗体或控件）的属性在"属性"窗口中显示出来，只需选中该对象即可。

在"属性"窗口设置窗体或控件的属性时，设置方式可分为如下 3 种情况。

实讲实训
多媒体演示
多媒体文件参见配套光盘中的 Media\Chapter02\2.2.3。

- 直接输入属性的值。有些属性，当单击属性的值时，则插入点就会出现在文本框中，此时即可在其中输入属性的值。按回车键或选择其他属性，则表示新属性值的输入结束与确认。例如 Caption，Height，Width 等属性就属于这种类型。

- 在下拉列表中选择属性的值。有些属性，当使用鼠标单击时，其右边会出现一个下三角按钮，单击该按钮则弹出一个包含可选属性值的下拉列表，如图 2.6 所示。用户可从该列表中选择所要的值。

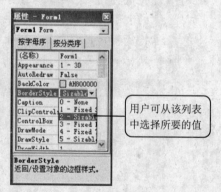
用户可从该列表中选择所要的值

- 在对话框中选择属性的值。有些属性，当使用鼠标单击时，其右边出现一个省略号按钮，单击该按钮，则弹出一个对话框。用户可从该对话框中选择属性的值，例如 Picture、Font 属性就属于这种类型。

图2.6　在下拉列表中选择属性的值

2.2.4　编写对象的事件过程

实讲实训
多媒体演示

多媒体文件参见配
套光盘中的Media
\Chapter02\2.2.4。

将控件放置在窗体上，并且在"属性"窗口中设置了其属性后，单击"运行"按钮，就会呈现出设计好的用户界面。用户可以对其进行一些操作，例如，在文本框中输入内容、单击按钮等。但此时的用户界面仅是一个"外壳"，还不能响应用户的任何操作。

用户的操作对于对象（窗体或控件）来说就是触发对象的某个事件。例如，用户单击一个按钮，就是触发了此按钮的 Click 事件。因此，要使对象能够响应用户的操作，就必须编写控件的事件过程。

编写对象事件过程的流程如下。

（1）打开对象所在窗体的代码窗口。

（2）选择对象的事件。

（3）为事件添加代码。

双击窗体或窗体上的控件打开代码窗口后，窗口的代码编辑区中会自动出现与用户双击对象相对应的某一事件过程的框架。例如，双击窗体，则打开的代码窗口如图 2.7 所示，其中显示有窗体对象的 Load（装载）事件过程。再次双击窗体上的其他控件，则窗口的代码编辑区又会出现该控件的某个事件过程的框架。如图 2.8 所示的是在双击窗体后，又双击窗体中按钮控件后的代码窗口。

如果代码窗口中出现的事件过程不是用户所需要的，可以自行选择所要编写的事件过程，其操作步骤如下。

Step **01**　单击代码窗口的对象框，在对象下拉列表框中选择要编写事件过程的对象。

Step **02**　单击代码窗口的事件框，在过程/事件下拉列表框中为对象选择所要响应的事件。

选择完毕后，在代码窗口的编辑区中就出现了一个事件过程。如图 2.9 所示的代码窗口是选择了 Form 对象和 Click 事件后的情形。用户只需向该事件过程中添加代码即可，省去了输入过程框架的麻烦。

图 2.7　双击窗体打开的代码窗口

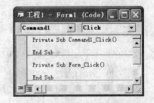

图 2.8　双击按钮控件后的代码窗口

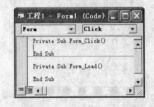

图 2.9　在代码窗口中显示事件过程

2.3　案例实训——焦点控制的相关操作

2.3.1　基本知识要点与操作思路

实讲实训
多媒体演示

多媒体文件参见配
套光盘中的Media
\Chapter02\2.3。

焦点是对象接收用户鼠标或键盘操作的前提。当对象具有焦点时，才可以接收用户的操作。例如，在有几个文本框的窗体中，只有具有焦点的文本框才能接受用户的输入。

将焦点赋给对象，可以使用下列 3 种方法。

方法 1：运行时用鼠标选择对象。

方法 2：运行时用快捷键选择对象。

方法 3：在代码中使用 SetFocus 方法。

焦点只会出现在活动窗口中，并且在活动窗口中每一时刻只能有一个对象具有焦点。对象是否具有焦点可以观察出来，例如，当按钮具有焦点时，按钮标题周围的边框将突出显示，如图 2.10 所示。当文本框具有焦点时，文本框中将显示闪动的插入点。

图 2.10 具有焦点的按钮

并非所有的对象都能接受焦点。例如，标签、框架、定时器等控件就不能接受焦点。对于可以接受焦点的对象，只有当对象的 Enabled 和 Visible 属性为 True 时，该对象才能接收焦点。Enabled 属性允许对象响应由用户产生的事件，例如键盘和鼠标事件。Visible 属性决定了对象在屏幕上是否可见。

当对象得到或失去焦点时，会产生 GotFocus 或 LostFocus 事件。窗体和大部分控件能响应这些事件。GotFocus 事件在对象得到焦点时发生，LostFocus 事件在对象失去焦点时发生。

利用鼠标来使对象具有焦点有时很不方便。例如，若窗体中有多个文本框，在输入数据时，如果每次总是使用鼠标来切换文本框的焦点，就没有使用键盘方便。人们通常习惯使用 Tab 键来使对象按指定的顺序获得焦点，这就是所谓的 Tab 键顺序。

在使用 VB 创建程序时，可以使用 TabIndex 和 TabStop 两个属性来指定对象的 Tab 键顺序。通常情况下，Tab 键顺序与窗体上所添加对象的顺序相一致。

- TabIndex 属性。该属性用来设置对象的 Tab 键顺序。在默认情况下，第 1 个被添加的控件的 TabIndex 的值为 0，第 2 个被添加的控件的 TabIndex 的值为 1，依此类推。在程序运行时，焦点默认位于 TabIndex 值最小的控件上。当按 Tab 时，焦点按对象 TabIndex 属性的值顺序切换。
- TabStop 属性。该属性的作用是决定用户是否可以使用 Tab 键来使对象具有焦点。当一个对象的 TabStop 属性取值为 True（默认）时，使用 Tab 键可以使该对象具有焦点；若取值为 False，则按 Tab 键时将跳过该对象，即不能使用 Tab 键使该对象具有焦点。

2.3.2 操作步骤

设置焦点的操作步骤如下。

Step 01 运行 VB，新建工程文件。

Step 02 在窗体中放置 4 个文本框控件 [abl] 和两个按钮 控件，并设置控件的 Caption 属性为 1～6，用来表示控件的添加顺序，如图 2.11 所示。

Step 03 单击工具栏中的"启动"按钮 运行该程序。发现默认情况下文本框 1 具有焦点，按 Tab 键，则焦点按控件的放置顺序切换，即 1→2→3→4 →5→6。

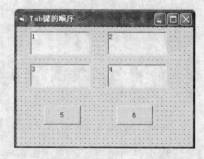

图 2.11 对象的 Tab 键顺序

Step 04 单击工具栏中的"结束"按钮█停止程序的运行，返回到设计界面中。重新设置各控件的TabIndex属性，如表2.4所示。

Step 05 再次运行程序，可以发现，默认情况下按钮5具有焦点，按Tab键，则焦点的切换顺序为5→6→1→3→2→4，如图2.12所示。

表2.4　各控件的TabIndex属性设置

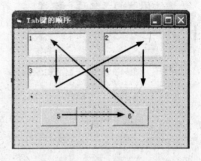

对象	TabIndex 属性值	对象	TabIndex 属性值
文本框1	2	文本框4	5
文本框2	4	按钮5	0
文本框3	3	按钮6	1

图2.12　变换后的Tab键顺序

2.4　案例实训——工程的管理

2.4.1　基本知识要点与操作思路

实讲实训
多媒体演示
多媒体文件参见配套光盘中的Media
\Chapter02\2.4。

利用VB 6.0可以创建标准的Windows应用程序、ActiveX与ActiveX文档等，在设计阶段，VB将其通称为一个工程。上面所创建的简单应用程序，就是一个工程，该工程只包含一个窗体，但对于一些较复杂的应用程序，工程中一般都包括若干个窗体、模块等文件。这将涉及到工程与文件的新建、保存、移除等多种操作。这些操作贯穿于整个应用程序的创建过程之中。

工程资源管理器是用来管理工程的，其功能就像Windows中的资源管理器一样。选择"视图"|"工程资源管理器"命令或单击工具栏中的"工程资源管理器"按钮█，均可打开工程资源管理器。

在工程资源管理器中列出了当前用户所创建的所有工程，并且以树状的形式显示了每个工程的组成。启动VB后，工程资源管理器如图2.13所示，从中可以看出当前只有一个工程，工程中包含一个窗体。单击工程名前的□或⊞可以折叠或展开工程。

如果在VB中同时创建多个工程，并且工程中有多个文件时的工程资源管理器，如图2.14所示，当前新建（或打开）了两个工程，其中工程1包含有两个窗体，工程2只包含一个窗体。两个工程又组成一个工程组。

在工程资源管理器中显示出工程名、工程文件名、窗体名和窗体文件名，如图2.15所示。请用户注意区别。

单击减号可折叠工程

工程名　　工程文件名

窗体名　　窗体文件名

图2.13　工程资源管理器　　图2.14　有2个工程的工程　　图2.15　工程资源管理器中的名称

资源管理器

工程文件名与窗体文件名是用户在保存工程文件时为工程与窗体指定的名称。窗体名是用户在"属性"窗口中为窗体设置的"名称"属性。工程名为 VB 对用户所创建的应用程序的标识。在默认情况下，工程名为"工程 1"、"工程 2"等。

用户也可以指定工程的名称，具体操作步骤如下。

Step
01
选择"工程"|"工程 1 属性"命令，打开"工程属性"对话框，如图 2.16 所示。

Step
02
输入工程的新名称，单击"确定"按钮。

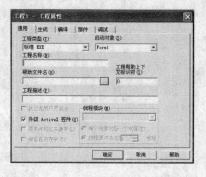

图 2.16　"工程属性"对话框

2.4.2　操作步骤

1. 新建工程

启动 VB 6.0 时，系统会弹出"新建工程"对话框，在其中选择一种工程类型，单击"打开"按钮后，就创建了一个新的工程，且该工程中只包括一个窗体。该工程的默认名为"工程 1"，窗体默认名为 Form1。

如果要新建一个工程，可以按如下操作步骤进行。

Step
01
选择"文件"|"新建工程"命令，弹出"新建工程"对话框，如图 2.17 所示。

Step
02
选择一种工程类型，单击"确定"按钮。

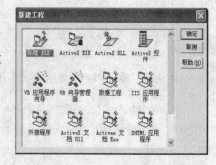

图 2.17　"新建工程"对话框

> **提示**
>
> 选择"文件"|"新建工程"命令，原有的工程将被移除；如果原有的工程未存盘，则系统还会弹出对话框提示用户保存工程。

2. 添加工程

在 VB 6.0 中也可以同时建立多个工程，其操作步骤如下。

Step
01
选择"文件"|"添加工程"命令，弹出"添加工程"对话框，如图 2.18 所示。

"新建"选项卡用来添加一个新的工程

"现存"和"最新"选项卡则用来添加一个已存在的工程

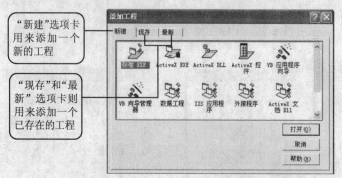

图 2.18　"添加工程"对话框

Step
03　　选择"现存"选项卡，在工程列表中选中一个工程，单击"打开"按钮即可。

3. 保存工程

在创建工程后，只有将其保存到硬盘上，才能在下次继续使用该工程。因为一个工程包含一个或多个窗体与模块等文件，所以在保存工程时，这些窗体或模块文件也将一同保存。具体操作步骤如下。

Step
01　　选择"文件"|"保存工程"命令，弹出"文件另存为"对话框，如图 2.19 所示。
Step
02　　在"文件名"文本框中输入窗体或模块的名称。

提示

如果工程中包含多个窗体或模块，则"文件另存为"对话框仍然存在，要求用户保存下一个文件，直到工程中所有的窗体或模块保存完毕。

Step
03　　单击"保存"按钮，弹出"工程另存为"对话框，如图 2.20 所示。
Step
04　　在"文件名"文本框中输入工程的名称。单击"保存"按钮。

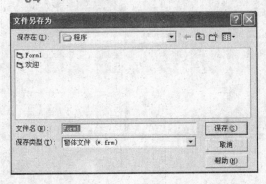

图 2.19　"文件另存为"对话框　　　　　　图 2.20　"工程另存为"对话框

这样，就完成了对一个工程的保存工作。

提示

由于一个工程的各个部分是紧密联系的，任何一个部分出现错误都会导致整个工程发生错误。因此，为了便于管理，建议用户尽量将一个工程中的各文件保存在同一位置。

4. 移除工程

一个工程创建完成后，若要关闭该工程，而不退出 VB 环境，则可以选择"文件"|"移除工程"命令将该工程移除。如果当前只有一个工程，直接选择"文件"|"移除工程"命令即可将其移除；如果当前有多个工程，需要先在工程资源管理器中选择要移除的工程，然后选择"移除工程"命令。

注意

移除工程只是将工程从 VB 开发环境中移除出去，而不是将其从硬盘中删除。

5. 添加、移除和保存文件

一个工程一般包含有多个窗体或模块，例如常用的 Word 等软件，都是包含有多个窗体的应用程序。在创建工程后，可以根据需要为工程添加多个窗体以及模块等文件。

打开"工程"菜单，或单击工具栏中"添加窗体"按钮右边的下三角按钮，在其下拉菜单中选择要添加的文件类型即可。

不同的工程可共享同一个窗体、模块等文件。可将在其他工程中创建的文件添加到新的工程中。为工程添加窗体文件的。具体操作步骤如下。

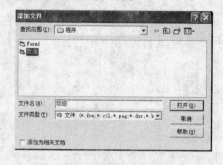

图 2.21 "添加文件"对话框

Step 01 选择"工程"|"添加窗体"命令，选择"窗体"选项，单击"打开"按钮；再次选择"工程"|"添加文件"命令，弹出如图 2.21 所示的对话框。

Step 02 选择"欢迎"文件，单击"打开"按钮。

Step 03 此时的工程资源管理器如图 2.22 所示，为"工程 1"新建了一个名称为 Form2 的新窗体，并且窗体文件"欢迎"也被加载到"工程 1"中。

图 2.22 添加新窗体后的工程资源管理器

2.5 案例实训——第一个 VB 应用程序

2.5.1 基本知识要点与操作思路

前面已经详细介绍了 VB 6.0 的集成开发环境以及一些基本的概念，在本节中，先编写一个简单的应用程序来进一步理解对象的有关概念，并增加对使用 VB 编程的认识；之后将介绍工程资源管理器的使用方法。

实讲实训
多媒体演示

多媒体文件参见配套光盘中的 Media\Chapter02\2.5。

创建这样一个程序：该程序只有一个窗体，在窗体中有一个文本框和一个按钮；在程序运行后，文本框中显示文字"第一次接触 VB"，如图 2.23 所示。单击按钮，则文本框中的内容变成"VB 原来如此简单易学"，如图 2.24 所示。

图 2.23 启动应用程序后的情形

图 2.24 单击按钮后的情形

2.5.2 操作步骤

在 VB 中创建程序首先设计程序的用户界面，然后编写事件过程。

创建该应用程序的操作步骤如下。

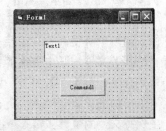

Step 01 启动 VB 6.0，在"新建工程"对话框中选择创建的工程类型为"标准 EXE"，单击"打开"按钮，则出现一个名称为"工程 1"的设计窗口。在此窗口中只有一个名为 Form1 的窗体，如图 2.25 所示。

图 2.25 设计应用程序界面

Step 02 单击工具箱中的文本框控件 abl，在窗体中拖动鼠标，绘制出一个大小合适的方框后释放鼠标，则窗体上就出现了一个文本框。

Step 03 单击工具箱中的按钮控件，拖动鼠标在该窗体上放置一个按钮控件。

Step 04 如果"属性窗口"没有显示，单击工具栏中的"属性窗口"按钮 打开"属性"窗口。

Step 05 在窗体上单击文本框控件，则文本框的四周出现一些小蓝点，这表明文本框已被选中。此时，在"属性"窗口中所列出的就是该文本框的属性。文本框的 Text 属性决定文本框中显示的内容，在默认情况下，Text 属性的值为 Text1。

Step 06 单击 Text1 所在的属性值文本框，在其中输入文字"第一次接触 VB"，在输入的同时，窗体上文本框中的内容也随着改变，如图 2.26 所示。

Step 07 在窗体中选中按钮控件，在"属性"窗口中设置 Caption 属性的值为"欢迎"。

Step 08 再选中窗体，在"属性"窗口中设置 Caption 属性的值为"第一个 VB 程序"。程序的用户界面设计完毕，如图 2.27 所示。

Step 09 双击按钮控件，打开如图 2.28 所示的代码窗口。

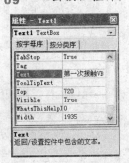

图 2.26 设置文本框的 Text 属性

图 2.27 设置属性后的窗体

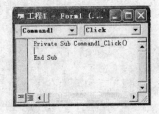

图 2.28 代码窗口

Step 10 在代码窗口中自动出现了按钮 Click 事件过程的框架。将下列代码添加到 Command1_Click 事件过程中：

```
Text1.Text = "VB 原来如此简单易学"
```

提示

在 Command1_Click 事件过程中只有一行语句，该语句的含义是将文本框的 Text 属性值设置为"VB 原来如此简单易学"。只有当用户单击按钮后，Command1_Click 事件过程被触发，过程中的语句才会被执行。

一个简单的应用程序就创建完毕了。单击工具栏中的"运行"按钮运行该程序，则出现如图 2.23 所示的窗体，单击"欢迎"按钮，窗体如图 2.24 所示。

上述小程序是在 VB 环境中运行的，为使程序能脱离 VB 环境而独立运行，需要将其编译成可执行的 EXE 文件。VB 中提供了专门用于生成可执行文件的命令，选择"文件"|"生成工程 1.EXE"命令，则弹出如图 2.29 所示的"生成工程"对话框，选择要保存文件的位置，输入可执行文件的文件名，然后单击"确定"按钮即可生成程序的可执行文件。

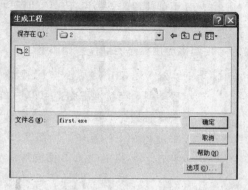

图 2.29 "生成工程"对话框

生成可执行文件后，通过"我的电脑"或"资源管理器"在硬盘中找到刚生成的可执行文件，双击该文件，即可启动应用程序，此时就不再需要 VB 环境的支持了。

从上述的一个简单应用程序的创建过程，可以得出使用 VB 创建应用程序的基本步骤如下。

Step 01 设计用户界面。
Step 02 设置对象属性。
Step 03 编写代码。
Step 04 保存程序。
Step 05 调试并运行程序。
Step 06 发布应用程序。

2.6 习 题

1. 填空题

(1)"属性"窗口主要用来设置对象属性的_____和一些在整个程序运行过程中的属性。

(2) 有的属性在设计时是不可用的，因此，这些属性只有通过_____在运行时设置。

(3) 在事件驱动应用程序中，由_____来识别事件。事件可以由一个_____产生，也可以由_____或_____产生。

(4) 属性是指对象的_____，而方法则是对象要_____。

(5) 焦点只会出现在_____中，并且在_____中每一时刻只能有_____具有焦点。

2. 简答题

(1) 什么是对象、属性、事件和方法？

(2) 事件驱动程序的特点是什么？

(3) 常用的鼠标事件和键盘事件分别有哪些？

(4) 简述编写对象事件过程的步骤。

(5) 简述事件与方法的区别。

(6) 简述焦点的作用及设置焦点的方法。

(7) 简述使用 VB 创建应用程序的基本步骤。

(8) 简述添加一个已经存在的工程的操作步骤。

3. 程序设计

(1) 设计一个简单的界面，如图 2.30 所示。注意界面上的对象的焦点顺序为"姓名"→"性别"→"年龄"→"学历"→"固定电话"→"手机"→"E—Mail" →"工作单位"→"家庭地址"→"邮编"→"简介"→"确定"→"重填"→"取消"。

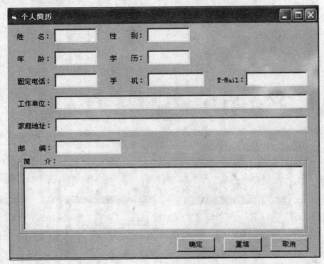

图 2.30 示例界面

(2) 在上题的基础上，在"重填"按钮中添加事件代码，清空上面文本框中所有输入的文字。

(3) 编写一个程序，窗体的标题是"我的第一个 VB 程序"。在运行程序后，单击窗体显示字符"我成功了！"。

Chapter 3

Visual Basic 编程基础

　　本章主要介绍 Visual Basic 的编程基础，通过对本章的学习，读者可以掌握 Visual Basic 的编程规则、方法，还可以掌握变量的传递和递归的使用方法。

基础知识
- ◆ Visual Basic 程序书写规则与数据类型
- ◆ 变量与常量
- ◆ 运算符与表达式

重点知识
- ◆ 常用函数
- ◆ 程序基本结构

提高知识
- ◆ 数组与过程
- ◆ 递归
- ◆ 案例实训

3.1 Visual Basic 程序书写规则

利用 Visual Basic 编程，最关键的是掌握 Visual Basic 编程语言。因为一个程序的核心部分实际上是程序代码，代码使得各种控件具有了灵魂，从而决定了控件的功能。

每一种语言都有自己的书写规则，不符合书写规则的语句，计算机不能正确识别，而且会产生编译或执行错误。因此，在学习 VB 编程语言前，需要熟悉其书写规则。

3.1.1 分行与续行

1. 分行符

如果一条语句很长，又将其写在一行上，就给阅读或打印代码带来不便。在 VB 中，可以使用分行符（_）（一个空格和一条下划线）将一条语句写在两行或多行上。例如以下语句：

```
Form1.Caption ="分行"
```

分为两行，写成以下形式：

```
Form1.Caption = _
"分行"
```

在同一行内，分行符后面不能添加注释。如果添加注释，则语句是错误的，例如：

```
Form1.Caption = _   '设置窗体标题
"分行"
```

分行符一般添加在运算符的前后。不要使用分行符将一个变量名或属性名分隔成两行。

2. 续行符

在通常情况下，一条语句占用一行，并且在语句末尾没有表示语句结束的符号。但也可以将多行语句写在同一行上，相邻的两条语句中间使用冒号（:）作为续行符。

例如：

```
Form1.Caption = "断行": Form1.FontSize = 14: Print "你好"
```

将多行语句写在同一行上可以节省打印纸（如果打印程序的话）。但为了便于程序的阅读，最好在一行上只写一条语句。

3.1.2 注释

注释是指在编写代码时，编写者在代码中添加的一些说明性语句。注释是非执行语句，只是对有关的内容加以说明。例如，说明某个过程的功能，定义某个变量的目的等。

在 VB 中，注释以 Rem 关键字开头，并且 Rem 关键字与注释内容之间要加一个空格。注释可以是单独的一行，也可以写在其他语句行的后面。如果在其他语句行后使用 Rem 关键字，则必须使用冒号（:）与语句隔开。也可以使用一个撇号（'）来代替 Rem 关键字。若使用撇号，则在其他语句行使用时不必加冒号。如图 3.1 所示是几种注释的写法。

VB 的"编辑"工具栏还提供了专门用于设置注释块的按钮，使得将多行语句设置为注释或取消注释十分方便（在默认情况下，"编辑"工具栏未出现在界面中，选择"视图"|"工具栏"

｜"编辑"命令，即可打开"编辑"工具栏）。设置注释块的操作步骤如下。

图 3.1 注释语句举例

Step 01 在代码窗口中选中要设置为注释的单行或多行语句。

Step 02 单击"编辑"工具栏中的"设置注释块"按钮 ，即可为所选的每行语句前添加一个撇号（'），将其设置为注释。

Step 03 取消注释时，选中注释语句后单击"编辑"工具栏中的"解除注释块"按钮 即可。

3.2 数据类型

数据是程序的必要组成部分，也是程序的处理对象。VB 提供了系统定义的数据类型，还允许用户根据需要自定义数据类型。数据类型决定了如何将变量的值存储到计算机的内存中。

3.2.1 基本数据类型

VB 提供的基本数据类型如表 3.1 所示。

表 3.1 VB 的基本数据类型

数据类型		占用字节	类型符	取值范围说明
Numeric（数值型）	Byte（字节型）	1		0～255
	Integer（整型）	2	％	−32768～32767
	Long（长整型）	4	&	−2147483648～2147483647
	Single（单精度浮点型）	4	!	−3.402823E38～3.402823E38
	Double（双精度浮点型）	8	#	−1.79769313486232D308～1.79769313486232D308
	Currency（货币型）	8	@	−9222337203685477.5808～9222337203685477.5807
String（字符串型）	String	1/字符	$	0～65535 个字符
Date（日期型）		8		公元 100 年 1 月 1 日到公元 9999 年 12 月 31 日
Boolean（布尔型）		2		True 或 False
Variant（变体型）				根据需要分配

下面简单介绍一下常用的数据类型。

1. 数值型数据类型

VB 支持 6 种数值型数据类型，分别是 Byte（字节型）、Integer（整型）、Long（长整型）、Single（单精度浮点型）、Double（双精度浮点型）和 Currency（货币型）。Byte 数据类型主要用于存储二进制数。整型数据类型的运算速度较快，而且比其他数据类型占用的内存要少。浮点数值可表示为 mmmEeee 或 mmmDeee 形式。其中 mmm 是底数，而 eee 是指数（以 10 为底的幂）。用 E 将数值文字中的底数部分和指数部分隔开，表示该值是 Single 类型；同样，用 D 则表示该值是 Double 类型。Currency 数据类型的定点实数保留小数点右面 4 位和小数点左面 15 位，适用于货币计算。

所有数值变量（关于变量的说明请查看 3.3 节）都可相互赋值。在将浮点数赋予整数之前，VB 会将浮点数的小数部分四舍五入，而不是将小数部分去掉。

2. 字符串型数据类型

如果变量总是包含字符串而从不包含数值，就可将其声明为字符串。字符串是用双引号括起来的若干个字符。字符串中的字符可以是计算机系统允许使用的任意字符。例如，"VB 6.0"、"***计算机％％％"和 "khp@khp.com.cn"等都是合法的字符串。字符串的长度是指字符串中字符的个数，不含任何字符的字符串为空字符串。字符串在内存中是按字符连续存储的，每个字符占用 1 个字节。例如，字符串"1234"占用 4 个字节的内存；而 1234 是一个整型数据，占用 2 个字节。

3. 日期型数据类型

日期型变量用来存储日期或时间，可表示的日期范围为从公元 100 年 1 月 1 日到公元 9999 年 12 月 31 日，时间则是从 0:00:00 到 23:59:59。日期常数必须用"#"号括起来。例如，如果变量 Mydate 是一个日期型变量，可使用以下几种方式为该变量赋值：

```
Mydate= #4/19/1977#
Mydate= #1977-04-19#
Mydate= #77,4,19#
Mydate= #April 19,1977#
Mydate= #19 Apr 77#
```

上面几个语句的作用完全相同，都是将日期常数 1977 年 4 月 19 赋给日期变量 Mydate。并且，在代码窗口中输入上述任一语句，VB 都将自动将其转换为第一条语句的格式，即 Mydate=#4/19/1977#。

4. 布尔型数据类型

若变量的值只是 true/false、yes/no、on/off 等信息，则可将其声明为布尔类型。布尔类型的默认值为 false。

5. 变体型数据类型

数据类型为变体型的变量可以存储所有类型的数据。变体型数据类型可在不同场合代表不同的数据类型。如果把数据赋予变体变量，则不必在这些数据的类型间进行转换，VB 会自动完成任何必要的转换。例如，如果变量 Myvariant 为变体型变量，以下是该变量的几条赋值语句以及说明：

```
Myvariant="15"                    '变量值为包含两个字符的字符串
Myvariant=17-Myvariant            '此时变量值为数值 2
Myvariant="A"& Myvariant          '此时变量值为字符串"A2"
```

3.2.2　用户定义的数据类型

用户自定义数据类型的语法如下：

```
Type 数据类型名
    数据类型元素名 As 类型名
    数据类型元素名 As 类型名
    …
End Type
```

声明一个新的数据类型——Student，举例如下：

```
Type Student
    Name As String
    Birthday As Date
    Address As String
End Type
```

因此，可以借此来声明一个 Student 类型的变量——FirstStudent，并为其赋值，举例如下：

```
Dim FirstStudent As Student
FirstStudent.Name="成昊"
FirstStudent.Birthday=#01/01/1983#
FirstStudent.Address="中关村大街 26 号"
```

3.3 变量

变量是指在程序执行过程中其值可以变化的量。变量通过一个名字（变量名）来标识。系统为程序中的每一个变量分配一个存储单元，变量名实质上就是计算机内存单元的命名。因此，借助变量名就可以访问内存中的数据。

例如，程序代码中有以下两条语句：

```
X=3
X=2+X
```

注意

上例中的等号是赋值符，并不是"等于"运算符，它用来给变量赋值。

第 1 条语句是将数值 3 赋给变量 X，此时，变量 X 所对应的内存单元中的值为 3。第 2 条语句是将变量 X 所对应的内存单元中的值加 2 后再赋给变量 X，此时，变量 X 所对应的内存单元中的值变为 5。

注意

变量所对应的内存单元中的值就是变量的值。

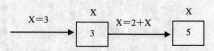

变量 X 所对应的内存单元中值的变化情况如图 3.2 所示。

图 3.2　X 变量在不同阶段的值

3.3.1　变量的命名规则

不同的变量是通过变量名标识的。在命名变量时，有很大的灵活性，例如，可以将用来保存产品价格的变量命名为 X，也可以将其命名为 Price 或其他名称。在较大型的程序中，最好用带有一定描述性的名称来命名对象，例如，将表示价格的变量命名为 Price，将表示年龄的变量命名为 Age 等，这样会使得程序易于阅读与维护。

在 VB 中，变量的命名要遵循以下规则。

- 变量名必须以字母或汉字开头。例如，abc、姓名、年 n3 和 ff28 等变量名都是合法的，而 3abc、#xy 和+uu 等变量名是非法的。

- 不能在变量名中出现句号、空格或者嵌入!、@、#、$、%、&等字符。例如，s#、d%等变量名是合法的，而 r%R、a#bc 和 a bc 等变量名是非法的。
- 不能使用 VB 的关键字作为变量的名字。关键字是 VB 内部使用的词，是该语言的组成部分。例如，print、dim 和 for 等都是非法变量名。
- 变量名不得超过 255 个字符。
- 变量名在变量的有效范围内必须是唯一的。
- 变量名不区分大小写。例如，变量 ABC、Abc 和 aBc 表示同一变量。

3.3.2 变量的声明

在使用变量前，一般要先声明变量及其数据类型，以决定系统为变量分配的存储单元。在 VB 中，可以通过以下几种方式来声明变量及其数据类型。

1. 使用 Dim 语句

使用 Dim 语句声明变量的一般形式如下：

```
Dim 变量名 As　数据类型
```

例如，以下语句可声明 3 个不同类型的变量：

```
Dim  Number  As  Integer
Dim  Count  As  Single
Dim  Name  As  String
```

也可以使用数据类型的类型符来替代 As 子句。例如，上述 3 个声明语句也可表示为：

```
Dim  Number%
Dim  Count!
Dim  Name$
```

 注意

　　变量名与类型符之间不能有空格。

一条 Dim 语句也可以声明多个变量，每个变量都需要有自己的声明类型，并且各变量之间以逗号隔开。例如，可以将上面的 3 条语句改写成一条语句，形式如下：

```
Dim Number As Integer, Count As Single, Name As String
```

如果忽略了 Dim 语句中的 As 子句，则 VB 将变量的类型认为是变体型。例如语句 Dim Myv 声明的 Myv 变量的数据类型就是变体型。

在默认情况下，字符串变量的长度是不固定的，随着对字符串变量赋予新的数据，其长度可增可减。也可以将字符串变量声明为指定的长度。声明一个指定长度字符串变量的语法如下：

```
Dim 变量名 As String * 长度
```

例如，声明一个长度为 50 个字符的字符串变量，可用下列语句：

```
Dim Name As String * 50
```

如果赋给该定长字符串变量的字符少于 50 个，则用空格将 Name 变量的不足部分填满。如果赋给的字符串的长度大于 50，则 VB 会自动截去超出部分的字符。

2. 隐式声明

在 VB 中，也可以不事先声明而直接使用变量，这种方式称为隐式声明。上述使用 Dim 语句声明变量的方式称为显式声明。所有隐式声明的变量都是变体型数据类型。虽然直接使用变量很方便，但是如果发生了变量名拼写错误，系统会认为它是另一个新的变量，从而会导致一个难以查找的错误。为了避免写错变量名引起编译运行错误，可以参照 1.5 节中的讲解对代码编辑器进行设置。

如果知道变量确实总是存储特定类型的数据，最好还是先声明变量的数据类型，这样 VB 会以更高的效率处理数据。

3.3.3 变量的赋值

在声明了变量后，还要为变量赋值，赋值语句的一般形式如下：

变量＝表达式

赋值语句的作用是将右边表达式的值赋给左边的变量。表达式的类型应与变量的类型一致，例如同为数值型或同为字符串型。当同为数值型但精度不同时，会强制将表达式的值转换为变量的精度。

例如：

```
Dim i As Integer                    '将 i 声明为整型
Dim j As Integer                    '将 j 声明为整型
i=3.4                               'i 的实际值为 3
j=8.5                               'j 的实际值为 9
```

由于 i、j 都被声明为整型，按照四舍五入的原则将所赋的值转换为整型。因此，i 的实际值为 3，j 的实际值为 9。

除了为变量赋值外，赋值语句还用来在代码中设置属性的值。例如：

```
Command1.Caption = "确定"           '将按钮的标题设置为"确定"
Text1.Text = "VB 教程"             '在文本框中显示文本"VB 教程"
```

需要指出的是，赋值号与关系运算符"等号"（见 3.5.2 节）都是用"＝"表示，VB 会根据所处的位置自动判断"＝"是何种意义的符号。

例如：

```
I=8=9
```

其中第 1 个"＝"是赋值号，第 2 个"＝"是关系运算符"等号"。语句的含义是将关系运算表达式 8=9 的结果赋给变量 I，此处，I 的值为 0 (False)。

3.3.4 变量的作用域

一个变量被声明后，并不是在任何地方都能使用。每个变量都有其作用范围（即作用域）。变量的作用域决定了可使用该变量的子过程和函数过程。变量的声明方式和声明位置决定了其作用域。

在理解变量的作用域之前，首先需要了解一个应用程序的组成。一般应用程序的组成如图 3.3 所示。

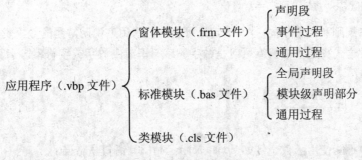

图 3.3　应用程序的组成

　　标准模块主要用来定义一些公用的变量和过程，以供各窗体模块中的事件过程引用。

　　变量的作用域可分为 3 个层次：局部变量、模块级变量和全局变量。表 3.2 中列出了变量的作用域及使用规则。

表 3.2　变量的作用域及使用规则

变量作用域	声明方式	声明位置	被本模块访问	被其他模块访问
局部变量	Dim 或 Static	在过程内部	不能	不能
模块级变量	Dim 或 Private	模块的通用声明段	能	不能
全局变量	Public	模块的通用声明段	能	能。如果是在窗体模块中定义的，则需要添加窗体名

 注意

　　如未特别说明，模块是指对窗体模块与标准模块的统称。

3.3.5　静态变量

　　在过程中，既可以使用 Dim 语句声明局部变量，也可以使用 Static 语句声明局部变量，并且 Static 语句的一般形式与 Dim 语句相同：

```
Static 变量名 As 数据类型
```

　　使用 Static 语句声明的变量称为静态变量，它与使用 Dim 语句声明的变量的不同之处如下。

- 使用 Static 语句声明的局部变量，当一个过程结束时，过程中所用到的静态变量的值会保留，下次再调用此过程时，变量的初值是上次调用结束时被保留的值。
- 使用 Dim 语句声明的局部变量，随过程的调用而分配存储单元，并进行变量的初始化。一旦过程结束，变量的内容自动消失，占用的存储单元也被释放。因此，每次调用过程时，变量都将重新初始化。

3.4　常量

　　在程序执行过程中数值始终不改变的量称为常量。例如，如果要进行数学计算，则程序中可能多次出现数值 3.14159，如果将该值用一个常量 pi 来表示，在程序中就可以使用常量 pi 来替代常数 3.14159，而不必每一次都输入 3.14159。定义常量的方法如下：

Const <常量名> [As 类型]=常量值

常量的命名规则和变量相同。As 子句是可选的，它用来说明常量的数据类型，如果省略，则数据类型由表达式决定。常量值可以是数字、字符串或由数字或字符串与运算符组合成的简单表达式。例如：

```
Const pi As Double=3.14159265358979
Const Str = "ABCDEF"
Const Str = (2 + 3) * 7
```

常量声明中不能使用函数，例如 Const Num=Sin(30)语句是错误的。

常量声明语句中可以包含其他常量。例如，在数字计算中，数值 pi 和数值 2*pi 一样常用，可将这两个值都声明为常量，方法如下：

```
Const pi As Double=3.14159265358979
Const pi2 As Double=2*pi
```

注意

一旦声明了常量，就不能在此后的语句中改变其数值，否则会出现编译错误。

提示

常量也有作用范围的概念，这一点与变量相同。例如常量 pi 通常在模块中作如下声明：

```
Public Const pi As Double=3.14159265358979
```

这样在每个过程中都能访问到此常量。

3.5 运算符与表达式

程序中对数据的操作，其实就是指对数据的各种运算。被运算的对象，例如常数、常量和变量等称为操作数。运算符是用来对操作数进行各种运算的操作符号，例如加号（＋）、减号（－）等。诸多操作数通过运算符连成一个整体后，就成为一个表达式。

VB 中具有丰富的运算符，可分为算术运算符、关系运算符、逻辑运算符和字符串运算符 4 种。

3.5.1 算术运算符

算术运算符用来进行算术运算。VB 提供的算术运算符如表 3.3 所示。

表 3.3　算术运算符

运算符	含义	优先级	举例	结果
+	加	6	X=3+2	5
−	减	6	X=7-4	3
−	取负	2	X=-10	−10
*	乘	3	X=3 * 7	21
/	除	3	X=7/2	3.5

（续表）

运算符	含义	优先级	举例	结果
\	整除	4	X=7\2	3
Mod	求余	5	7 Mod 2	1
^	指数	1	2 ^ 3	8

其中取负运算符（-）只需一个操作数，称之为单目运算符。其他运算符都需要两个操作数，称为双目运算符。

运算符的优先级表示当表达式中有多个运算符时，先执行哪个运算符。

整除运算（\）的结果是商的整数部分。例如，7\2表示整除，按除法计算商为3.5，结果取整数部分3，不进行四舍五入。如果参加整除的操作数是浮点数，则先按四舍五入的原则将其转换为整数，然后再执行整除运算。例如，对于8.5\2，先将8.5变成9再进行整除，结果为4。

求余运算（Mod）是求两个整数相除后的余数。如果参加求余运算的操作数是浮点数，则先按四舍五入的原则将其转换为整数，然后再执行求余运算。例如，对于8.5 Mod 2.1，先将8.5变成9，2.1变成2，然后9除以2余1，因此求余结果为1。

3.5.2　关系运算符

关系运算符用来对两个操作数进行大小比较。关系运算的结果是一个逻辑量，即 True（真）或 False（假）。如果关系成立，则值为 True，否则值为 False。在 VB 中，True 用-1表示，False 用0表示。VB 中有6种关系运算符，如表3.4所示。

表3.4　关系运算符

运算符	含义	举例	结果
=	等于	"a" = "A"	False
>	大于	"abc" > "aBc"	True
>=	大于等于	8>=7	True
<	小于	8<7	False
<=	小于等于	23<=23	True
<>	不等于	"a" <> "A"	True

用来比较的操作数可以是数值，也可以是字符串。数值以大小进行比较是显然的。字符串的比较是按照字符的 ASCII 码值的大小来比较的，即首先比较两个字符串的第1个字符，ASCII 码值大的字符串大。如果第1个字符相同，则比较第2个字符，依此类推。由于小写字母的 ASCII 码大，因此关系表达式"abc">"aBc"的值为 True。

3.5.3　逻辑运算符

逻辑运算符的作用是对操作数进行逻辑运算。操作数可以是逻辑量（True 或 False）或关系表达式。逻辑运算的结果也是一个逻辑量。表3.5中列出了 VB 中的6种逻辑运算符。

表3.5　逻辑运算符

运算符	含义	说明	优先级	举例	结果
Not	取反	若操作数为假，则结果为真；若操作数为真，则结果为假	1	Not ("a" = "A")	True
And	与	操作数均为真时，结果才为真	2	(2>1) And (7>3)	True
Or	或	操作数有一个为真时，结果就为真	3	("a" = "A") Or (2>1)	True
Xor	异或	操作数相反时，结果才为真	4	(2>1) Xor (7<3)	True

（续表）

运算符	含义	说明	优先级	举例	结果
Eqv	等价	操作数相同时，结果才为真	5	(2>1) Eqv (7<3)	False
Imp	蕴含	第一个操作数为真、第二个操作数为假时，结果才为假，其余情况下结果均为真	6	(8=8) Imp False	False

3.5.4 字符串运算符

字符串运算符有两个："&"和"+"，其作用是将两个字符串拼接起来。例如：

```
"VB" & "程序设计语言"            '结果为 "VB 程序设计语言"
"电脑" + "爱好者"              '结果为 "电脑爱好者"
Str = "计算机"
Str & "与网络"               '结果为 "计算机与网络"
```

 注意

变量名与"&"之间一定要加一个空格。因为"&"本身还是长整型数据的类型符，不加空格容易出现视觉和理解上的误差。

"&"运算符会自动将非字符型的数据转换成字符串后再进行连接，例如：

```
1234 & 5678 & "abcd"                        '结果为 "12345678abcd"
```

"+"运算符在连接字符串时不能自动转换数据类型，例如下列语句在运行时将出现类型不匹配错误：

```
1234+"abcd"
```

3.5.5 优先级

在一个表达式中包含多个运算时，每一部分都会按预先确定的顺序进行计算求解，这个顺序被称为运算符优先级。

当表达式中有多种运算符时，先处理算术运算符和字符串运算符，接着处理关系运算符，然后再处理逻辑运算符。即各种运算符的优先级如下：

算术运算符 > 字符串运算符 > 关系运算符 > 逻辑运算符

所有比较运算符有相同的优先级，即按其出现的顺序从左到右进行处理。算术运算符和逻辑运算符按它们各自的优先级进行处理。当乘法和除法同时出现在表达式中时，按照从左到右出现的顺序处理每个运算符。同样，当加法和减法同时出现在表达式中时，也按照从左到右出现的顺序处理每个运算符。

括号可改变优先级的顺序，强制优先处理表达式的某部分。括号内的操作总是比括号外的操作先被执行。但是在括号内，仍保持正常的运算符优先级。

在书写表达式时，尽管有时候括号不是必须的，但最好还是在表达式适当的地方添加一些括号，使得表达式的层次更分明，以增加程序的可读性。

例如，选拔模特的基本标准是身高（T）要在175cm与185cm之间，同时，体重（W）要小于56kg。但是，如果文化课成绩（S）在90分以上者，即使身高与体重不合格也可以破格录取。

描述以上选拔条件的表达式可以写成如下的形式：

```
175 <= T And T <= 185 And W < 56 Or S > 90
```

如果适当地加一些括号，则表达式的层次就一目了然，形式如下：

```
((175 <= T) And (T <= 185) And (W < 56)) Or (S > 90)
```

3.6 常用函数

在程序中，函数的概念与数学中函数的概念类似。函数是一种特定的运算，能完成特定的操作。例如，用来求一个数的平方根、正弦值等。由于这些运算或操作在程序中会经常用到，因此，VB 提供了大量的内部函数供用户在编程时调用。内部函数按功能可分为数学函数、转换函数、字符串函数和日期函数。这里只是列出一些常用的内部函数，要获得更详细的函数参考信息，可查看联机帮助文档或参阅其他手册。

3.6.1 数学函数

数学函数用来完成一些基本的数学计算，表 3.6 列出了一些常用的数学函数。

表 3.6　常用数学函数

函数	说明	举例	结果
Abs(n)	返回参数的绝对值	Abs(-6.5)	6.5
Atn(n)	返回参数的反正切值	Atn(0)	0
Cos(n)	返回参数的余弦值	Cos(0)	1
Exp(n)	返回 e（自然对数的底）的某次方	Exp(2)	7.389
Fix(n)	返回参数的整数部分	Fix(8.2)	8
Int(n)	返回参数的整数部分	Int(-8.4)	-9
Log(n)	返回参数的自然对数值	Log(10)	2.3
Rnd(n)	返回一个随机数值	Rnd	0~1 之间的某个数
Sgn(n)	返回参数的正负号	Sgn(-5)	-1
Sin(n)	返回参数的正弦值	Sin(0)	0
Sqr(n)	返回参数的平方根	Sqr(25)	5
Tan(n)	返回参数的正切值	Tan(0)	0

在三角函数中，参数以弧度表示。例如，函数 Sin(30) 中的 30 是指弧度，等于 1718.87，而不是 30°。为了将角度转换成弧度，可以将角度乘以 pi/180。若将弧度转换成角度，则将弧度乘以 180/pi。其中 pi 是数学常数，近似值为 3.1415926535897932。

Int 函数和 Fix 函数的不同之处在于，如果参数 n 为负数，则 Int 返回小于或等于该参数的第 1 个负整数，而 Fix 则会返回大于或等于参数的第 1 个负整数。例如，Int(-8.4)=-9，而 Fix(-8.4)=-8。

函数 Sgn 将根据参数 n 的不同取值，返回不同的值。若 n>0，则 Sgn(n)=1；若 n=0，则 Sgn(n)=0；若 n<0，则 Sgn(n)= -1。

随机函数 Rnd (n) 返回一个介于 0~1 之间（包括 0，但不包括 1）的单精度随机数。参数 n 的值决定了 Rnd 生成随机数的方式。

- 如果 n<0，则根据 n 的值返回一个特定的随机数。
- 如果 n>0 或省略，则返回随机序列中的下一个随机数。
- 如果 n=0，则返回与上一次产生的相同的随机数。

Rnd 函数所产生的随机数的序列取决于"种子"的初始值。对最初给定的种子都会生成相同的序列，因为每一次调用 Rnd 函数都用数列中的前一个数作为下一个数的种子。

为了使每次调用 Rnd 函数能产生不同的随机序列，在调用 Rnd 之前，可先使用无参数的 Randomize 语句初始化随机数生成器，所以随机数生成器具有根据系统计时器得到的种子。由于计时器不断变化，因此种子也就在不断地变化。通常将 Randomize 语句放在窗体的 Load 事件过程中。

为了生成某个范围内的随机整数，可使用以下公式：

```
Int((upperbound - lowerbound + 1) * Rnd + lowerbound)
```

upperbound 是随机数范围的上限，lowerbound 则是随机数范围的下限。

3.6.2 转换函数

转换函数用来完成数的转换工作，例如，将十进制数转换成十六进制数，将字符转换成对应的 ASCII 码等。表 3.7 列出了常用的转换函数。

表 3.7　常用的转换函数

函数	说明	举例	结果
Asc(s)	将字符转换成 ASCII 码	Asc("a")	97
Chr(n)	将 ASCII 码值转换成字符	Chr(97)	"a"
Hex(n)	将十进制数转换成十六进制数	Hex(100)	64
Lcase(s)	将大写字母转换成小写字母	Lcase("KHP")	"khp"
Oct(n)	将十进制数转换成八进制数	Oct(100)	144
Str(n)	将数值转换为字符串	Str(123.4)	"123.4"
Ucase(s)	将小写字母转换成大写字母	Ucase("khp")	"KHP"
Val(s)	将数字字符串转换为数值	Val("12 3.4abc56")	123.4

Lcase 函数仅将大写字母转换成小写字母，所有小写字母和非字母字符保持不变。Ucase 函数的情况与之类似。例如：

```
LCase("Hello World 1234")          ' 返回 "hello world 1234"
UCase("Hello World 1234")          ' 返回 "HELLO WORLD 1234"
```

Val 函数在执行转换时，在其不能识别为数字的第 1 个字符上停止读入字符串。那些被认为是数值的一部分的符号和字符都不能被识别，例如，美元号（$）与逗号（,）。但是函数可以识别进位制符号&O（八进制）和&H（十六进制），而空格、制表符和换行符都从参数中被去掉。例如：

```
Val("   1615 198th Street N.E.")          '返回值为 1615198
```

3.6.3　字符串函数

字符串函数用来完成对字符串的操作与处理，例如，获得字符串的长度、除去字符串中的空格以及截取字符串等。表 3.8 中列出了 VB 中常用的字符串函数。

表 3.8　常用的字符串函数

函数	说明	举例	结果
Left(s，n)	返回字符串左边的 n 个字符	Left("ABCDEF"，4)	"ABCD"
Len(s)	返回字符串的长度	Len("ABCDEF")	6
Ltrim(s)	去掉字符串左边的空格	Ltrim("　　ABC")	"ABC"
Mid(s，n1，n2)	返回字符串 s 中第 n1 位开始的 n2 个字符	Mid("ABCDEF"，2，4)	"BCDE"
Right(s，n)	返回字符串右边的 n 个字符	Right("ABCDEF"，4)	"CDEF"
Rtrim(s)	去掉字符串右边的空格	Rtrim("ABC　　")	"ABC"
Space(n)	产生 n 个空格的字符串	Space(3)	"　　　"
String(n，s)	返回由 s 中首字符组成的包含 n 个字符的字符串	String(4，"ABCDEF")	"AAAA"
InStr(n1，s1，s2，n)	返回字符串 s2 在字符串 s1 中第一次出现的位置	InStr(4，"xxYxYx"，"Y")	5
StrComp(s1，s2，n)	返回字符串 s1 与 s2 比较结果的值	StrComp("ABC"，"abc")	-1

3.6.4　日期函数

日期函数用于操作日期与时间，例如，获取当前的系统时间，求出某一天是星期几等。表 3.9 中列出了 VB 中常用的日期函数。

表 3.9　常用的日期函数

函数	说明	举例	结果
Time	返回当前的系统时间	Time	12:30:35
Timer	返回从午夜开始到现在经过的秒数	Timer	
Date	返回当前的系统日期	Date	00-10-21
Now	返回当前的系统日期与时间	Now	00-10-21　12:30:35
Day	返回日期代号（1～31）	Day("1977,4,19")	19
Month	返回月份（1～12）	Month("1977,4,19")	4
Year	返回年份	Year("1977,4,19")	1977
WeekDay	返回表示星期的代号，星期日为 1，星期 1 为 2，依此类推	WeekDay("1977,4,19")	3

既可以使用 Time 和 Date 函数来获取当前的系统时间与日期，也可以使用两者来设置系统的时间与日期。

3.6.5　输入与输出函数

输入输出是应用程序的重要组成部分。通过输入工具（InputBox 函数），用户可以向应用程序提供必要的数据使其按用户的要求执行；而使用输出工具（MsgBox 函数），应用程序将结果或其他中间信息提供给用户，便于用户检查程序的进程。

1. InputBox 函数

该函数能产生一个对话框，并显示提示，等待用户输入正文或按下按钮。如果用户单击 OK 按钮或按下 Enter 键，则 InputBox 函数返回包含文本框中的内容字符串；单击 Cancel 按钮，则此函数返回一个长度为零的字符串（""）。InputBox 函数如下：

```
a= InputBox("Enter Your Name", "输入姓名")
b = InputBox("请输入数据")
c = a + b
MsgBox (c)
MsgBox ("按照字符原样输出")
```

2. MsgBox 函数

该函数主要是在对话框中显示消息，等待用户选择（单击按钮），并返回一个 Integer，根据选择确定下面的操作。

MsgBox 函数的返回值是一个整数，该整数与选择的命令按钮有关，MsgBox 函数的返回值如表 3.10 所示。

表 3.10 MsgBox 函数的返回值

常数	返回值	操作	常数	返回值	操作
vbOK	1	OK	vbIgnore	5	Ignore
vbCancel	2	Cancel	vbYes	6	Yes
vbAbort	3	Abort	vbNo	7	No
vbRetry	4	Retry			

InputBox 函数使用示例如下：

```
Dim Message, Title, Default, MyValue
Message = "Enter a value between 1 and 3" ' 设置提示信息
Title = "InputBox Demo" ' 设置标题
Default = "1" ' 设置默认值
' 显示信息、标题及默认值
MyValue = InputBox(Message, Title, Default)
' 使用帮助文件及上下文。"帮助"按钮便会自动出现
MyValue = InputBox(Message, Title, , , , "DEMO.HLP", 10)
' 在坐标为 (100, 100) 的位置显示对话框
MyValue = InputBox(Message, Title, Default, 100, 100)
```

本示例说明使用 InputBox 函数来显示用户输入数据的不同用法。如果省略 x 及 y 坐标值，则会自动将对话框放置在两个坐标的正中。如果用户单击"确定"按钮或按下 Enter 键，则变量 MyValue 保存用户输入的数据；如果用户单击"取消"按钮，则返回一零长度字符串。

3.7　程序基本结构

VB 采用的是事件驱动机制，即在运行时过程的执行顺序是不确定的，其执行流程完全由事件的触发顺序来决定。但在一个过程的内部，仍然用到结构化程序的方法，使用流程控制语句来控制程序的执行流程。结构化程序设计有 3 种基本结构：顺序结构、选择结构与循环结构。如果没有流程控制语句，则各条语句将按照各自在程序中的出现位置，依次执行，即顺序结构。前面编写的程序都是顺序结构。

3.7.1 顺序结构

顺序结构是按照程序或者程序段书写顺序执行的语句结构。如图 3.4 所示，先执行操作语句 A，再执行操作语句 B，两者是顺序执行的关系，用户不能期待先执行语句 B，然后才执行语句 A。

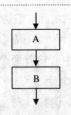

图 3.4 顺序结构

顺序结构是最基本的一种结构，表明了事情发生的先后情况。在日常生活中有很多这样的例子。例如在淘米煮饭的时候，总是先淘米，然后才煮饭，不可能是先煮饭后淘米。在编写应用程序的时候，也存在着明显的先后次序。

3.7.2 选择结构

选择结构是指根据所给的条件，选择执行的分支。其特点是在若干个分支中必选且只选其一。VB 中提供了 4 种形式的条件语句，分别是 If…Then、If…Then…Else、If…Then…Elself 和 Select Case。在使用时，可以根据不同的条件，选择一种合适的条件语句。

1. If …Then 语句（单分支结构）

语句形式如下：

```
If  <表达式>  Then
    <语句块>
End If
```

其中<表达式>一般是关系表达式或逻辑表达式，也可以是算术表达式。<语句块>是指一条或多条要执行的语句。如果表达式的值不为零（True），即条件为真，则执行 Then 后面的语句块。如果表达式的值为零（False），即条件为假，则不执行 Then 后面的语句块，而直接开始执行 End If 后的其他语句。该条件语句只有一个分支，因此称为单分支结构。其流程如图 3.5 所示。

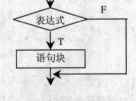

例如，如果甲的年龄（Age1）与乙的年龄（Age2）相同，则在窗体上显示出年龄，并且显示一行文本"甲与乙同岁"。语句如下：

```
If Age1 = Age2 Then
    Print Age1
    Print "甲与乙同岁"
End If
```

图 3.5 单分支结构

如果语句块中只有一条语句，也可以写成一种较简单的形式，语句形式如下：

```
If  <表达式>  Then  <语句块>
```

如果语句块中有多条语句，要写成上述简单形式，则各条语句之间必须以冒号分隔。例如：

```
If Age1 = Age2 Then Print Age1：Print "甲与乙同岁"
```

2. If…Then…Else 语句（双分支结构）

语句形式如下：

```
If  <表达式>  Then
    <语句块 1>
Else
```

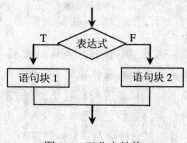

图3.6 双分支结构

```
    <语句块 2>
End If
```

如果<表达式>的值不为零（True），即条件为真，则执行 Then 后面的语句块。否则，执行 Else 后面的语句块。该条件语句有两个分支，因此称为双分支结构。其流程如图3.6 所示。

例如，对上例进行扩充，如果甲与乙的年龄不相同，则在窗体上分别显示出甲与乙的年龄，并且显示一行文本"甲与乙不同岁"。语句如下：

```
If Age1 = Age2 Then
    Print Age1
    Print "甲与乙同岁"
Else
    Print Age1
    Print Age2
    Print "甲与乙不同岁"
End If
```

同样，如果语句块只有一条语句，也可以写成一种较简单的形式，语句形式如下：

```
If  <表达式>  Then  <语句块 1>  Else  <语句块 2>
```

3. If…Then…ElseIf 语句（多分支结构）

语句形式如下：

```
If  <表达式 1>  Then
    <语句块 1>
ElseIf  <表达式 2>  Then
    <语句块 2>
…
Else
    <语句块 n>
End If
```

该语句可以有多个分支，称为多分支结构。多分支结构的执行如下：先测试<表达式 1>，如果值不为零（True），即条件为真，则执行 Then 后面的<语句块 1>；如果<表达式 1>的值为零（False），继续测试<表达式 2>的值，如果值不为零（True），执行 Then 后面的<语句块 2>…这样依次测试下去。只要遇到一个表达式的值不为零，就执行与其对应的语句块，然后执行 End If 后面的语句，而其他语句块都不执行。如果所有表达式的值均为零，即条件都不成立，则执行 Else 后面的<语句块 n>。其流程如图 3.7 所示。

4. Select Case 语句（情况语句）

语句形式如下：

```
Select  Case<变量>
  Case  <值列表 1>
    <语句块 1>
  Case  <值列表 2>
    <语句块 2>
  …
```

```
    Case  <值列表 n-1>
        <语句块 n-1>
    [Case Else
        <语句块 n>]
End Select
```

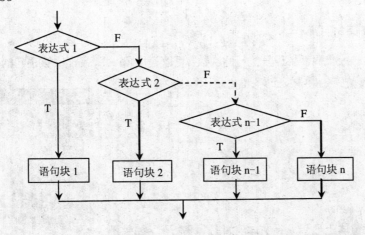

图 3.7　多分支结构

　　Select Case 语句也是用来实现多分支选择的。其中的<变量>可以是数值型或字符串型。每个 Case 子句指定的值的类型必须与<变量>的类型相同。Case 子句中指定的值可以是以下 4 种形式之一。

- 一个具体的值或表达式，例如：

```
Case 2            '变量的值是 2
```

- 一组值，用逗号隔开，例如：

```
Case 1, 3, 5  '变量的值是 1,3 或 5
```

- 值 1 To 值 2，例如：

```
Case 1 To 10  '变量的值在 1 到 10 之间
```

- Is 关系运算符表达式，例如：

```
Case Is < 10   '变量的值小于 10
```

　　当变量的值与某个 Case 子句指定的值匹配时，就执行该 Case 子句中的语句块，然后执行 End Select 后面的语句。因此，即使变量同时与多个 Case 子句指定的值相匹配，也只是执行第一个与变量匹配的 Case 子句中的语句块。这一点与 If…Then…ElseIf 语句相同。Case Else 子句是可选的，如果变量的值与任何一个 Case 子句提供的值都不匹配，则执行 Case Else 子句后面的<语句块 n>。其流程如图 3.8 所示。

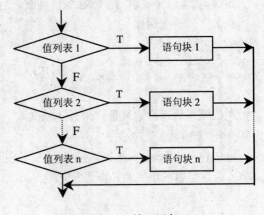

图 3.8　情况语句

3.7.3 循环结构

循环结构是指在一定条件下多次重复执行一组语句。VB 中提供了两种循环语句：For 语句和 Do 语句。

1. For 循环语句

如果已知某一段代码需要重复执行的次数，可以使用 For 循环语句。该语句的一般形式如下：

```
For <循环变量> =<初值> To <终值> [Step <步长>]
    <语句块>
    [Exit For]
Next <循环变量>
```

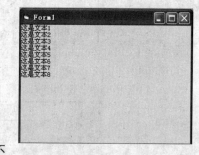

例如以下代码：

```
For i = 1 To 8 Step 1
    Print "这是文本" & i
Next i
```

其功能是在窗体上显示 8 行文本，如图 3.9 所示。如果不采用循环结构，则需要使用 8 条 Print 语句来实现相同的功能。

图 3.9　使用 For 语句（Step=1）

For 语句中的循环变量必须是数值型，初值、终值以及步长则是具体的数值。步长用来指定循环变量每次的增量，当所有循环体中的语句都执行后，循环变量就会自动增加一个步长。默认的步长为 1。For 语句的执行流程如图 3.10 (a) 所示。

具体执行流程如下。

Step 01 将初值赋给循环变量。

Step 02 判断循环变量的取值是否在终值范围内，若是，则执行循环体内的语句；否则结束循环，执行 Next 的下一条语句。

Step 03 将循环变量的取值自动增加一个步长，然后回到步骤（2）继续执行。

可以在循环中的任何位置放置 Exit For 语句，该语句的作用是退出循环，转到 Next 语句的下一条语句。Exit For 语句经常在条件判断之后使用，例如，在 If…Then 语句之后使用。

例如，修改上例如下：

```
For i = 1 To 8 Step 1
    Print "这是文本" & i
    If i = 4 Then Exit For
Next i
```

则该程序的运行结果是打印出 3 行文本。如果在循环体中加入 Exit For 语句，则可以用图 3.10 (b) 来描述。

可以将一个 For…Next 循环放置在另一个 For…Next 循环中，组成嵌套循环，但是在每个循环中的循环变量不能同名。例如：

```
For i = 1 To 10
  For j = 1 To 10
    For k = 1 To 10
      …
    Next k
```

```
    Next j
Next i
```

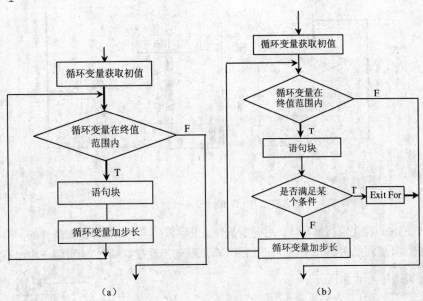

图 3.10　For 循环流程示意图

2. Do 循环语句

如果不知道某一段代码需要重复执行的次数，可以使用 Do 循环语句。该语句有两种基本形式。

(1) 第 1 种形式如下：

```
Do While <表达式>
    <语句块> (循环体)
    [Exit Do]
Loop
```

该格式的 Do 循环先判断条件，后执行循环体。与 If…Then 语句类似，While 子句的<表达式>一般是关系表达式或逻辑表达式，也可以是算术表达式。如果表达式的值不为零 (True)，即条件为真，则执行循环体；如果表达式的值为零 (False)，即条件为假，则终止循环。其流程如图 3.11 (a) 所示。

如果 Exit Do 使用在嵌套的 Do While…Loop 语句中，则 Exit Do 会将控制权转移到 Exit Do 所在位置的外层循环。所以，如果在 Do While…Loop 循环中包含了 Exit Do 语句，则其流程可以细化为图 3.11 (b)。

在 Do While…Loop 中可以在任何位置放置 Exit Do 语句，随时跳出 Do While…Loop 循环。Exit Do 通常用于条件判断之后，例如 If…then，在这种情况下，Exit Do 语句将控制权转移到紧接在 Loop 命令之后的语句。

While 子句也可以出现在 Loop 语句后，语句形式如下：

```
Do
    <语句块> (循环体)
    [Exit Do]
Loop While <表达式>
```

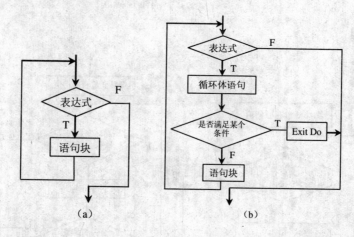

图 3.11 Do While…Loop 流程示意图

此格式的特点是先执行循环体，后判断条件。说明第 1 次进入循环是无条件的。循环体至少会被执行一次，其流程如图 3.12 所示。而如果 While 子句出现在 Do 后，则可能一次也不执行。

(2) 第 2 种形式如下：

```
Do Until <表达式>
    循环体
    [Exit Do]
Loop
```

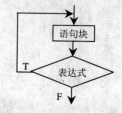

将 While 子句换成 Until 子句后，情况正好相反。只有当表达式的值不为 0（True），即条件为真时才终止循环，否则继续循环。

图 3.12 Do…While Loop 循环流程图

> **注意**
>
> Until 子句也可以出现在 Loop 的后面，也表示先执行循环体，后判断条件。

3.8 数组

数组是指具有相同名称和类型的一组变量，数组中的每个变量称为数组元素。有了数组，可以用相同名字引用一系列变量，并用索引号（下标）来识别这些变量。大部分场合中，使用数组可以缩短和简化程序。例如，要编写一个程序，来计算 100 个学生某门功课的总成绩与平均成绩。如果定义 100 个不同的变量来分别存储每个学生的成绩，则在程序编写时将非常繁琐。如果在程序中使用数组，则类似这样的问题就变得比较简单。数组分为一维数组和多维数组。

1. 一维数组

在使用数组前必须先声明，声明数组的形式如下：

```
Dim <数组名>（下标） As <数据类型>
```

其中"下标"的一般形式为：下界 To 上界，用于确定数组中元素的个数。省略下界时，默认值为 0。数组中元素的个数称为数组的大小，因为数组的元素在上下界内是连续的，因此，一维数组的大小为（上界-下界）+1。例如：

```
Dim Sc(3 To 6) As Integer
```

声明了一个名称为 Sc、大小为 4 的一维数组，该数组包含 4 个元素，分别是 Sc(3)、Sc(4)、Sc(5)和 Sc(6)，并且每个元素都是整型的。例如：

```
Dim Sn(5) As String
```

声明了一个名称为 Sn 的一维数组，该数组包括 6 个元素，分别是 Sn(0)、Sn(1)、Sn(2)、Sn(3)、Sn(4)和 Sn(5)。

一个数组中的所有元素具有相同的数据类型。与声明变量一样，如果在声明数组时忽略 As 子句，则数组为变体型。变体型数组的各个元素能够包含不同类型的数据，例如字符串、数值等。

在声明了数组后，VB 会自动为其中的每个元素赋初值。如果是数值型数组，则每个元素的初值都为 0；如果是字符串型数组，则每个元素都将是一个空字符串。

数组是程序设计中经常用到的结构类型，将数组元素的索引号和循环语句结合起来使用，能解决大量的实际问题。例如，求一组数据的总和、平均值以及最大与最小值等。对数组的操作，是针对某个具体的元素进行的，一个元素可以看作一个独立的变量。例如：

```
Sn(2)= "ABC"
```

该语句为数组 Sn 中的第 3 个元素赋值"ABC"，而语句 Sn="ABC"则是错误的。

2. 多维数组

声明多维数组的形式如下：

```
Dim  <数组名>（下标 1，下标 2，…） As  <数据类型>
```

其中下标的形式与一维数组中的下标相同，下标的个数决定了数组的维数。多维数组的大小为每一维的大小乘积，每一维大小为（上界-下界）+1。例如：

```
Dim A(3, 3 To 5) As Integer
```

声明了一个整型二维数组，数组的大小为（3-0+1）×（5-3+1）=12。其中各元素如下：

```
A(0, 3)          A(0, 4)          A(0, 5)
A(1, 3)          A(1, 4)          A(1, 5)
A(2, 3)          A(2, 4)          A(2, 5)
A(3, 3)          A(3, 4)          A(3, 5)
```

又如：

```
Dim B(2, 3, 4) As String
```

声明了一个字符串型三维数组，数组的大小为 3×4×5=60。

注意

与变量相同，数组的作用范围也是由其声明方式与声明位置决定的。

3.9　过程

VB 程序是由多个过程构成的，这些过程可分为两大类。

一类是系统提供的事件过程，例如，窗体或按钮的 Click 事件过程等。事件过程是构成 VB 应用程序的主体，由事件触发执行。

另一类过程是通用过程，由用户根据需要自定义，以供事件过程调用。在程序中，有些处理需要经常重复进行，这些处理的代码是相同的，但每次都以不同的参数调用。例如，要计算整数 1~n 的累加结果，n 的大小可以由用户决定，因此 n 是不确定的。这样就可以定义一个以 n 为参数的过程，为了得到不同 n 值的累加结果，以不同的参数 n 调用该过程就可以了。使用过程的优点是程序简练，同时也便于程序的设计与维护。

通用过程又可以分为 Sub 子过程（简称子过程）和 Function 函数过程（简称函数过程）。

3.9.1　子过程

子过程用来完成特定的任务，子过程的添加方法有两种，直接在代码窗口中输入或者使用"添加过程"对话框添加。

1. 在代码窗口中添加子过程

打开窗体或标准模块的代码窗口，将插入点定位在所有现有过程的外面，然后输入子过程即可。

子过程的语句形式如下：

```
[Private][Public][Static]Sub<过程名>[(参数表)]
        <语句>
        [Exit Sub]
        <语句>
End Sub
```

Sub 是子过程的开始标记，End Sub 是子过程的结束标记，<语句>是具有特定功能的程序段，Exit Sub 语句表示退出子过程。

如果在子过程的前面加上 Private，则表示该子过程是私有过程，其作用范围局限于本模块。如果在子过程的前面加上 Public，则表示该子过程是公用过程，可在整个应用程序范围内调用。如果在子过程名的前面加上 Static，则表示该子过程中的所有局部变量都是静态变量。

参数是调用子过程时给子过程传送的信息。过程可以有参数，也可以不带参数，没有参数的过程称为无参过程。如果带有多个参数，则各参数之间使用逗号隔开。参数可以是变量，也可以是数组。

2. 使用"添加过程"对话框添加子过程

为了省去输入子过程框架的麻烦，也可以通过"添加过程"对话框在代码窗口中自动添加，其操作步骤如下。

Step 01　打开想要添加子过程的代码窗口。

Step 02　选择"工具"|"添加过程"命令，打开"添加过程"对话框，如图 3.13 所示。

在"名称"文本框中输入子过程名称，选中"子程序"单选按钮，选择子过程的作用范围。如果选中"所有本地变量为静态变量"复选框，在子过程名前将加上 Static 关键字。

单击"确定"按钮。代码窗口中就出现了相应的子过程的框架，如图 3.14 所示。

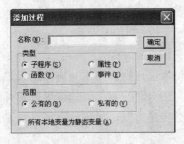

图 3.13　"添加过程"对话框　　　图 3.14　在代码窗口中添加了子过程的框架

☕ 注意

　　使用"添加过程"对话框添加的子过程总是无参过程，用户可自行为子过程添加参数和编写过程体。

子过程定义之后，就可以在事件过程或其他过程中调用。调用子过程有两种方法。

方法 1：使用 Call 语句，其格式为 Call ＜过程名＞(参数表)
方法 2：直接使用过程名，其格式为＜过程名＞[＜参数表＞]

☕ 注意

　　当使用 Call 关键字时，参数表必须放在括号内。若省略 Call 关键字，也必须同时省略括号。

3.9.2　函数过程

函数过程与子过程相同，也是用来完成特定功能的独立程序代码。与子过程不同的是，函数过程可以返回一个值给调用程序。函数过程的语句形式如下：

```
[Private][Public][Static] Function ＜函数名＞[(参数表)] [As 类型]
                ＜语句＞
                [Exit Function]
                ＜语句＞
End Function
```

函数过程的形式与子过程的形式类似。Function 是函数过程的开始标记，End Function 是函数过程的结束标记，＜语句＞是具有特定功能的程序段，Exit Function 语句表示退出函数过程。As 子句决定函数过程返回值的类型，如果忽略 As 子句，则函数过程的类型为变体型。其他各部分的功能与子过程中相应部分的含义完全相同。

函数过程必须有返回值，VB 中没有 return 语句，而是直接将要返回的值传递给函数名。因此，过程内部应该至少有一条为＜函数名＞（函数名就像一个变量）赋值的语句。例如：

函数名＝表达式

同样，也可以使用"添加过程"对话框在代码窗口中添加函数过程的框架，只要在"类型"选项组中选择"函数"单选按钮即可。

函数过程是用户自定义的函数，函数过程的调用与使用 VB 的内部函数没有区别。最简单的情况是将函数的返回值赋给一个变量，其语句形式如下：

变量名＝函数名（参数表）

3.9.3　过程参数的传递

在调用自定义过程时，调用者是通过参数向过程传递信息的。通常，将自定义过程中的变量称为形参；将调用这个过程时使用的参数称为实参。在 VB 中，参数的传递方式有两种：传址和传值，其中传址也被称为引用，是 VB 默认的参数传递方式。如果在定义过程时，在形参前加上关键字 ByVal，则参数传递方式变为传值。

传址是指在调用过程时，将实参的地址传递给形参。因此，在被调用的过程体中对形参的任何操作都变成了对实参的操作。例如，当形参的值变为原来的两倍时，则实参的值也变为原来的两倍。

传值是指在调用过程时，将实参的值赋给形参，而实参本身与形参没有联系。因此，在被调用过程体中对形参的任何操作都不会影响到实参。

3.9.4　可选参数

自定义过程的形参个数总是固定的，并且在调用时，必须提供与形参相对应的实参，即实参的个数与类型要与形参的完全相同。

在 VB 中，也可以定义具有可选参数的过程。所谓"可选参数"是指过程中的一类特殊形参，在调用过程时，可以为其提供实参，也可以不提供实参。如果不提供实参，则可选参数使用默认值。

将某个形参定义为可选参数的方法是在其名称前加上关键字 Optional，在定义的同时也要指定其默认值。需要注意的是，可选参数一定要位于子过程或函数过程的末尾。

3.9.5　递归

递归是推理和问题求解的一种强有力的方法，原因在于许多对象，特别是数学研究对象具有递归的结构。简单地说，如果通过一个对象自身的结构来描述或部分描述该对象就称为递归。最简单并易于理解的一个例子是阶乘的递归定义。如果以函数 f(n) 表示自然数 n 的阶乘的值，则定义如下：

$$f(n) = \begin{cases} n \times f(n-1) & \text{当 } n > 1 \\ 1 & \text{当 } n = 1 \end{cases}$$

递归定义能够用有限的语句描述一个无穷的集合。本例描述一个无穷的集合仅用了两个语句。

VB 允许一个过程体中包含调用自身的语句，称为递归调用。VB 也允许调用另一过程，而该过程又反过来调用本过程，称为间接递归调用。此功能为求解具有递归结构的问题提供了强有力的手段，使程序语言的描述与问题的自然描述完全一致，因而使程序易于理解和维护。例如，对于上面的 n 阶乘的递归定义，可以写出相应的 VB 函数过程。这个过程的推理（计算）路线与原来函数的（递归）数学定义完全一致。

3.10 案例实训——静态变量的实际应用

3.10.1 基本知识要点与操作思路

利用 Static 语句声明静态变量，当一个过程结束时，过程中所用到的静态变量的值会保留，下次再调用此过程时，变量的初值是上次调用结束时被保留的值。

3.10.2 操作步骤

静态变量的具体操作如下。

Step 01 运行 VB 程序，新建工程文件。

Step 02 在代码窗口中编写窗体的 Click 事件过程如下：

```
Private Sub Form_Click()
    Dim Sum As Integer
    Print Sum
    Sum = Sum + 1
End Sub
```

Step 03 运行程序，在窗体上单击数次，窗体上显示的数字始终是 0，如图 3.15 所示。

Step 04 将上述代码中的 Dim 替换成 Static，如下所示：

```
Private Sub Form_Click()
    Static Sum As Integer
    Print Sum
    Sum = Sum + 1
End Sub
```

Step 05 再次运行程序，则每单击一次窗体，显示的数字就加 1，如图 3.16 所示。实例源文件参见配套光盘中的 Code\ Chapter03\3-10-2。

图 3.15 使用 Dim 语句的运行结果　　　　图 3.16 使用 Static 语句的运行结果

3.11 案例实训——获取系统日期与时间

3.11.1 基本知识要点与操作思路

编写一个小程序，来获取当前的系统日期与时间，并重新设置系统时间为 12 点整，日期为 2007 年 7 月 1 日。

实讲实训
多媒体演示

多媒体文件参见配套光盘中的 Media \Chapter03\3.11。

3.11.2 操作步骤

获取并设置系统的日期与时间，具体操作如下。

Step 01 运行 VB 程序，新建工程文件。

Step 02 在代码窗口中编写窗体的 Click 事件过程如下：

```
Private Sub Form_Click()
    Print "当前系统时间是: " & Time
    Print "当前系统日期是: " & Date
    Time = #12:00:00 PM#
    Date = #7/1/2007#
    Print "当前系统时间是: " & Time
    Print "当前系统日期是: " & Date
End Sub
```

Step 03 运行该程序，在窗体上单击，则显示出两组系统时间与日期。其中第 1 组是设置前的系统时间与日期，第 2 组是设置后的系统时间与日期，如图 3.17 所示。实例源文件参见配套光盘中的 Code\Chapter03\3-11-2。

图 3.17 获取系统日期与时间

3.12 案例实训——编程实现学生成绩的评定

3.12.1 基本知识要点与操作思路

在文本框中输入学生成绩，单击按钮以后，在按钮上显示出学生成绩的等级，通过 If…Then…Else 语句评定学生成绩。

实讲实训
多媒体演示

多媒体文件参见配套光盘中的 Media \Chapter03\3.12。

3.12.2 操作步骤

评定学生成绩具体操作如下。

Step 01 运行 VB 程序，新建工程文件。

Step 02 在窗体上添加相关控件，并在代码窗口中编写窗体的 Click 事件过程如下：

```
Private Sub Command1_Click()
If Text1.Text >= 0 And Text1.Text < 60 Then
    Command1.Caption = "差"
ElseIf Text1.Text >= 60 And Text1.Text < 75 Then
```

```
      Command1.Caption = "中"
ElseIf Text1.Text >= 75 And Text1.Text < 85 Then
      Command1.Caption = "良"
ElseIf Text1.Text >= 85 And Text1.Text <= 100 Then
      Command1.Caption = "优"
Else
      Print "成绩错误"
End If
End Sub
```

Step 03 输入成绩和单击"显示成绩"按钮后的界面如图 3.18 所示。实例源文件参见配套光盘中的 Code\Chapter03\3-12-2。

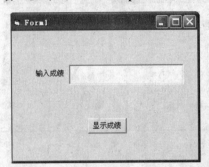 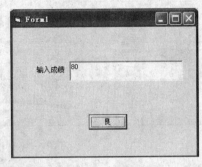

图 3.18 输入成绩前后的界面

注意

由于限定文本框的输入内容必须为数值类型，如果输入其他类型的数据，系统会提示错误信息。

3.13 案例实训——打印九九乘法表

3.13.1 基本知识要点与操作思路

本例讲解怎样打印九九乘法表，九九乘法表的打印看起来很繁琐，但是如果使用嵌套循环，则问题变得非常简单。

实讲实训 多媒体演示

多媒体文件参见配套光盘中的 Media \Chapter03\3.13。

3.13.2 操作步骤

打印九九乘法表，具体操作如下。

Step 01 运行 VB 程序，新建工程文件。

Step 02 在代码窗口中编写窗体的 Click 事件过程如下：

```
Private Sub form_Click()
    Print "-------------------九九乘法表------------------"
    Print
    For i = 1 To 9
        For j = 1 To i
            s = i * j
```

```
        Print j & "×" & i & "=" & s,
    Next j
    Print
    Next i
End Sub
```

Step 03 运行程序，效果如图 3.19 所示。

在该段代码中，首先使用 Print 方法打印出标题和一个空行，然后使用了一个两重的嵌套循环结构。实例源文件参见配套光盘中的 Code\ Chapter03\3-13-2。

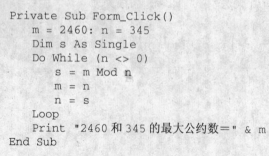

图 3.19 九九乘法表

3.14 案例实训——求最大公约数

3.14.1 基本知识要点与操作思路

本例主要通过 Do While…Loop 语句求两个数的最大公约数。

3.14.2 操作步骤

求出 2460 和 345 的最大公约数，具体操作如下。

Step 01 运行 VB 程序，新建工程文件。

Step 02 在代码窗口中编写窗体的 Click 事件过程如下：

```
Private Sub Form_Click()
    m = 2460: n = 345
    Dim s As Single
    Do While (n <> 0)
        s = m Mod n
        m = n
        n = s
    Loop
    Print "2460 和 345 的最大公约数＝" & m
End Sub
```

Step 03 运行结果如图 3.20 所示。实例源文件参见配套光盘中的 Code\Chapter03\3-14-2。

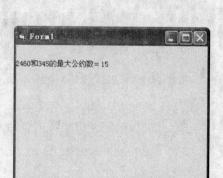

图 3.20 求出最大公约数

3.15 案例实训——数组赋值

3.15.1 基本知识要点与操作思路

本例声明了一个包含 6 个元素的整型数组，分别为其赋值 1、2、…、6，然后在窗体上打印出各元素的值、值的总和以及平均值。

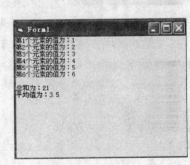

实讲实训
多媒体演示
多媒体文件参见配套光盘中的 Media\Chapter03\3.15。

3.15.2 操作步骤

为数组赋值，具体操作如下。

Step 01 运行 VB 程序，新建工程文件。

Step 02 在代码窗口中编写窗体的 Click 事件过程如下：

```
Private Sub Form_Click()
    Dim Num(5) As Integer
    Dim S As Integer
    Dim A As Single
    S = 0
    For i = 0 To 5
        Num(i) = i + 1
        S = S + Num(i)
        Print "第" & i + 1 & "个元素的值为: "
                        & Num(i)
    Next i
    A = S / 6
    Print                 '空行
    Print "总和为: " & S
    Print "平均值为: " & A
End Sub
```

Step 03 运行该程序，单击窗体，则结果如图 3.21 所示。实例源文件参见配套光盘中的 Code\Chapter03\3-15-2。

图 3.21 为数组赋值

3.16 案例实训——求最大值与最小值

3.16.1 基本知识要点与操作思路

利用 Dim a(1 To 3) As Integer 语句定义一个数组，让这个数组存储 3 个学生的成绩，在窗体上打印出最高分与最低分。

实讲实训
多媒体演示
多媒体文件参见配套光盘中的 Media\Chapter03\3.16。

3.16.2 操作步骤

求最大值、最小值，具体操作如下。

Step 01 运行 VB 程序，新建工程文件。

Step 02 在代码窗口中编写窗体的 Click 事件过程如下：

```
Private Sub Form_Load()
    Dim Osan, i, Onatija As Integer
    Dim max As Integer    '定义最大成绩
    Dim min As Integer    '定义最小成绩
    Dim a(1 To 3) As Integer    '数组用来存储每个学生成绩
        Osan = 3       '把人数定为 3 人
        Onatija = 0    '把 3 个人的中成绩初始化为 0
        max = 0
        min = 100
            For i = 1 To Osan
            a(i) = CInt(InputBox("请输入第" & i & "学生的成绩: ",
                                    "输入成绩"))
            Onatija = Onatija + a(i)
            If a(i) > max Then
                max = a(i)
            End If
            If a(i) < min Then
                min = a(i)
            End If
        Next
    MsgBox "最高分:" & max & Chr(10) & Chr(13) & "最低分:" & min
End Sub
```

代码中定义了变量 max 来保存最高分，并且将赋值为 0，然后使用 For 循环语句让变量 max 与数组的其他元素依次比较。在循环语句中又使用了 If…Then 语句来判断其他元素与 max 的大小，如果某元素比 max 大，则将该元素的值赋给 max，max 再以这个值同其他元素进行比较。因此，在比较结束后，max 中保留的是所有元素中最大的值。

变量 min 用来保存最低分，算法与求最高分的算法类似。在此为了输入方便，将输入成绩的人数限定为 3。最后通过对话框输出最高分、最低分。实例源文件参见配套光盘中的 Code\Chapter03\3-16-2。

3.17 案例实训——函数过程实例

3.17.1 基本知识要点与操作思路

本例编写一个函数，用来计算整数 1~n 的累加结果，n 的大小在调用函数时指定。

实讲实训
多媒体演示
多媒体文件参见配套光盘中的 Media\Chapter03\3.17。

3.17.2 操作步骤

使用函数过程，具体操作如下。

Step 01 运行 VB 程序，新建工程文件。

Step 02 在代码窗口中编写窗体的 Click 事件过程如下：

```
Private Function Sum(n As Integer) As Integer
    Dim s As Integer
    s = 0
    For i=1 To n
        s = s + i
    Next
```

```
    Sum = s
End Function
```

Step 03 在窗体的 Click 事件过程中调用自定义的函数，代码如下：

```
Private Sub Form_Click()
    Dim r As Integer
    r = Sum(100)
    Print r
End Sub
```

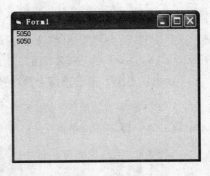

可见，在 Form_Click 过程调用了函数 Sum 来计算从 1~100 的累加值。通过使用不同的参数来调用函数 Sum，就可以求得从 1 到任意整数 n 的累加值。

Step 04 运行程序，得到的结果如图 3.22 所示。实例源文件参见配套光盘中的 Code\Chapter03\3-17-2。

图 3.22 累加结果

3.18 案例实训——求 n 的阶乘

3.18.1 基本知识要点与操作思路

本例通过递归的形式求 n 的阶乘。当 n>1 时，给出递归的表述形式为 Factorial (n)=n×Factorial (n-1)，函数值 Factorial (n) 用函数值 Factorial (n-1) 来表示。参数的值向减少的方向变化，在第 n 步出现终止条件 n=1。

> 实讲实训
> 多媒体演示
>
> 多媒体文件参见配套光盘中的Media\Chapter03\3.18。

3.18.2 操作步骤

求 n 的阶乘的 VB 函数过程，具体操作如下。

Step 01 运行 VB 程序，新建工程文件。

Step 02 在代码窗口中编写窗体的 Click 事件过程如下：

```
Private Function Factorial(ByVal n As Integer) As Integer
    If n = 1 Then
        Factorial = 1
    Else:
        Factorial = n * Factorial(n - 1)
    End If
End Function
Private Sub Form_Click()
    Print "5 的阶乘是: " & Factorial(5)
End Sub
```

Step 03 跟踪此程序的计算过程，令 n=4 调用这个函数，用下面的形式来表示递归求解的过程：

① Factorial (4)=4×Factorial (3)   'n=4 调用函数过程 Factorial (3)

② Factorial (3)=3×Factorial (2)   'n=3 调用函数过程 Factorial (2)

③ Factorial (2)=2×Factorial(1)　　　　　'n=2 调用函数过程 Factorial (1)

④ Factorial (1)=1　　　　　　　　　　　'n=1 求得 Factorial (1)的值

⑤ Factorial (2)=2×1=2　　　　　　　　'回归, n=2, 求得 Factorial (2)的值

⑥ Factorial (3)=3×2=6　　　　　　　　'回归, n=3, 求得 Factorial (3)的值

⑦ Factorial (4)=4×6=24　　　　　　　'回归, n=4, 求得 Factorial (4)的值

上面第 1 步到第 4 步求出 Factorial (1)=1 的步骤称为递推,从第 4 步到第 7 步求出 Factorial(4)=4×6 的步骤称为回归。

从本例看出,递归求解有两个条件。

- 给出递归终止的条件和相应的状态。在本例中递归终止的条件是 n=1,状态是 Factorial (1)=1。
- 给出递归的表述形式,并且这种表述要向着终止条件变化,在有限步内达到终止条件。

实例源文件参见配套光盘中的 Code\Chapter03\3—18—2。

3.19　案例实训——编程实现圆柱体的计算

3.19.1　基本知识要点与操作思路

顺序结构是编程时最常用的流程结构,下面通过一个实例来巩固对顺序结构的理解,并复习赋值方法和数学运算。在进行数学运算时,要合理地选择变量的数据类型,以免出现溢出错误或者导致精度不够。

设圆柱体的底面半径为 1.5,高为 3,编写程序求圆柱的圆周长、圆面积、圆柱表面积,圆柱的体积(精确到小数点后 3 位)。

圆柱的圆周长 $l=2\pi r$。

圆柱的底面积 $S_圆=\pi \times r^2$。

圆柱的表面积 $S=2S_圆+S_矩$。

圆柱的体积 $V=$底面积×高$=S_圆 \times h$。

3.19.2　操作步骤

根据公式,利用 VB 设计计算圆柱有关面积和体积的程序,具体操作如下。

Step 01 运行 VB 程序,新建工程文件。

Step 02 在代码窗口中编写窗体的 Click 事件过程如下:

```
Private Sub Form_Click()
    Const pi As Single = 3.14
    Dim r As Single
    Dim h As Single
    Dim l As Single
    Dim Sr As Single
    Dim S As Single
    Dim V As Single
```

```
    r = 1.5
    h = 3
    l = 2 * pi * r              '计算圆周长
    Sr = pi * r * r             '计算圆面积
    S = 2 * Sr + l * h          '计算表面积
    V = Sr * h                  '计算体积
    Print "圆柱的半径是：" & r
    Print "圆柱的高度是：" & h
    Print "圆柱的圆周长是：" & l
    Print "圆柱的底面积是：" & Sr
    Print "圆柱的表面积是：" & S
    Print "圆柱的体积是：" & V
End Sub
```

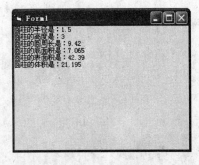

图 3.23　计算结果

Step 03 运行程序，然后单击窗体，得到如图 3.23 所示的结果。实例源文件参见配套光盘中的 Code\Chapter03\3-19-2。

3.20　案例实训——编程求方程的解

3.20.1　基本知识要点与操作思路

解二次方程时，首先要判断 delta＝b^2-4ac 大于零、等于零或小于零，从而确定方程有几个根，再用二次方程的求根公式计算出方程的根。由于还未学习数据的输入，所以本例只求一个简单的方程的根。读者学完后面的内容后，可将方程进行简单修改，就能求出任意方程的根，甚至还可以将其修改为求 3 次方程或更高次方程的根。

3.20.2　操作步骤

编写程序，求方程 $2x^2$+7x-6=0 的解（本例中用到了判断语句）。具体操作如下。

Step 01 运行 VB 程序，新建工程文件。

Step 02 在代码窗口中编写窗体的 Click 事件过程如下：

```
Private Sub Form_Click()
    Dim a As Single
    Dim b As Single
    Dim c As Single
    Dim b2ac As Single
    Dim x1 As Single
    Dim x2 As Single
    a = 2
    b = 7
    c = 6
    delta = b * b - 4 * a * c

    If delta > 0 Then
        x1 = (-b + Sqr(delta)) / 2
        x2 = (-b - Sqr(delta)) / 2
        Print "该方程有两个根，分别是：" & x1 & " " & x2
```

```
        ElseIf delta = 0 Then
            x1 = -b / 2
            x2 = -b / 2
            Print "该方程只有一个根: " & x1
        Else
                Print "该方程没有解! "
        End If
        End sub
```

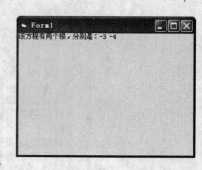

Step 03 运行程序,然后单击窗体,得到如图 3.24 所示的结果。实例源文件参见配套光盘中的 Code\Chapter03\3-20-2。

图 3.24 求方程的根

3.21 案例实训——编程产生随机数

3.21.1 基本知识要点与操作思路

本例比较简单,首先声明一个数组,然后在循环结构中使用 Rnd()函数来随机为数组元素赋值。

3.21.2 操作步骤

本例声明一个一维数组,使用随机数为数组随机产生 10 个 1~100 之间的整数元素。具体操作如下。

Step 01 运行 VB 程序,新建工程文件。

Step 02 在代码窗口中编写窗体的 Click 事件过程如下:

```
Private Sub Form_Click()
    Dim myArray(1 To 10) As Integer
    Dim myArraystring As String
    myArraystring = ""
    For i = 1 To 10 Step 1
        myArray(i) = Int(100 * Rnd + 1)
        myArraystring = myArraystring & " " & myArray(i)
    Next i
    Print "数组元素为: "
    Print myArraystring
End Sub
```

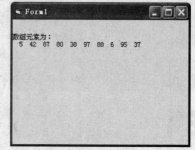

Rnd()用来随机产生 0~1 之间的单精度数,这里将其乘以 100 后加 1 即求得 1~100 之间的单精度数,接着再用 Int()函数取整。

Step 03 运行程序,然后单击窗体,得到如图 3.25 所示的结果。实例源文件参见配套光盘中的 Code\Chapter03\3-21-2。

图 3.25 产生随机数

在程序代码中,定义字符串和一些字符串的运算的主要作用是将数组元素输出,这在本章后面的例子中还会用到。

3.22　案例实训——编程实现数字排序

3.22.1　基本知识要点与操作思路

将数组中的元素按从小到大的顺序排列。

最常用最快速的排序方法是冒泡法，冒泡法排序的思路是将相邻的两个数进行比较，将最小（或最大）的数调到前面，具体见图 3.26 所示。

在图 3.26 中，6 个数经过第 1 轮冒泡排序后，最大的数 9 已经在最下面了。接着进行第 2 轮冒泡排序，注意这时只需对其余的 5（n-1，n=6）个数进行排序，得到 2，7，3，4，8，9 的顺序，如此进行下去，就可以得到由小到大的排序结果。通过推理可以得知，6（n=6）个数要进行 5（n-1）轮冒泡排序，每轮（j＝1~5）要进行 n-j 次两两比较。由此可以画出程序的流程图，如图 3.27 所示。

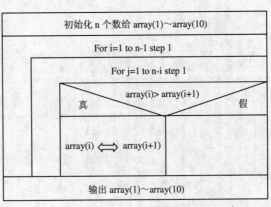

8	2	2	2	2	2
2	8	8	8	8	8
9	9	9	7	7	7
7	7	7	9	3	3
3	3	3	3	9	4
4	4	4	4	4	9
第1次	第2次	第3次	第4次	第5次	结果

图 3.26　第 1 轮冒泡排序

图 3.27　程序流程图

3.22.2　操作步骤

根据程序流程图编写程序，注意其中部分注释的语句用来输出排序的过程，如果想查看排序过程，可以取消注释标注。具体操作如下。

Step 01 运行 VB 程序，新建工程文件。

Step 02 在代码窗口中编写窗体的 Click 事件过程如下：

```
Private Sub Form_Click()
    Cls
    Dim myArray(1 To 10) As Integer
    Dim myArraystring As String
    Dim myChange As Boolean          '用来判断是否进行了数值交换
    myArraystring = ""               '用来将数组元素保存到字符串中进行显示

    For i = 1 To 10 Step 1
        myArray(i) = Int(100 * Rnd + 1)
        myArraystring = myArraystring & "  " & myArray(i)
    Next i

    Print "数组元素为："
```

```
    Print myArraystring
For i = 1 To 9 Step 1
    'Print "开始第" & i & "次内循环排序"
    myChange = False

    For j = 1 To 10 - i Step 1
        If myArray(j) > myArray(j + 1) Then
            temp = myArray(j)
            myArray(j) = myArray(j + 1)
            myArray(j + 1) = temp
            myChange = True
        End If

        '下面的语句用来测试每次内循环后的排序
        'If myChange = True Then
        '    myArraystring = ""
        '    For i2 = 1 To 10 Step 1
        '        myArraystring = myArraystring & "  " & myArray(i2)
        '    Next i2
        '    Print myArraystring
        'End If

    Next j

    If myChange = False Then
        Exit For
    End If

    '下面的语句用来测试
    Print "第" & i & "次外循环后的排序："
    myArraystring = ""
    For i1 = 1 To 10 Step 1
        myArraystring = myArraystring & "  " & myArray(i1)
    Next i1
    Print myArraystring

Next i

myArraystring = ""
For i = 1 To 10 Step 1
    myArraystring = myArraystring &
                    "  " & myArray(i)
Next i
Print "按从小到大排序后的数组元素为："
Print myArraystring
End Sub
```

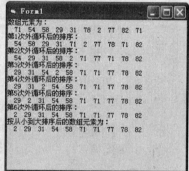

图 3.28 排序后的结果

Step 03 运行程序，然后单击窗体，得到如图 3.28 所示的结果。实例源文件参见配套光盘中的 Code\Chapter03\3-22-2。

3.23 案例实训——编程判断数列中的数

3.23.1 基本知识要点与操作思路

在已经排好序的数列中进行查找，最快捷的方法是折半查找法。折半查找法的基本思路是：对于已按关键字排序的序列，经过一次比较，可将序列分割成两部分，然后只在有可能包含待查元素的一部分中继续查找，并根据试探结果继续分割，逐步缩小查找范围，直至找到或找不到为止。

3.23.2 操作步骤

随机生成一个数，判断该数是否在 3.22 节排序好的数列中。如果在，则输出其位置；如果不在，则输出插入该数的位置（使用折半查找法）。具体操作如下。

Step 01 运行 VB 程序，新建工程文件。

Step 02 在代码窗口中编写窗体的 Click 事件过程如下：

```vb
Private Sub myFind(tempArray() As Integer, tempNum As Integer)
    Dim myUbound As Integer
    Dim myLbound As Integer
    Dim centerNum As Integer
    myUbound = UBound(tempArray)
    myLbound = LBound(tempArray)
    centerNum = myLbound + (myUbound - myLbound) \ 2
    Do
        centerNum = (myLbound + myUbound) \ 2
        If tempNum < tempArray(centerNum) Then
            myUbound = centerNum - 1
        ElseIf tempNum > tempArray(centerNum) Then
            myLbound = centerNum + 1
        Else: Exit Do
        End If
    Loop While (myLbound <= myUbound)
    Print "在数组（或插入数组）中的位置为：" & myLbound
End Sub
Private Sub Form_Click()
    Cls
    Dim myArray(1 To 10) As Integer
    Dim num As Integer
    Dim myArraystring As String
    Dim myChange As Boolean          '用来判断是否进行了数值交换
    myArraystring = ""               '用来将数组元素保存到字符串中进行显示
    num = Int(100 * Rnd + 1)
    For i = 1 To 10 Step 1
        myArray(i) = Int(100 * Rnd + 1)
        myArraystring = myArraystring & "  " & myArray(i)
    Next i

    Print "数组元素为："
    Print myArraystring

    For i = 1 To 9 Step 1
        myChange = False
        For j = 1 To 10 - i Step 1
            If myArray(j) > myArray(j + 1) Then
                temp = myArray(j)
                myArray(j) = myArray(j + 1)
                myArray(j + 1) = temp
                myChange = True
            End If
        Next j
            If myChange = False Then
                Exit For
```

```
        End If
    Next i
    myArraystring = ""
    For i = 1 To 10 Step 1
        myArraystring = myArraystring & "  "
& myArray(i)
    Next i
    Print "按从小到大排序后的数组元素为："
    Print myArraystring
    Print "要查找或插入的元素为：" & num
    Call myFind(myArray(), num)
End Sub
```

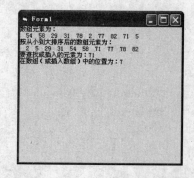

图 3.29　判断结果

Step 03 运行程序，然后单击窗体，得到如图 3.29 所示的结果。实例源文件参见配套光盘中的 Code\Chapter03\3-23-2。

3.24　案例实训——编程求 1！+2！+3！+4！+…10！

3.24.1　基本知识要点与操作思路

本实例比较简单，在一个 For 循环中调用 3.18 节编写的函数过程即可实现。在编写类似数学运算实例时，务必注意变量的值是否在定义的数据类型的范围中，否则会出现溢出错误。编写递归程序时，要注意合理设置递归的中止条件，否则会出现无穷调用。

3.24.2　操作步骤

具体操作如下。

Step 01 运行 VB 程序，新建工程文件。

Step 02 在代码窗口中编写窗体的 Click 事件过程如下：

```
Public Function Factorial(ByVal n As Integer) As Long
    If n = 1 Then
        Factorial = 1
    Else
        Factorial = Factorial(n - 1) * n
    End If
End Function

Private Sub Form_click()
    Dim s As Long
    Dim i As Integer
    s = 0
    For i = 1 To 10 Step 1
        s = s + Factorial(i)
    Next i
    Print s
End Sub
```

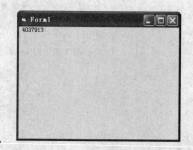

Step 03 运行程序，然后单击窗体，得到如图 3.30 所示的结果。实例源文件参见配套光盘中的 Code\Chapter03\3-24-2。

图 3.30　求得的结果

掌握了递归，可以尝试编写用递归解决 Hanoi（汉诺）塔问题的程序。该问题是这样的：有3 根针 A、B、C，A 针上有 64 个盘子，盘子的大小不同，大的在下，小的在上，要求把这 64个盘子从 A 针移动到 C 针，在移动的过程中可以借助 B 针，每次只允许移动一个盘子，并且在移动过程中 3 根针上都保持大盘在下，小盘在上。要求编写程序打印出移动的步骤。

将 n 个盘子从 A 针移动到 C 针可以分解为以下 3 个步骤。

Step 01 将 A 针上的 n–1 个盘子借助 C 针先移动到 B 针上。

Step 02 将 A 针上剩下的一个盘子移动到 C 针上。

Step 03 将 n–1 个盘子从 B 针借助 A 针移动到 C 针上。

编写程序时，先尝试从 n=3、4、5…少数几个盘子的移动来理解递归解决 Hanoi 塔问题的方法，并验证程序的正确性，然后再扩展到 64 个盘子的情况。学习了后面的图形图像的绘制和移动后，可以将解决 Hanoi 塔问题的方法在此基础上用动画模拟出来。

3.25 习 题

（1）编写一个程序，输出从 2003 年到 2050 年（包括）之间的所有闰年（闰年就是能被 4整除但不能被 100 整除的年份，但要注意能被 400 整除的也是闰年）。

（2）输出所有的"水仙花数"，所谓"水仙花数"是指一个 3 位数，其各位数字的立方和等于该数本身。例如，153 是一个水仙花数，因为 $153=1^3+5^3+3^3$。

（3）求 Fibonacci（斐波纳契）数列（这是一种整数数列，其中每数等于前面两数之和）：1，1，2，3，5，8…的前 10 个数。

（4）输出 1000 内的所有完数。所谓完数就是该数恰好等于它的因子之和，例如，6 的因子是 1，2，3，而 1+2+3=6，所以 6 是完数。

（5）求 1～100 内的质数（用普通方法和筛选法）。

（提示：普通方法就是判断 1～100 内的每个数 n 能否被 2～n 的平方根之间的数整除，如果能，则不是质数，反之则是质数。筛选法就是先将 1～100 这 100 个数按顺序放入数组中，然后从第一个元素开始判断数组每个元素 n 是否能被前面的 2～n/2 个非零的元素整除，如果能，则该数不是质数，将该数设为 0；反之则为质数，其值不变。最后得到的所有非零数便是 1～100内的所有质数）

（6）猴子吃桃问题：猴子第 1 天摘下若干个桃子，当即吃了一半又一个。第 2 天又把剩下的桃子吃了一半又一个，以后每天都吃前一天剩下的桃子的一半又一个，到第 10 天猴子想吃时，只剩下一个桃子。问猴子第 1 天一共摘了多少个桃子？

Chapter

4

窗体的设计

在 Visual Basic 编程中，窗体的设计占有非常重要的地位，广大读者应该熟练掌握窗体的使用方法。学完本章后，读者将会对窗体的属性、方法和事件有一个全面的了解，为以后的学习打下坚实的基础。此外，还将掌握工具栏和状态栏的设计方法。

基础知识
- ◆ 窗体的属性、事件
- ◆ 多重窗体
- ◆ 设置窗体的位置

重点知识
- ◆ 窗体的方法

提高知识
- ◆ 创建工具栏和状态栏
- ◆ 案例实训

4.1 窗体的属性

实讲实训
多媒体演示

多媒体文件参见配
套光盘中的Media
\Chapter04\4.1。

本章所讲的窗体设计是指设计窗体本身，例如窗体的标题、背景和
启动位置等。

常见的窗体的外观如图 4.1 所示，包含一个标题栏，标题栏的左端
显示控制图标和窗体的标题。单击控制图标会弹出一个下拉菜单，其中提
供了对窗体的各种控制命令。标题栏的右端是 3 个窗体状态控制按钮。单
击它们可分别使窗体最小化、最大化（或还原）和关闭。窗体的背景色默认为灰色。从窗体设
计窗口中可以看出，VB 默认的窗体外观正是如此。

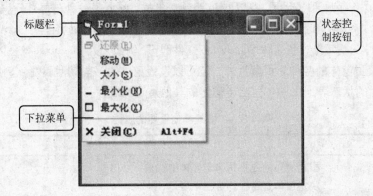

图 4.1 常见的窗体外观

在使用 VB 创建应用程序时，用户可根据需要改变窗体的外观。例如，更改控制图标和窗
体的标题，确定显示哪些状态控制按钮，甚至可以决定是否显示窗体的标题栏。

设置窗体的外观属性非常简单，不需要编写任何程序代码，只需在窗体的"属性"窗口为
各属性设置相应的值即可。表 4.1 中列出了窗体的几个主要的外观属性。

表 4.1 窗体主要的外观属性

属性	说明
Caption	决定窗体标题栏中显示的文本
MaxButton 和 MinButton	决定窗体的最大化或最小化按钮是否有效
ControlBox	决定是否显示窗体的控制菜单图标与状态控制按钮
BorderStyle	设置窗体的边框样式，是否显示标题栏，是否可以调整大小等
BackColor	设置窗体的背景颜色
Picture	设置窗体的背景图片
Icon	设置控制菜单的图标
Height 和 Width	设置窗体的大小

其中BorderStyle 属性有 6 个可取值，每个值对应一种窗体的外观。表 4.2 中列出了 BorderStyle
属性的取值及其对应的窗体外观。

表 4.2　BorderStyle 属性的取值

取值	说明
0—None	窗体无边框与标题栏，且窗体无法移动与调整大小。建议尽量不要使用这种窗体
1—Fixed Single	窗体有可见边框及标题栏，无最小化与最大化按钮，不能调整大小
2—Sizable	默认值，也是最常见的窗体形式，窗体的大小与位置均可调整
3—Fixed Dialog	窗体可移动，但不能调整大小
4—Fixed ToolWindow	有标题栏，但无控制菜单图标，且标题栏较窄；无最小化与最大化按钮，不能调整大小
4—Sizable ToolWindow	与 4—Fixed ToolWindow 类似，但可以调整大小

　　窗体的大小（Height 和 Width）是以 twip 为计量单位，twip 是一种与屏幕分辨率无关的计量单位。屏幕上的 1440twips 相当于打印机上印出来的 1 英寸，567twips 相当于 1cm。如果要使用其他的计量单位，只需重新设置窗体 ScaleMode 属性即可。例如，设为 3—pixel 就是以像素为单位。

　　除了可以设置窗体的各种外观属性外，还可以设置窗体的一些其他属性，例如窗体的位置以及窗体启动时的状态等。表 4.3 列出了窗体的其他重要的属性。

表 4.3　窗体的其他重要的属性

属性	说明
Left 和 Top	根据屏幕的左上角确定窗体的位置
ShowInTaskbar	决定窗体是否在任务栏中显示
Moveable	决定窗体是否可以移动
Visible	决定窗体在程序运行时是否可见
WindowState	设置窗体在启动时的状态。例如最大化、最小化或正常大小

　　在窗体和各种控件的"属性"窗口中，第 1 个属性都是 Name（名称），这个属性用来设置窗体或控件的名称，在程序代码中就是使用此名称来引用窗体或控件的。

 注意

　　首次在工程中添加窗体时，该窗体的名称默认为 Form1；添加第 2 个窗体，其名称默认为 Form2，依此类推。在代码中就是用此名称来引用该窗体的。因此，最好给 Name 属性设置一个有实际意义的名称，例如给一个"关于"窗体命名为 About。

　　要熟悉这些窗体属性，最好的方法是实践。在"属性"窗口中更改窗体的一些属性，然后运行该应用程序并观察修改后的效果。如果想得到某个属性的详细信息，可以选择该属性并按 F1 键查看联机帮助。

4.2　窗体的事件

　　窗体作为对象，能够对事件作出响应。窗体能响应所有的鼠标事件和键盘事件以及一些其他事件。

4.2.1 鼠标事件

在第 2 章中已经介绍过，鼠标事件有共有 5 种，分别是 MouseDown（按下鼠标键）、MouseUp（释放鼠标键）、MouseMove（移动鼠标）、Click（单击）与 DblClick（双击）。

实讲实训
多媒体演示

多媒体文件参见配套光盘中的 Media \Chapter04\4.2。

1. Click 事件与 DblClick 事件

窗体的 Click 事件过程的形式如下：

```
Private Sub Form_Click()
End Sub
```

在该事件过程中添加一段代码，再运行程序，当鼠标单击窗体时，该段代码就会被执行。

注意

使用双击窗体的方法打开代码窗口，出现在代码窗口中的事件过程不是 Click 事件过程，用户可以在代码窗口的事件框中选择 Click 事件，则 Click 事件过程的框架就会出现在代码编辑区中。用户也可以自行输入事件过程的框架。对于其他一些事件，例如 DblClick 事件，情况与此类似。

窗体的 DblClick 事件过程的形式与 Click 事件过程的形式类似，如下所示：

```
Private Sub Form_DblClick()
End Sub
```

在该事件过程中添加一段代码，再运行程序，当鼠标双击窗体时，该段代码就会被执行。

注意

双击鼠标会同时触发 Click 事件与 DblClick 事件，即在程序运行后，当用户双击窗体时，Click 事件过程与 DblClick 事件过程都将被执行。

2. MouseDown 事件与 MouseUp 事件

窗体的 MouseDown 事件过程的形式如下：

```
Private Sub Form_MouseDown(Button As Integer, Shift As Integer, X As Single,
Y As Single)
End Sub
```

窗体的 MouseUp 事件过程的形式如下：

```
Private Sub Form_MouseUp(Button As Integer, Shift As Integer, X As Single,
Y As Single)
End Sub
```

与 Click、DblClick 事件过程不同，在这两个事件过程中含有 Button、Shift、X 和 Y 这 4 个参数，其中参数 Button 用来判断用户按下的是鼠标的哪一个键，参数 Shift 用来判断是否按下 Shift、Ctrl 或 Alt 键构成组合状态，参数 X 和 Y 用来返回指针所在的位置。

表 4.4 中列出了 MouseDown 事件过程中参数 Button 的返回值与对应的操作，同样也适用于 MouseUp 事件过程。

表 4.4 参数 Button 的返回值与对应的操作

返回值	操作	返回值	操作
0	未按任何键	4	按下中键
1	按下左键	5	按下中键和左键
2	按下右键	6	按下中键和右键
3	同时按下左键和右键	7	同时按下左、中、右键

3. MouseMove 事件

窗体的 MouseMove 事件过程的形式如下：

```
Private Sub Form_MouseMove(Button As Integer, Shift As Integer, X As Single,
Y As Single)
End Sub
```

MouseMove 事件过程中参数的含义及其用法与 MouseDown 事件过程中的相应参数完全相同。

4.2.2 键盘事件

键盘事件有 3 种，分别是 KeyPress（敲击键）、KeyDown（按下键）和 KeyUp（释放键）。

 注意

只有当窗体为当前活动窗体时，按键才能触发窗体的键盘事件。此外，若窗体上有能获得焦点的控件，则按键触发的将是控件的键盘事件。若希望按键后，总是能触发窗体的键盘事件，应该将窗体的 KeyPreview 属性设置为 True。

1. KeyPress 事件

窗体的 KeyPress 事件过程的形式如下：

```
Private Sub Form_KeyPress(KeyAscii As Integer)
End Sub
```

其中参数 KeyAscii 是一个整数，用来返回用户所按键的 ASCII 码。利用该参数可以判断用户按的是哪一个键。

2. KeyDown 与 KeyUp 事件过程

KeyDown 事件过程的形式如下：

```
Private Sub Form_KeyDown(KeyCode As Integer, Shift As Integer)
End Sub
```

KeyUp 事件过程的形式如下：

```
Private Sub Form_KeyUp(KeyCode As Integer, Shift As Integer)
End Sub
```

以上事件过程中的 Shift 参数与 MouseDown 事件过程中的 Shift 参数的含义相同。参数 KeyCode 则是用来返回按键的键码。

光盘拓展

关于各按键的键码说明，请参看光盘中的文件"补充\键码.doc"。

4.2.3　其他事件

除鼠标与键盘事件之外，表4.5所示的是窗体对象所能响应的其他事件。

表4.5　窗体所能响应的其他事件

事件	说明
Load	在将窗体装入内存时发生，该事件过程主要用来进行一些初始化操作
Activate	当窗体变为活动窗体时发生
DeActivate	与 Activate 相反，当窗体由活动状态变成不活动状态时，则该事件发生
QueryUnload	在用户关闭窗体时，QueryUnload 最先发生
Unload	将窗体从内存中卸载时发生，发生在 QueryUnload 事件以后
Resize	在窗体初次装载或用户改变其大小后发生。该事件较常用

可以在代码窗口中查到窗体所支持的所有事件。在代码窗口的对象框的下拉列表中选择 Form，单击事件框，即可弹出窗体的事件列表，如图4.2所示。

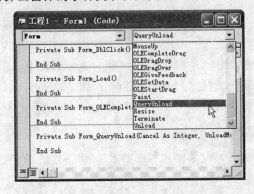

图4.2　窗体的事件列表

当用户改变窗体的大小后，例如，拖动窗体边框或最大化等，窗体中的一些控件也随着改变以适合窗体的大小。

4.3　案例实训——编程识别用户所按的鼠标键

4.3.1　基本知识要点与操作思路

在该程序中，当用户将鼠标指针移动到窗体上，如果按下左键，则窗体上显示"您按下的是左键"，如图4.3所示；如果按下右键，则窗体上显示"您按下的是右键"，如图4.4所示。

实讲实训
多媒体演示

多媒体文件参见配套光盘中的 Media\Chapter04\4.3。

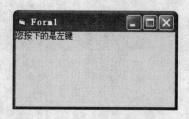

图 4.3　按下左键的效果　　　　　　　　　　　图 4.4　按下右键的效果

4.3.2　操作步骤

识别用户所按的鼠标键，具体操作如下。

Step 01 运行 VB 程序，新建工程文件。

Step 02 打开窗体的代码窗口，将下列代码添加到 Form_MouseDown 事件过程中：

```
Private Sub Form_MouseDown(Button As Integer, Shift As Integer, X As
Single, Y As Single)
    Select Case Button
        Case 1
            Form1.Print "您按下的是左键"
        Case 2
            Form1.Print "您按下的是右键"
    End Select
End Sub
```

在该段代码中，使用了 Select Case 语句来判断参数 Button 的值，使用窗体的 Print 方法在窗体上显示文本。

Step 03 运行该程序，当在窗体中按下鼠标键时，就会触发 Form_MouseDown 事件过程，并将所按键代表的数值赋给参数 Button。因此，Select Case 语句就可以通过参数 Button 的值来判断用户所按的键。实例源文件参见配套光盘中的 Code\Chapter04\4-3-2。

表 4.6 中列出了 MouseDown 事件过程中参数 Shift 的返回值与对应的操作。同样适用于 MouseUp 事件过程。

表 4.6　参数 Shift 的返回值与对应的操作

返回值	操作	返回值	操作
0	3 个键都未按下	4	按下 Alt 键
1	按下 Shift 键	5	同时按下 Shift 和 Alt 键
2	按下 Ctrl 键	6	同时按下 Ctrl 和 Alt 键
3	同时按下 Shift 和 Ctrl 键	7	同时按下 3 个键

同样可以通过 Select Case 语句判断 MouseDown 事件过程中 Shift 参数的返回值，来获取用户所按下的组合键。用户可参照前面的实例，自行编制一个小程序来熟悉 Shift 参数的使用。

4.4 案例实训——探测鼠标指针的位置

4.4.1 基本知识要点与操作思路

在该程序中，当用户在窗体上移动鼠标指针时，则在窗体上的文本框中会显示出当前鼠标指针的位置。

4.4.2 操作步骤

探测鼠标指针的位置，具体操作如下。

Step 01 新建工程文件，在窗体的左上角放置一个文本框，如图 4.5 所示。窗体与控件的属性设置如表 4.7 所示。

表 4.7 对象的属性设置

对象	属性	值
窗体	Caption	探测鼠标指针的位置
文本框	名称	Text1
	Text	置空

Step 02 打开窗体的代码窗口，将下列代码添加到 Form_MouseMove 事件过程中：

```
Private Sub Form_MouseMove(Button As Integer, Shift As Integer, X As
Single, Y As Single)
    Text1.Text = "X =" & X & "  Y =" & Y
End Sub
```

由于在移动鼠标指针时，MouseMove 事件不断被触发，其中的代码也就不断地执行。因此，在移动鼠标指针时，文本框中的内容会不断被更新。

Step 03 运行该程序，在窗体中移动鼠标指针，则文本框中动态显示出鼠标指针的位置，如图 4.6 所示。实例源文件参见配套光盘中的 Code\ Chapter04\4-4-2。

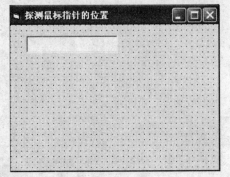

图 4.5 窗体设计

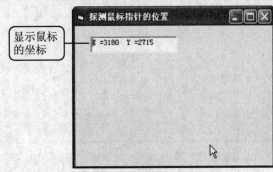

图 4.6 显示指针的位置

4.5 案例实训——编程显示按键的 ASCII 码

4.5.1 基本知识要点与操作思路

当用户按下键盘上的某键时，在窗体上显示用户所按键的 ASCII 码，例如，按回车键，则在窗体中显示"所按键的 ASCII 码值是：13"。

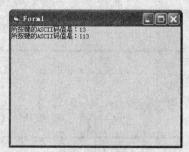

实讲实训
多媒体演示

多媒体文件参见配套光盘中的 Media\Chapter04\4.5。

4.5.2 操作步骤

显示所按键的 ASCII 码，具体操作如下。

Step 01 运行 VB 程序，新建工程文件。

Step 02 打开代码窗口，将下列代码添加到 Form_KeyPress 事件过程中：

```
Private Sub Form_KeyPress(KeyAscii
                          As Integer)
    Print "所按键的 ASCII 码值是：" & KeyAscii
End Sub
```

Step 03 运行该程序，按键盘上的某键，则窗体上就会显示出所按键的 ASCII 码，如图 4.7 所示的是按下 Enter 键和 Q 键的效果。源文件参见配套光盘中的 Code\Chapter04\4-5-2。

图 4.7 显示按键的 ASCII 码

表 4.8 中列出了键盘按键的 ASCII 码。

表 4.8 键盘按键的 ASCII 码表

按键	ASCII 码	按键	ASCII 码
BackSpace（退格键）	8	−（减）	45
Tab（制表键）	9	.（小数点）	46
Enter（回车键）	13	/	47
Esc（取消键）	27	0~9	48~57
Space（空格键）	32	:（冒号）	58
'	39	;（分号）	59
(	40	<（小于）	60
)	41	=（等号）>（大于）	61
*（乘号键）	42	>（大于）	62
+（加号键）	43	?（问号）	63
,（逗号键）	44	A~Z	65~90
		a~z	97~122

 注意

功能键（例如 F1、F2 等）和换档键（例如 Shift、Ctrl、Alt 和 Caps Lock 等）没有 ASCII 码，按这些键也不能触发 KeyPress 事件。因此，在本例中，按这些键时，窗体上不会显示任何内容。

4.6 案例实训——编程改变窗体的大小

4.6.1 基本知识要点与操作思路

实讲实训
多媒体演示

多媒体文件参见配套光盘中的Media\Chapter04\4.6。

在该程序中，当用户改变窗体的大小时，窗体中按钮的大小也将成比例改变，并且按钮始终处于窗体的中心，本例主要通过窗体的 Resize 事件来实现。

4.6.2 操作步骤

Step 01 运行 VB 程序，新建工程文件。

Step 02 在窗体中放置一个按钮控件，如图 4.8 所示。窗体与按钮的属性设置如表 4.9 所示。

表 4.9 各对象的属性设置

对象	属性	值
窗体	名称	Form1
	Caption	窗体的 Resize 事件
按钮	名称	Command1
	Caption	按钮

Step 03 打开代码窗口，将下列代码添加到 Form_Resize 事件过程中：

```
Private Sub Form_Resize()
    Command1.Width = Form1.Width / 5      '设置按钮的宽度
    Command1.Height = Form1.Height / 6    '设置按钮的高度
    Command1.Top = Form1.Height / 2 - Command1.Height / 2
    Command1.Left = Form1.Width / 2 - Command1.Width / 2
End Sub
```

在该段代码中，将按钮的宽度设置为窗体宽度的 1/5，按钮的高度设置为窗体高度的 1/6，并将按钮的位置设置在窗体的中心。

Step 04 运行该程序，则窗体如图 4.9 所示。使用鼠标拖动窗体的边界来改变其大小，或单击最大化按钮使窗体最大化，发现窗体中按钮的大小也随着成比例地改变，并且始终处于窗体的中心，如图 4.10 所示。源文件参见配套光盘中的 Code\Chapter04\4-6-2。

图 4.8 窗体设计

图 4.9 窗体启动后的效果

图 4.10 改变窗体大小后的效果

光盘拓展

关于 QueryUnload 事件的更多介绍，请参看光盘中的文件"补充\QueryUnload 事件.doc"。

4.7 案例实训——Print 方法的使用

4.7.1 基本知识要点与操作思路

Print 方法是用来输出数据的一个重要方法。除窗体对象外，图片框控件也有 Print 方法。本节详细介绍 Print 方法以及相关的输出格式。

实讲实训
多媒体演示

多媒体文件参见配套光盘中的Media
\Chapter04\4.7。

Print 方法的一般格式为：

对象名. Print 表达式

表达式可以是数值也可以是字符串。对于数值表达式，先计算出表达式的值，然后输出；字符串表达式将按原样输出，并且，字符串一定要放在双引号内。如果忽略表达式，则输出一个空行。

4.7.2 操作步骤

使用 Print 方法，具体操作如下。

Step 01 运行 VB 程序，新建工程文件。

Step 02 编写窗体的 Click 事件过程如下：

```
Private Sub Form_Click()
    x = 20
    y = 30
    Print x
    Print y
    Print x + y
    Print
    Print "ABcdEFgH"
    Print "清华大学"
End Sub
```

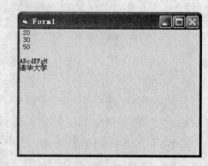

Step 03 程序运行后单击窗体，则在窗体上的输出结果如图 4.11 所示。实例源文件参见配套光盘中的 Code\ Chapter04\4-7-2a。

图 4.11 使用 Print 语句的输出结果

一个 Print 语句还可以输出多个表达式。各表达式之间需要用分隔符隔开。分隔符可以是逗号、分号、空格或&符号。如果表达式使用逗号分隔，在输出时，各表达式之间间隔 14 个字符的位置。如果使用其他几种分隔符，则表达式将按紧凑格式输出。例如，将上例代码改写成如下形式：

```
Private Sub Form_Click()
    x = 20
    y = 30
    Print "x+y=", x + y
    Print "x+y="; x + y
    Print
```

```
        Print x, y, "清华大学";
                    " ABcdEFgH " & x+y
    End Sub
```

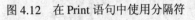

程序运行后单击窗体，则在窗体上的输出结果如图 4.12 所示。实例源文件参见配套光盘中的 Code\Chapter04\ 4-7-2b。

图 4.12 在 Print 语句中使用分隔符

一般情况下，每执行一次 Print 方法都会自动换行，即后一个 Print 语句的执行结果总是显示在前一个 Print 语句的下一行。要想让执行结果在同一行上显示，可以在 Print 语句的末尾加上逗号或分号。

从上面的输出结果中可以看出，输出内容总是显示在窗体的最左端。可以自行在 Print 语句中加一些空格来确定内容的输出位置，例如采用以下形式：

```
Print "    清华大学   计算机系"
```

要想更好地解决此问题，可使用 VB 提供的两个专门的函数：Tab(n)和 Spc(n)。这两个函数与 Print 方法一起使用，就可以在指定的位置输出内容。

- Tab(n)函数的参数 n 是可选的，用来指定表达式输出时的起始列数。若忽略此参数，则将输出点移到下一个输出区的起点。
- Spc(n)函数的参数 n 是必需的，用来指定输出表达式之前插入的空格数。

例如，编写窗体的 Click 事件过程如下：

```
Private Sub Form_Click()
    Print Tab(20); "清华大学"
    Print
    Print Tab(6); "清华大学"; Spc(10);
                  "计算机系"
    Print Tab(7); "清华大学"; Spc(11);
                  "计算机系"
    Print Tab(8); "清华大学"; Spc(12);
                  "计算机系"
    Print Tab(9); "清华大学"; Spc(13);
                  "计算机系"
End Sub
```

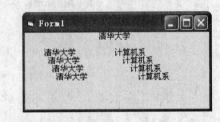

图 4.13 使用 Tab 和 Spc 函数的效果

运行程序后单击窗体，则输出结果如图 4.13 所示。

4.8 案例实训——Cls 方法的应用

4.8.1 基本知识要点与操作思路

Cls 方法用来清除由 Print 方法在窗体上显示的文本，或清除使用图形方法（参见第 8 章）在窗体上绘制的图形。图片框控件也有 Print 与 Cls 方法。

Cls 方法的语句很简单，如下所示：

```
[对象名.]Cls
```

实讲实训
多媒体演示

多媒体文件参见配套光盘中的 Media \Chapter04\4.8。

如果省略对象名，则表明清除本窗体上的内容。这一点对于其他方法也适用。

在该程序中，当用户单击窗体时，则在窗体上显示一行文本；当用户双击窗体时，窗体上的文本即被清除。

4.8.2 操作步骤

使用 Cls 方法，具体操作如下。

Step 01 运行 VB 程序，新建工程文件。

Step 02 打开代码窗口，编写窗体的 Click 与 DblClick 事件过程如下：

```
Private Sub Form_Click()
    Print "双击可以清除窗体中的内容"
End Sub

Private Sub Form_DblClick()
    Cls
End Sub
```

Step 03 运行该程序，单击窗体，则窗体上显示"双击可以清除窗体中的内容"，如图 4.14 所示。双击窗体，则文本被清除，如图 4.15 所示。再次单击窗体，则文本又显示在窗体的最上面，而不会显示在下一行。源文件参见配套光盘中的 Code\Chapter04\4-8-2。

图 4.14　单击窗体的效果

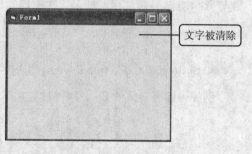

图 4.15　双击窗体的效果

4.9　案例实训——Move 方法的应用

4.9.1　基本知识要点与操作思路

窗体与大多数控件都有 Move 方法，例如按钮控件、文本框控件等。使用该方法可以使对象移动，在移动的同时还可以改变对象的大小。

Move 方法的一般格式如下：

[对象名.]Move Left, [Top], [Width], [Height]

Move 方法有 4 个参数，其中参数 Left 与 Top 分别是指对象左上顶点的横坐标与纵坐标，参数 Width 与 Height 分别是指对象的宽度与高度。参数 Left 是必需的，其他参数是可选的。

实讲实训
多媒体演示

多媒体文件参见配套光盘中的 Media\Chapter04\4.9。

4.9.2　操作步骤

使用 Move 方法，具体操作如下。

Step 01 运行 VB，新建工程文件。

Step 02 打开代码窗口，编写窗体的 Click 事件过程如下：

```
Private Sub Form_Click()
    Move Left + 450, Top + 500, Width - 250, Height - 250
End Sub
```

在该段代码中，Left、Top 等是窗体的属性，这里省略了窗体名。

Step 03 运行该程序，用户每当单击一次鼠标，则窗体向它的右下方移动一定的距离，并且逐渐变小。源文件参见配套光盘中的 Code\Chapter04\4-9-2。

窗体还有 Show 与 Hide 方法，其功能是显示与隐藏窗体，下一节将专门介绍有关窗体的加载、显示、隐藏与卸载等内容。

4.10 案例实训——多重窗体的应用

4.10.1 基本知识要点与操作思路

对于较复杂的应用程序，常常包含有多个窗体，以负责完成不同的功能，并且各个窗体之间相互独立，但可以相互调用。例如，通过一个窗体可以打开或关闭另一个窗体。这类包含有多个窗体的应用程序称为多重窗体程序。在第 2 章已经介绍了如何在工程中建立多个窗体，本节将介绍窗体的加载与卸载、设置启动窗体等。

实讲实训
多媒体演示

多媒体文件参见配套光盘中的 Media\Chapter04\4.10。

在应用程序启动时，会显示一个主窗体，在运行过程中，常常还会显示其他窗体或隐藏某些窗体。在前面的讲解中，涉及到的只是一个窗体，在程序运行时自动显示出来。如果应用程序包含若干个窗体，在启动时，只显示其中的一个窗体（启动窗体），而其他窗体的显示则需要使用相应的语句来执行。

窗体的状态有 3 种。

- 未装入——窗体在磁盘文件中，不占用内存资源。
- 装入但未显示——窗体已装入内存，占用了所需资源，准备显示。
- 显示——窗体已显示，用户可以对窗体进行交互操作。

可以使用窗体的以下方法在应用程序中实现窗体的加载、显示、隐藏与卸载。

- Load 与 Unload——要装载或卸载某个窗体，需要使用 Load 或 Unload 方法。
  例如装载窗体的语句如下：

  Load 窗体名

- Show 与 Hide——要显示或隐藏某个窗体，需要使用 Show 或 Hide 方法。
  例如隐藏窗体的语句如下：

  窗体名.Hide

调用 Show 方法与设置窗体的 Visible 属性为 True 具有相同的效果。语句 Form2.Visible=True 也可以使窗体 Form2 显示出来。

使用 Load 方法将窗体装载后，窗体并不显示出来，而使用 Show 方法则可以使指定的窗体显示在最上面。单独使用 Show 方法也可以将窗体装载并显示。要单独装载窗体的原因有两个。

- 有些窗体不需要显示，只需装载即可。例如用于做一些后台操作的窗口。

- 事先装载的窗体能更快地显示，不会有延迟。

4.10.2 设置启动窗体的操作步骤

对于多重窗体应用程序，需要指定程序运行时的启动窗体。其他窗体的装载与显示由启动窗体控制。在默认情况下，系统会以创建的第一个窗体为启动窗体。如果想指定其他窗体为启动窗体，其操作步骤如下。

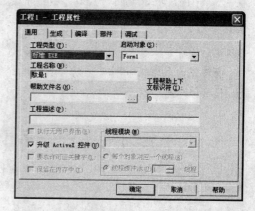

Step 01 运行 VB 程序，新建工程文件。

Step 02 选择"工程"|"工程属性"命令，弹出如图 4.16 所示的"工程属性"对话框的"通用"选项卡。

Step 03 在"启动对象"列表框中选择要作为启动窗体的窗体，单击"确定"按钮。

图 4.16 "工程属性"对话框的"通用"选项卡

4.10.3 启动、装载与显示窗体的操作步骤

下面以一个实例来学习如何设置启动窗体，以及窗体的装载与显示。

多窗体应用程序，具体操作如下。

Step 01 运行 VB 程序，新建工程文件。

Step 02 选择"工程"|"添加窗体"命令，为当前工程添加两个新的窗体。属性设置如表 4.10 所示。

Step 03 在主窗体上放置 3 个按钮，如图 4.17 所示，各按钮控件的属性设置如表 4.11 所示。

表 4.10 窗体的属性设置

对象	属性	值
窗体 1	名称	Form1
	Caption	启动窗体
窗体 2	名称	Form2
	Caption	窗体 1
窗体 3	名称	Form3
	Caption	窗体 2

表 4.11 窗体中启动按钮属性的设置

对象	属性	值
按钮 1	名称	Command1
	Caption	打开窗体
按钮 2	名称	Command2
	Caption	关闭窗体 1
按钮 3	名称	Command3
	Caption	关闭窗体 2

Step 04 双击"打开窗体"按钮，打开代码窗口，将下列代码添加到 Command1_Click 事件过程中：

```
Private Sub Command1_Click()
    Form2.Show
    Form3.Show
End Sub
```

Step 05 将下列代码添加到 Command2_Click 事件过程中：

```
Private Sub Command2_Click()
```

```
        Unload Form2
    End Sub
```

Step 06 将下列代码添加到 Command3_Click 事件过程中：

```
Private Sub Command3_Click()
    Unload Form3
End Sub
```

Step 07 在"工程属性"对话框的"通用"选项卡中设置启动窗体为 Form1。

Step 08 单击工具栏中的"启动"按钮运行该程序，则屏幕上出现启动窗体，单击"打开窗体"按钮，则窗体 1 与窗体 2 出现在屏幕上。如图 4.18 所示。

Step 09 若单击启动窗体中的"关闭窗体 1"按钮与"关闭窗体 2"按钮，则可关闭窗体 1 与窗体 2。源文件参见配套光盘中的 Code\Chapter04\4-10-3。

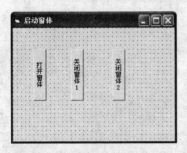

图 4.17 启动窗体的设计

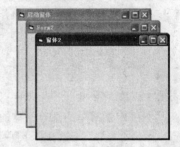

图 4.18 打开所有的窗体

4.11 案例实训——设置窗体的位置

4.11.1 基本知识要点与操作思路

在前面的一些实例中，窗体启动后，其位置是随意的。对于一个友好的用户界面，窗体在启动后应出现在屏幕的中央。用户可以通过窗体的属性或"窗体布局"窗口来设置窗体启动后的默认位置。

窗体的位置是相对于屏幕而言的，且由 Left 属性和 Top 属性来决定窗体的位置。其中 Left 属性的值是指窗体左上顶点的横坐标，Top 属性的值是指窗体左上顶点的纵坐标。通过设置这两个属性的值就能实现窗体的精确定位。

实讲实训
多媒体演示

多媒体文件参见配套光盘中的 Media\Chapter04\4.11。

4.11.2 操作步骤

设置窗体的位置，其操作步骤如下。

Step 01 运行 VB 程序，新建工程文件。

Step 02 选择"视图"|"窗体布局窗口"命令，打开"窗体布局"窗口。

Step 03 将鼠标指针移动到"显示器"中的窗体图标上，指针的形状将变成指向四个方向的箭头 ✛。

Step 04 拖动鼠标，则窗体图标也会随着移动，拖动到合适的位置后释放鼠标，则窗体的启动位置即被改变。窗体的 Left 与 Top 属性的值也会自动调整为该位置所对应的值。

Step 05 如果要将窗体的启动位置设置为屏幕的中心，可在"窗体布局"窗口中的窗体上右击，然后从快捷菜单中选择"启动位置"|"屏幕中心"选项。

此外，还可以通过"窗体布局"窗口来设置窗体的位置，此方法更直观。"窗体布局"窗口通常未出现在 VB 的主窗口中，通过选择"视图"|"窗体布局窗口"命令来打开，如图 4.19 所示。

在"窗体布局"窗口中有一个"显示器"，在"显示器"中有一个窗体图标，如果当前工程包含多个窗体，则其中也会出现多个窗体图标。窗体图标在"显示器"中的位置就是窗体启动后出现在屏幕上的位置。

图 4.19 "窗体布局"窗口

4.12 案例实训——创建工具栏

4.12.1 基本知识要点与操作思路

实讲实训 多媒体演示

多媒体文件参见配套光盘中的 Media \Chapter04\4.12。

工具栏已经成为许多基于 Windows 的应用程序的标准功能，工具栏提供了对应用程序中最常用的菜单命令的快速访问方式。工具栏一般位于菜单栏下面，由多个按钮排列组成，用户可以通过单击这些按钮来执行一些操作。与菜单相比较，使用工具栏更方便快捷。

要创建工具栏，需要两个控件：工具栏控件（Toolbar）与图像列表控件（ImageList）。在 VB 的专业版与企业版中都提供了这两个控件。工具栏控件设置工具栏按钮与处理用户的操作，图像列表控件负责提供在按钮上显示的图标。工具栏的整个设计过程可分为以下几个步骤。

Step 01 将工具栏控件与图像列表控件添加到工具箱中。
Step 02 将工具栏控件与图像列表控件放置到窗体上。
Step 03 向图像列表控件添加图片。
Step 04 使用工具栏控件建立按钮。
Step 05 编写按钮的程序代码。

4.12.2 添加工具栏与图像列表控件的操作步骤

在默认情况下，工具栏控件与图像列表控件未出现在工具箱中。在使用之前，用户需要将它们添加到工具箱中。其操作步骤如下。

Step 01 运行 VB 程序，新建工程文件。
Step 02 选择"工程"|"部件"命令，弹出"部件"对话框，如图 4.20 所示。
Step 03 在"控件"选项卡中选择 Microsoft Windows Common Controls 6.0 选项，单击"确定"按钮。

图 4.20 "部件"对话框

此时，工具箱中多了 9 个控件，其中包括工具栏与图像列表控件。

4.12.3　向图像列表控件添加图片的操作步骤

图像列表控件不能单独使用，只是作为一个便于向其他控件提供图像的资料中心。图像列表控件需要第 2 个控件显示所保存的图像，第 2 个控件可以是任何能显示图像的控件。由于这一特点，图像列表控件的经常被用来与工具栏控件一起创建工具栏。

要使工具栏能够显示图标，首先将所要的按钮图标添加到图像列表控件中，将图像列表控件与工具栏控件相关联。

向图像列表控件中添加图片，其操作步骤如下。

Step
01　将图像列表框控件放置在窗体上（在运行时，该控件不出现在界面中，因此，不必在意它在窗体中的位置）。

Step
02　将鼠标移动到图像列表框控件上右击，在弹出的快捷菜单中单击"属性"命令，弹出"属性页"对话框，如图 4.21 所示。

Step
03　选择"图像"选项卡，单击"插入图片"按钮，打开如图 4.22 所示的"选定图片"对话框。

Step
04　选择一张图片，单击"打开"按钮，将所选图片添加到图像列表控件中。重复插入图片操作，可为图像列表控件添加多个图片。

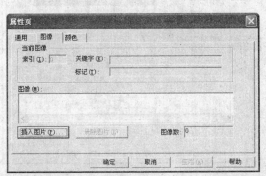

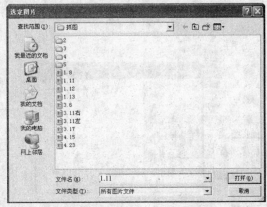

Step
05　返回图 4.21，单击"确定"按钮即可完成操作。

图 4.21　"属性页"对话框的"图像"选项卡　　　图 4.22　"选定图片"对话框

添加图片后，系统自动为每个图片设置了一个索引号，第 1 个添加的图片的索引号为 1，第 2 个为 2，依此类推。图片的索引号很重要，在工具栏控件与图像列表控件关联时，就是以图片索引号来调用各图片的。也可以使用关键字来调用图片，因此，最好每一个图片指定一个唯一的关键字。

 注意

如果在安装 VB 时选择了安装图片，则在 VB 的安装目录\Common\Graphics\Bitmaps\TlBr_W95 文件夹中包含了大量的 Windows 的标准按钮图标。

4.12.4 使用工具栏控件的操作步骤

将工具栏控件放置在窗体上，它出现在窗体的上方，并且不能改变其大小与位置，如图 4.23 所示。这是因为在默认情况下，工具栏控件的 Alignment 属性的值为 1-vbAlignTop。通过设置该属性，也可以使得工具栏沿窗体的其他边对齐。

对于初学者，建议通过"属性页"对话框来设置工具栏控件属性，其操作步骤如下。

Step 01 将鼠标移动到工具栏控件上右击，弹出一个快捷菜单，单击其中的"属性"命令即可打开如图 4.24 所示的"属性页"对话框。

Step 02 选择"通用"选项卡，在"图像列表"下拉列表中，选择 ImageList1 选项，这样就建立了工具栏控件与图像列表控件的关联。

> **注意**
>
> ImageList1 是前面放置在窗体上并添加了图片的图像列表控件。

Step 03 根据需要，设置以下几个较为重要的属性。

- "允许自定义"（AllowCustomize）属性决定用户是否可以通过双击工具栏打开"自定义工具栏"对话框来重新设置工具栏。

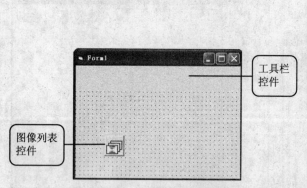

图 4.23　在窗体上放置工具栏控件　　　　图 4.24　工具栏控件的"属性页"对话框

- "显示提示"（ShowTips）属性确定鼠标停留在按钮上时是否显示工具提示。
- "可换行的"（Wrappable）属性确定若在一行内容纳不下全部按钮时，是否以两行显示按钮。
- "有效"（Enabled）属性确定按钮是否可用。

> **注意**
>
> 括号内的英文为在"属性"窗口中显示的属性。

Step 04 在"通用"选项卡中设置工具栏的外观属性，例如外观、边框和样式等。

Step 05 单击"应用"按钮，即可在窗体中预览到设置的效果。读者可自行尝试更改各外观属性后的效果。

在"通用"选项卡中设置的是有关整个工具栏的属性，要为工具栏建立按钮，需要在"按钮"选项卡中执行。

 光盘拓展

关于按钮的一些属性，请参看光盘中的文件"补充\按钮的属性.doc"。

这里为工具栏建立 3 个按钮。其属性设置如表 4.12 所示，其他属性均采用默认设置。

表 4.12　工具按钮的属性设置

按钮	关键字	工具提示文本	图像
打开	Bopen	打开文档	1 或 Lopen
保存	Bsave	保存文档	2 或 Lsave
打印	Bprint	打印文档	3 或 Lprint

在窗体的工具栏控件上出现了 3 个按钮，如图 4.25 所示。运行该程序，将鼠标指针停留在某个按钮上，会显示出该按钮的工具提示文本，如图 4.26 所示。但是，单击按钮不会执行任何操作，这是因为还没有为该按钮编写事件过程。

图 4.25　建立了按钮的工具栏

图 4.26　显示按钮的工具提示文本

4.12.5　为工具栏编写代码的操作步骤

下面将为上一节中所创建的工具栏编写代码，使按钮能执行一定的操作。

Step 01 在前面创建了工具栏的窗体中放置一个文本框，如图 4.27 所示。各对象的属性设置如表 4.13 所示。

表 4.13　对象的属性设置

对象	属性	值
窗体	Caption	创建工具栏
文本框	名称	Text1
	Text	置空

在运行模式下，每当用户单击工具栏中的按钮时，就会触发该工具栏的 ButtonClick 事件。因此，为工具栏编写代码其实就是编写其 ButtonClick 事件过程。

Step
02 双击工具栏，打开代码窗口，工具栏的 ButtonClick 事件过程的框架自动出现在代码窗口中，编写该过程如下：

```
Private Sub Toolbar1_ButtonClick(ByVal
        Button As MSComctlLib.Button)
    Select Case Button.Key
        Case "Bopen"
            Text1.Text = "文档打开成功！"
        Case "Bsave"
            Text1.Text = "文档保存完毕！"
        Case "Bprint"
            Text1.Text = "正在打印文档…"
    End Select
End Sub
```

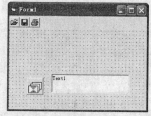

图 4.27 在窗体中放置一个文本框

在以上代码中，使用了 Select Case 语句来判断按钮的关键字。对于不同的按钮，单击后在文本框中显示不同的内容。

Step
03 运行该程序，单击某按钮，在文本框就会显示出与该按钮相关的内容。如图 4.28 所示为单击"打印"按钮的结果。

图 4.28 单击"打印"按钮的显示结果

4.13 案例实训——创建状态栏

4.13.1 基本知识要点与操作思路

状态栏一般用来显示系统的状态信息。在 VB 中可以使用状态栏控件方便地为应用程序创建状态栏。在添加工具栏控件时，状态栏控件也同时被添加到工具箱中。

状态栏的创建与工具栏的创建有很多类似的地方，这里给出一个创建状态栏的实例。

在该实例中，创建如图 4.29 所示的用户界面。其中状态栏分为 3 个窗格，在第 1 格内显示系统日期；第 2 格能根据鼠标指针的位置显示相应的内容；第 3 格显示 Caps Lock 键的状态。

实讲实训
多媒体演示
多媒体文件参见配套光盘中的 Media
\Chapter04\4.13。

图 4.29 用户界面

4.13.2 操作步骤

实现本例的操作步骤如下。

Step
01 新建工程文件，在窗体上放置一个按钮控件、一个文本框控件和一个状态栏控件，如图 4.30 所示。其中各对象的属性设置如表 4.14 所示。在将状态栏控件放置在窗体上时，状态栏控件自动出现在窗体的底边，可以使用 Alignment 属性来设置状态栏的位置。

Step
02 将鼠标指针移动到状态栏控件上右击，弹出一个快捷菜单，执行其中的"属性"命令，即可打开状态栏的"属性页"对话框，如图 4.31 所示。

表 4.14 各对象的属性设置

对象	属性	值	对象	属性	值
窗体	Caption	创建状态栏	文本框	名称	Text1
按钮	名称	Command1		Text	文本框
	Caption	按钮	状态栏	名称	StatusBar1

Step 03 使用"通用"选项卡中的默认设置。

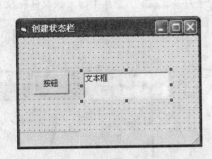

图 4.30 在窗体上添加控件

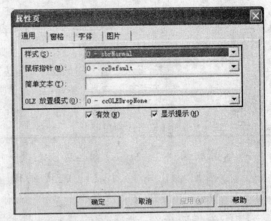

图 4.31 状态栏的"属性页"对话框

Step 04 单击"窗格"选项卡，如图 4.32 所示。在"索引"文本框中显示数字 1，表示以下各属性是针对第 1 个窗格而言的。在程序中通过窗格的索引号或关键字来引用，这一点与引用工具栏的按钮相同。

Step 05 在"对齐"列表框中选择 1-sbrCenter 选项，即居中显示。由于在第 1 个窗格内显示的是系统日期，在"样式"列表框中选择 4-sbrDate 选项。

Step 06 单击"应用"按钮，在状态栏上就显示出当前的系统时间，如图 4.33 所示。

窗格的样式（Style）属性是很重要的一个属性，该属性决定在窗格中显示的内容。表 4.15 中列出了样式属性的取值及其含义。

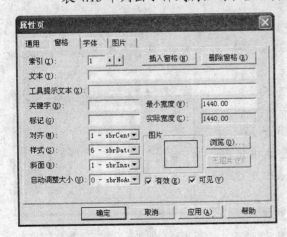

图 4.32 "窗格"选项卡

图 4.33 在状态栏上显示系统日期

表 4.15　样式属性的取值及其含义

常数	对应值	含义
sbrText	0	显示文本或位图。显示的文本由文本属性（Text）设置，位图由图片（Picture）属性设置
sbrCaps	1	显示 Caps Lock 键的状态。当该键处于打开状态时，窗格中以黑体字显示 CAPS；处于关闭状态时，窗格中以灰体字显示 CAPS
sbrNum	2	显示 Num Lock 键的状态。当该键处于打开状态时，窗格中以黑体字显示 Num；处于关闭状态时，窗格中以灰体字显示 Num
sbrIns	3	显示 Insert 键的状态。当该键处于打开状态时，窗格中以黑体字显示 INS；处于关闭状态时，窗格中以灰体字显示 INS
sbrScrl	4	显示 Scroll Lock 键的状态。当该键处于打开状态时，窗格中以黑体字显示 SCRL；处于关闭状态时，窗格中以灰体字显示 SCRL
sbrTime	5	显示当前的时间
sbrDate	6	显示当前的日期

窗格的样式（Style）属性可以在设计阶段设置，也可以在运行阶段通过代码设置。例如 StatusBar1.Panels(1).Style = sbrTime 语句是将状态栏的第 1 个窗格的样式属性的值设置为 sbrTime。即在该窗格内显示当前的系统时间。在默认情况下，状态栏只包含一个窗格。单击图 4.32 中的"插入窗格"按钮后，即在状态栏中多了一个窗格，如图 4.34 所示。

图 4.34　插入窗格

注意

插入窗格后在"窗格"选项卡中看不出任何变化，窗格的索引号仍然是 1。用户可以通过单击"索引"文本框右侧的箭头按钮来切换窗格。不要在单击"插入窗格"按钮后就开始设置属性，那样设置的仍然是第 1 个窗格的属性。

Step 07　单击"索引"文本框后的向右箭头，此时，"索引"文本框中的索引号变为 2，表明以下各属性是针对第 2 个窗格而言的。在本例中，第 2 个窗格显示的是文本，所以直接使用样式属性的默认值。

Step 08　在"文本"文本框中输入"欢迎"两个字，单击"应用"按钮后这两字将显示在窗格中。重复插入窗格的操作，向状态栏中添加第 3 个窗格，并且在"样式"列表框中选择 1-sbrCaps 选项，在"对齐"列表框中选择 1-sbrCenter 选项。

Step 09　单击"确定"按钮，即可关闭"属性页"对话框，完成状态栏的设置，如图 4.35 所示。

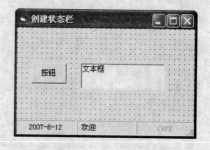

图 4.35　创建了包含 3 个窗格的状态栏

Step 10 下面为状态栏添加代码。对于本例中创建的状态栏，只需为第 2 个窗格添加代码，使其能根据鼠标指针的位置显示出相应的内容。其他两个窗格无需编写任何代码。双击按钮控件，打开代码窗口，编写按钮控件的 MouseMove 事件过程如下：

```
Private Sub Command1_MouseMove(Button As Integer, Shift As Integer, X As Single, Y As Single)
    StatusBar1.Panels(2).Text = "这是按钮"
End Sub
```

该段代码的作用是：当鼠标指针移到按钮上，在状态栏的第 2 个窗格中显示“这是按钮”几个字。

同样，编写窗体与文本框的 MouseMove 事件过程如下：

```
Private Sub Form_MouseMove(Button As Integer, Shift As Integer, X As Single, Y As Single)
    StatusBar1.Panels(2).Text = "欢迎"
End Sub
Private Sub Text1_MouseMove(Button As Integer, Shift As Integer, X As Single, Y As Single)
    StatusBar1.Panels(2).Text =
                        "这是文本框"
End Sub
```

Step 11 运行程序，出现如图 4.36 所示的界面。在状态栏的第 1 格中显示的是当前的系统时间；第 2 格中显示“欢迎”两个字；第 3 格中以灰色显示 CAPS，表明当前的 Caps Lock 键处于关闭状态。实例源文件参见配套光盘中的 Code\Chapter04\4-13-2。

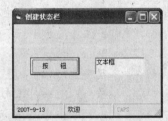

图 4.36　程序启动后的情形

将鼠标指针移动到按钮上，第 2 个窗格中的内容变成“这是按钮”，将鼠标指针移动到文本框上，则变成“这是文本框”。若鼠标指针处于窗体的其他位置，窗格中恢复显示“欢迎”。按 Caps Lock 键，第 3 窗格中的 CAPS 字符的颜色会在黑色与灰色之间切换。图 4.37 所示的是将鼠标指针移到文本框上，并使 Caps Lock 键处于打开状态时的情形。

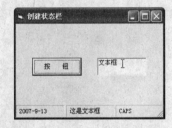

图 4.37　在状态栏上显示的信息

4.14　案例实训——开发多重窗体程序

4.14.1　基本知识要点与操作思路

了解窗体的加载、显示、隐藏与卸载过程中发生的事件对多重窗体的设计非常重要，试编写一个具有多重窗体的程序来按顺序显示一个窗体的生存周期中发生的所有事件。

编写一个有两个窗体的程序，在 Form1 上放置 4 个按钮，分别为“加载窗体”、“卸载窗体”、“显示窗体”和“隐藏窗体”，用来控制 Form2 的加载、显示、隐藏与卸载，同时在 Form1 上用 Print 方法输出 Form2 能触发的事件。

提示

一旦声明了常量，就不能在此后的语句中改变其数值，否则会出现编译错误。在程序中，先新建两个窗体，并设置 Form1 为主窗体，然后在 Form1 上放置 4 个按钮控件，在其 Click 事件中分别用 Load、Unload、Show 和 Hide 事件来控制 Form2。接着在 Form2 的 Activate、Deactivate、GotFocus()、Load、LostFocus、QueryUnload、Resize()和 Unload 事件中添加 Form1 上输出进行了事件的语句 Form1.Print "事件名"。

4.14.2 操作步骤

开发多重窗体的程序的具体步骤如下。

Step 01 运行 VB，新建工程文件。

Step 02 添加代码，具体代码请参考光盘中的 Code\Chapter04\4-14-2。

运行此程序后，尽量以各种方式打开和关闭 Form2 窗体，重点掌握在窗体加载、显示、获得与失去焦点、隐藏与卸载时发生的事件以及事件之间的关系。特别要注意的是，当单击窗体的关闭按钮时，会首先触发 QueryUnload 事件。

Step 03 程序运行界面如图 4.38 所示，单击"显示窗口"按钮后的界面如图 4.39 所示。

图 4.38　程序运行界面

 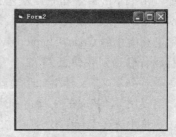

图 4.39　单击"显示窗口"按钮后的界面

4.15　案例实训——输出杨辉三角形

4.15.1 基本知识要点与操作思路

Print 方法常用来在窗体上输出文本，下面通过一个实例来练习 Print 方法的使用。

4.15.2 操作步骤

在窗体上输出杨辉三角形的操作步骤如下。

Step 01 运行 VB，新建工程文件。

Step 02 在窗体的 Click 事件中加入如下代码：

```
Private Sub Form_Click()
```

```
Cls
Print
Dim n, c, i, j As Integer
n = 10
For i = 0 To n - 1
    c = 1
    p = 30 - 3 * i
    Print Tab(p); c;
    For j = 1 To i
        c = c * (i - j + 1) \ j
        Print Tab(p + 6 * j); c;
    Next j
    Print
Next i
End Sub
```

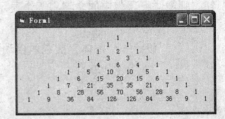

图 4.40　输出杨辉三角形

Step 03　运行程序，在窗体上输出杨辉三角形，要求打印 10 行，结果如图 4.40 所示。实例源文件请查看光盘上的 Code\Chapter04\4-15-2。

4.16　案例实训——工具栏的应用

4.16.1　基本知识要点与操作思路

在设计 Windows 应用程序界面时，界面上最常见的是标题栏、菜单栏、工具栏和状态栏，学会设计标题栏、菜单栏、工具栏和状态栏是设计出人性化界面的基础。由于还没有学到菜单栏的使用，所以这里尝试编写一个包含标题栏、工具栏和状态栏的小应用程序。

设计一个小程序，要求当鼠标指针移到工具栏中的按钮上时，显示提示标签；单击按钮时，在状态栏上显示出该按钮的功能。在状态栏的中间显示鼠标指针的坐标和 Caps lock 键的状态，在状态栏的右侧显示当前时间和日期。

4.16.2　操作步骤

Step 01　运行 VB 程序，新建工程文件。

Step 02　添加相应的控件，并编写代码，参见配套光盘中的 Code\Chapter04\4-16-2。

Step 03　运行程序，结果如图 4.41 所示。

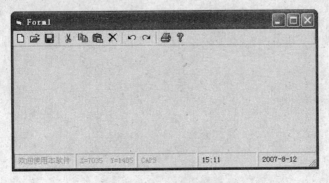

图 4.41　工具栏的应用

4.17 习 题

（1）编写一个程序，要求窗体始终保持初始大小。

（2）编写一个程序，实现鼠标指针移到窗口上时窗口变大，移出时窗口变小。

（3）创建具有动画效果的窗体标题栏。要求在窗体上放置两个按钮，单击"逐字显示"按钮，则窗体标题栏中的文字将逐个显示出来；单击"滚动显示"按钮，则窗体标题文字将在标题栏中滚动显示。

（4）设计一个窗体，要求能自动调整窗体上控件的位置与大小。

Chapter

基本控件的使用

　　控件就是具有用户界面的组件，本章主要通过实例来
讲解基本控件的使用技巧，通过对本章的学习，读者可以开
发出界面美观、实用的应用程序。

基础知识 ◆　标签和按钮控件

　　　　　　◆　单选按钮和复选框控件

　　　　　　◆　图片框和图像框控件

　　　　　　◆　计时器控件

　　　　　　◆　列表框控件

　　　　　　◆　组合框和滚动条控件

重点知识 ◆　各个控件的相关属性设置

提高知识 ◆　综合利用控件开发实用程序

5.1 标签控件

利用 VB 创建的应用程序的界面主要是由控件构成的，VB 中的控件分为 3 种类型：基本控件、ActiveX 控件和可插入的对象。基本控件又称内部控件，这些控件总是出现在工具箱中。

在 Windows 应用程序的各种对话框中，都显示有一些文本提示信息，在 VB 中可以使用标签控件来实现在窗体中显示这些文本提示信息。表 5.1 中列出了标签控件的一些主要属性。

实讲实训
多媒体演示

多媒体文件参见配套光盘中的 Media \Chapter05\5.1。

表 5.1 标签控件的一些主要属性

属性	值
Alignment	用于指定在标签上显示文本的位置。值为 0 表示左对齐；值为 1 表示右对齐；值为 2 表示居中
AutoSize	值为 True 时，标签框将按照其所显示内容的多少来自动调整大小；值为 False 时，超出标签框的内容将显示不出来
BackStyle	设置标签的背景是否透明。值为 0 时表示透明，值为 1 时表示不透明
BackColor	如果设置标签的背景是不透明的，则可用该属性设置背景的颜色
BorderStyle	设置标签框是否有边框。值为 0 时无边框，值为 1 时有边框
Caption	设置或返回标签框上显示的文本
Font	设置标签上文本的字体以及字号等

既可以在程序设计阶段通过"属性"窗口设置标签的属性，也可以在程序运行阶段在代码中设置窗体的属性。例如将标签（名称为 Label1）上显示的文本设置为"欢迎"的语句如下：

```
Label1.Caption=欢迎
```

5.2 案例实训——标签控件的应用

5.2.1 基本知识要点与操作思路

在该程序中，窗体上显示一行提示用户执行操作的文本，当用户单击或双击窗体时，窗体上会显示出用户所执行的操作。

实讲实训
多媒体演示

多媒体文件参见配套光盘中的 Media \Chapter05\5.2。

5.2.2 操作步骤

标签的使用，具体操作如下。

Step 01　运行 VB 程序，新建工程文件。

Step 02　在窗体上放置两个标签控件，如图 5.1 所示，其属性设置如表 5.2 所示。

图 5.1　窗体设计

表 5.2　各对象的属性设置

对象	属性	值
窗体	名称	Form1
	Caption	标签的使用
标签 1	Caption	请您单击或双击窗体
	FontSize	14
	名称	Label2
标签 2	AutoSize	True
	Caption	置空
	FontSize	14

^{Step}**03** 打开代码窗口，将下列代码添加到 Form_Click 事件过程中：

```
Private Sub Form_Click()
    Label2.BorderStyle = 0
    Label2.Caption = "您单击了窗体！"
End Sub
```

当单击窗体时，触发 Form_Click 事件，该事件
中的第 1 行语句是设置标签无边框（BorderStyle
属性的值为 0），第 2 行语句是设置标签上显示
的文本。

与此类似，将下列代码添加到 Form_DblClick 事
件过程中：

```
Private Sub Form_DblClick()
    Label2.BorderStyle = 1
    Label2.Caption = "您双击了窗体！"
End Sub
```

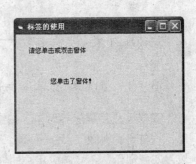

图 5.2　单击窗体后的效果

^{Step}**04** 运行该程序，单击窗体，则窗体上显示"您单击
了窗体！"，如图 5.2 所示。双击窗体，则窗体上
显示"您双击了窗体！"，并且文本周围有一个边
框，如图 5.3 所示。实例源文件参见配套光盘中
的 Code\Chapter05\5-2-2。

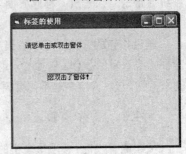

图 5.3　双击窗体后的效果

5.3 按钮控件

在应用程序中，按钮控件常常被用来启动、中断或结束一个进程，用户可以通过单击按钮来执行操作。只要用户单击按钮，就会触发按钮的 Click 事件过程。通过编写按钮的 Click 事件过程，就可以指定其功能。

按钮控件的常用属性如表 5.3 所示。

实讲实训
多媒体演示
多媒体文件参见配
套光盘中的Media
\Chapter05\5.3。

表 5.3　按钮控件的常用属性

属性	值
Enabled	设置按钮是否有效。当值为 True 时，按钮可用；当值为 False 时，按钮不可用，且以浅灰色显示
Default	设置默认的活动按钮
Cancel	设置取消按钮
Caption	设置按钮上显示的文本
Picture	当 Style 属性的值为 1 时，该属性用于设置按钮上显示的图片
DownPicture	当 Style 属性的值为 1 时，该属性用于设置按钮被按下时显示的图片
DisabledPicture	当 Style 属性的值为 1 时，该属性用于设置按钮无效时显示的图片
Style	设置按钮的外观。值为 0 时，为标准 Windows 按钮；值为 1 时，可在按钮上放置图片

Caption 属性最多包含 255 个字符。如果标题超过了命令按钮的宽度，则会折到下一行。但是，如果控件无法容纳其全部长度，则标题会被截断。

5.4 案例实训——按钮的有效性验证

5.4.1 基本知识要点与操作思路

在某些应用程序界面中，按钮会根据用户的操作呈现两种不同的状态：一种是"有效"，另一种是"无效"。在"无效"状态时，按钮通常以浅灰色显示，不能响应用户的任何操作。如图 5.4 所示的是 Windows 系统自带的"录音机"程序界面，其中的"停止"与"后退"按钮无效（以浅灰色显示）。

实讲实训
多媒体演示
多媒体文件参见配
套光盘中的 Media
\Chapter05\5.4。

通过按钮的有效性可以看出当前程序的状态，从而避免一些不需要的或重复的操作。例如在"录音机"程序处于停止状态时（"停止"按钮无效），用户就不需要再去单击"停止"按钮来停止播放。

5.4.2 操作步骤

按钮的有效性，模拟录音机的停止与播放按钮，具体操作如下。

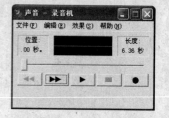

图 5.4　录音机程序的界面

^{Step}
01 运行 VB 程序，新建工程文件。

^{Step}
02 在窗体中放置一个标签控件和两个按钮控件，如图 5.5 所示，其中各控件的属性设置如表 5.4 所示。

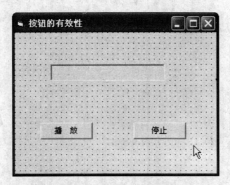

图 5.5　窗体设计

表 5.4　各对象的属性设置

对象	属性	值	对象	属性	值
窗体	Caption	按钮的有效性	按钮 1	名称	ComPlay
标签	名称	Label1		Caption	播放
	AutoSize	True			
	BorderStyle	1	按钮 2	名称	ComStop
	Caption	置空		Caption	停止
	Font	宋体、四号			

 注意

　　按钮控件添加到窗体上后，在默认情况下，按钮的 Enabled 属性为 True。在运行程序前，请在"属性"窗口中确认两个按钮的 Enabled 属性均为 True，以防止用户因误操作更改了此属性。

^{Step}
03 双击第 1 个按钮，打开代码窗口，将下列代码添加到 ComPlay_Click 事件过程中：

```
Private Sub Command1_Click()
    Label1.Caption = "正在播放歌曲"
    Command1.Enabled = False    '"播放"按钮无效
    Command2.Enabled = True     '"停止"按钮有效
End Sub
```

该事件过程中的第 1 行代码是在标签中显示文本，第 2 行代码是将"播放"按钮变为无效，第 3 行代码是将"停止"按钮变为有效。

与此类似，将下列代码添加到 ComStop_Click 事件过程中：

```
Private Sub Command2_Click()
    Label1.Caption = "歌曲播放停止"
    Command2.Enabled = False    '停止按钮无效
    Command1.Enabled = True     '播放按钮有效
End Sub
```

^{Step}
04 运行该程序，单击"播放"按钮，则在标签中显示"正在播放歌曲"，并且"播

放"按钮变为无效，如图 5.6 所示。单击"停止"按钮，则在标签中显示"歌曲播放停止"，"停止"按钮变为无效，同时，"播放"按钮又恢复有效，如图 5.7 所示。源文件参见配套光盘中的 Code\Example\Chapter05\5-4-2。

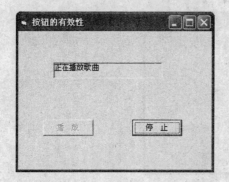 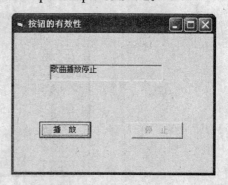

图 5.6　单击"播放"按钮的情形　　　　图 5.7　单击"停止"按钮的情形

5.5　案例实训——多功能按钮的应用

5.5.1　基本知识要点与操作思路

通常，每个按钮都有一个固定的标题（Caption）和一个特定的功能，用户也可以设计出多功能按钮。单击这样的按钮，按钮的名称会发生变化，并且会执行与按钮标题相应的操作。

> 实讲实训
> 多媒体演示
> 多媒体文件参见配套光盘中的 Media\Chapter05\5.5。

5.5.2　操作步骤

在本实例中，窗体上只有一个按钮，单击该按钮，按钮的标题会在"显示日期"与"显示时间"间切换，并且在窗体中显示相应的内容。

多功能按钮，具体操作如下。

Step 01　运行 VB 程序，新建工程文件。

Step 02　在窗体上放置一个标签控件和一个按钮控件，如图 5.8 所示，其中各对象的属性设置如表 5.5 所示。

图 5.8　窗体设计

表 5.5　各对象的属性设置

对象	属性	值
窗体	Caption	多功能按钮
标签	名称	Label1
	AutoSize	True
	BorderStyle	1
	Caption	置空

（续表）

对象	属性	值
按钮	名称	Command1
	Caption	显示日期

Step 03 双击"显示日期"按钮，打开代码窗口，将下列代码添加到 Command1_Click 事件过程中：

```
Private Sub Command1_Click()
    If Command1.Caption = "显示日期" Then
        Label1.Caption = Date
        Command1.Caption = "显示时间"
    Else
        Label1.Caption = Time
        Command1.Caption = "显示日期"
    End If
End Sub
```

在该段代码中，使用了一个 If 语句来判断当前按钮的标题，然后做出相应的操作。

Step 04 运行该程序，单击"显示日期"按钮，则在标签中显示当前的系统日期，并将按钮的标题改变为"显示时间"，如图 5.9 所示；再次单击该按钮，则在标签中显示当前的系统时间，并且按钮的标题恢复为"显示日期"，如图 5.10 所示。此时，通过一个按钮就可以交替显示当前系统的时间与日期。实例源文件参见配套光盘中的 Code\Chapter05\5-5-2。

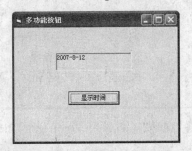

图 5.9 单击"显示日期"按钮的效果　　图 5.10 单击"显示时间"按钮的效果

光盘拓展

关于使用键盘操作按钮的介绍，请参看光盘中的文件"补充\键盘操作按钮.doc"。

5.6 案例实训——图片按钮的应用

5.6.1 基本知识要点与操作思路

为了使用户界面更加生动，一些按钮上可以不用文字，而是用图片来表明按钮的功能，例如，按钮的功能是保存，则在按钮上显示一个磁盘图片。

实讲实训
多媒体演示

多媒体文件参见配套光盘中的 Media\Chapter05\5.6。

在 VB 中，如果将按钮控件的 Style 属性值设置为 1，就可以通过 Picture 属性来设置要在按钮上显示的图片，通过 DownPicture 属性设置按钮被按下时显示的图片，通过 DisabledPicture 属性设置按钮无效时显示的图片。

5.6.2 操作步骤

在本实例中，按钮上显示有图片，形象地说明了该按钮的功能。并且，按钮上的图片还会根据用户的操作，做出相应的变化。

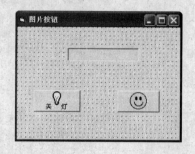

图片按钮的使用，具体步骤如下。

Step 01 运行 VB 程序，新建工程文件。

Step 02 在窗体上放置一个标签控件和两个按钮控件，如图 5.11 所示，其中各对象的属性设置如表 5.6 所示。

图 5.11 图片按钮

表 5.6 各对象的属性设置

对象	属性	值	对象	属性	值
窗体	Caption	图片按钮	按钮 1	名称	ComLight
标签	名称	Label1		Caption	关灯
	AutoSize	True		Picture	\ico\Lightoff.ico
	BorderStyle	1		Style	1
	Caption	置空	按钮 2	名称	ComFace
				Caption	置空
				Picture	\ico\Face02.ico
				Style	1

Step 03 双击第 1 个按钮控件，打开代码窗口，将下列代码添加到 ComLight_Click 事件过程中：

```
Private Sub ComLight_Click()
    If ComLight.Caption = "关  灯" Then
        ComLight.Picture = LoadPicture("\ico\Lighton.ico")
        ComFace.Picture = LoadPicture("\ico\Face04.ico")
        ComLight.Caption = "开  灯"
    Else
        ComLight.Picture = LoadPicture("\ico\Lighton.ico ")
        ComFace.Picture = LoadPicture("\ico\Face02.ico")
        ComLight.Caption = "关  灯"
    End If
End Sub
```

"关灯"按钮是一个多功能按钮，与前面实例一样，使用了 If 语句来判断按钮当前的标题。设置对象的 Picture 属性的格式如下：

```
对象名.Picture = LoadPicture("文件名")
```

注意

　　一旦声明了常量，就不能在此后的语句中改变其数值，否则会出现编译错误。在程序运行时，不能直接将文件名赋予控件的 Picture 属性，而要使用 LoadPicture()函数。其中图标文件的路径请用户根据实际情况来指定。

　　　　将下列代码添加到 ComFace_Click 事件过程中：

```
Private Sub ComFace_Click()
    If ComLight.Caption = "关　灯" Then
        Label1.Caption = "我 高 兴！"
    Else
        Label1.Caption = "我 生 气！"
    End If
End Sub
```

Step 04　　运行该程序，单击"关灯"按钮，则该按钮上的图片变成一个熄灭的灯泡，提示文本也由"关灯"变成了"开灯"，且另一个按钮上的笑脸图片变成了哭脸图片。单击"哭脸"按钮，则在标签中显示"我生气！"，如图 5.12 所示。再次单击"开灯"按钮，则该按钮上的图片恢复为一个发亮的灯泡，提示文本由"开灯"变成了"关灯"，且另一个按钮上的哭脸图片恢复为笑脸图片。单击"笑脸"按钮，则在标签中显示"我高兴！"，如图 5.13 所示。源文件参见配套光盘中的 Code\Chapter05\5-6-2。

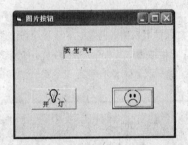 

图 5.12　单击"关灯"与"哭脸"按钮的情形　　图 5.13　单击"开灯"与"笑脸"按钮的情形

 提示

　　由于图片文件存储的路径不同，在源代码中显示出来的图片路径也会不同。

5.7　文本框控件

　　标签控件只能用来显示文本信息，而文本框既能用来显示文本，又能接受用户输入，它是 Windows 应用程序中最常见的组件之一。

　　文本框控件就是一个小型的编辑器，提供了所有基本的文字处理功能，例如文本的插入、选择以及复制等。文本框可以用来输入单行文本，也可以将文本框设置成多行的，还可以充当密码输入框。

5.7.1 文本框的基本属性

在前面的一些实例中，已经接触过文本框的 Text 属性。该属性是文本框最重要的一个属性，在设计时，使用该属性可以指定文本框的初始值。在程序中，Text 属性用来返回用户在文本框中输入的内容。如要将用户在文本框（名称为 Text1）中输入的内容显示在窗体上，可以使用以下语句：

```
Print Text1.Text
```

表 5.7 列出了文本框的基本属性。

表 5.7　文本框的基本属性

属性	说明
BorderStyle	决定文本框是否有边框
BackColor	设置文本框的背景颜色
Font	设置文本框中的字体以及字号
ForeColor	设置文本的颜色
Locked	决定是否将文本框锁定。文本框被锁定后，就不能对其中的文本进行编辑
MaxLength	设置文本框最多能接收的字符数。默认值是 0，表示对字符数没有限制。文本框中可以放置的最多字符约为 64KB，单行文本框则只能放置 255 个字符
MultiLine	默认情况下，该值为 False，表明文本框只能接收单行文本；将该值设置为 True，则在文本框可以输入多行文本
Password Char	将用户输入的字符在文本框中显示为指定的字符，例如，将该值设置为星号 (*)，则用户输入的任何字符在文本框中均显示为 (*)。文本框用来输入密码时，经常用到该属性
ScrollBars	决定文本框是否可以带有滚动条。该属性有 4 种取值：为 0 表示文本框没有滚动条（默认值）；为 1 表示文本框有水平滚动条；为 2 表示文本框有垂直滚动条；为 3 表示文本框既有水平滚动条又有垂直滚动条

 注意

只有当 MultiLine 属性的值为 True 时，ScrollBars 属性才有效。

对于多行文本框，如果 ScrollBars 属性使用默认值（值为 0），则在文本框中输入的内容填满一行之后，会自动转换到下一行，也可以按 Enter 键强制换行。将插入点置于文本框中，然后按方向键即可查看超出文本框中的内容。如果 ScrollBars 属性的值不为 0，则文本框中会出现滚动条，通过滚动条可以方便地查看超出文本框的内容。

注意

如果 ScrollBars 属性的值为 1 或 3（即文本框有水平滚动条），则在文本框中输入文本时不会自动换行，需要按 Enter 键来强制换行。

图 5.14 所示的是在几个属性设置不同的文本框中输入相同的内容后的情形，其中各文本框的 MultiLine 属性和 ScrollBars 属性的设置如表 5.8 所示。

表 5.8　图 5.14 中各文本框的 MultiLine 属性和 ScrollBars
属性的设置

文本框	MultiLine 属性	ScrollBars 属性
文本框 1	False	无所谓
文本框 2	True	0
文本框 3	True	1
文本框 4	True	3

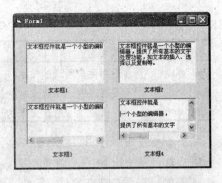

图 5.14　文本框的 MultiLine 属性和
ScrollBars 属性

5.7.2　字体与字号

大部分控件都有 Font 属性，该属性用来设置显示在
控件上文本的字体与字号。通过"属性"窗口设置 Font
属性的方法是：单击 Font 属性，则在属性行的右端会出
现一个显示有"…"符号的按钮，单击该按钮则打开"字
体"对话框，如图 5.15 所示。在该对话框中选择一种需
要的字体（例如隶书）、样式（例如常规）、字号（例如
小四）和效果（例如下划线），单击"确定"按钮即可。

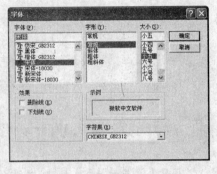

图 5.15　"字体"对话框

与其他属性不同，在代码中不能使用 Font 属性，例
如下列语句是错误的：

```
Text1.Font="宋体"
Text1.Font="宋体，四号"
```

在"属性"窗口中通过设置 Font 属性同时也设置了多项属性，例如字体、字号和效果等。
而在代码中，每一个属性都对应一个属性名，例如字体的属性名为 FontName。表 5.9 中列出了
在代码中设置字体、字号等属性的属性名以及示例。

表 5.9　在代码中设置字体等属性的示例

属性名	说明	示例
FontName	设置字体	Text1.FontName = "隶书"
FontSize	设置字号	Text1.FontSize = 14
FontBold	设置粗体，若值为 True 则文本为粗体	Text1.FontBold = True
FontItalic	设置斜体，若值为 True 则文本为斜体	Text1.FontItalic = True
FontStrikethru	设置删除线，若值为 True 则文本有删除线	Text1.FontStrikethru = True
FontUnderline	设置下划线，若值为 True 则文本有下划线	Text1.FontUnderline = True

5.7.3　选择文本

文本框控件还提供了 3 个属性，用于操作用户所选择的文本。这 3 个属性不能在"属性"
窗口中设置，只能在代码中使用。表 5.10 中列出这 3 个属性以及含义。

表 5.10　有关选择文本的 3 个属性

属性	含义
SelText	返回用户所选的文本
SelStart	设置或返回所选文本的第 1 个字符的位置，若没有选中任何文本，则为插入点的位置
SelLength	设置或返回所选文本的长度。若没有选中任何文本，则值为 0

要在程序中操作用户所选的文本，例如将文本替换成指定的文本以及更改所选文本的大小写等，都可以使用 SelText 属性。

例如，将用户在文本框（Text1）中所选文本替换成 3 个 A 的语句如下：

```
Text1.SelText = "AAA"
```

要删除当前所选的文本，只需向 SelText 属性赋予空字符串即可，语句如下：

```
Text1.SelText = ""
```

将所选文本转换成大写，可以使用 UCase() 函数，语句如下：

```
Text1.SelText = UCase(Text1.SelText)
```

5.8　案例实训——替换文本的操作

5.8.1　基本知识要点与操作思路

实讲实训
多媒体演示
多媒体文件参见配套光盘中的 Media \Chapter05\5.8。

在该程序中，用户在一个文本框中输入一段文本，拖动鼠标选中要替换的字符串，则在窗体上显示出所选字符串的起始位置和字符串的长度，如图 5.16 所示。在另一个文本框中输入替换内容后，单击"替换"按钮即可将所选的字符串替换，如图 5.17 所示，将用户所选的字符串"替换"变成"改变"两个字。

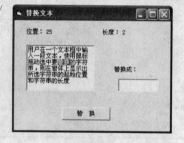
图 5.16　选中要替换的字符串

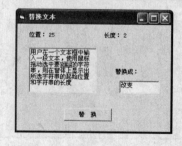
图 5.17　所选字符串被替换

5.8.2　操作步骤

替换文本的操作步骤如下。

Step 01　运行 VB 程序，新建工程文件。

Step 02　在窗体中放置 5 个标签控件、两个文本框控件和一个按钮控件，如图 5.18 所示。其中各对象的属性设置如表 5.11 所示。

表5.11　各控件的属性设置

控件	属性	值	控件	属性	值
窗体	Caption	替换文本	文本框1	名称	TexSel
标签1	Caption	位置：		MultiLine	True
标签2	名称	LabStart		Text	置空
	Caption	置空	文本框2	名称	TexCh
标签3	Caption	长度：		Text	置空
标签4	名称	LabLength	按钮	名称	ComCh
	Caption	置空		Caption	替换
标签5	Caption	替换成：			

Step 03 将显示所选字符串信息的代码添加到文本框的 MouseUp 事件中。Texsel_MouseUp 事件过程如下所示（源文件参见配套光盘中的 Code\Chapter05\5-8-4）：

```
Private    Sub    Texsel_MouseUp(Button    As
Integer, Shift As Integer, X As Single, Y
As Single)
    LabStart.Caption = TexSel.SelStart
    LabLength.Caption = TexSel.SelLength
End Sub
```

Step 04 在按钮的 Click 事件中添加如下代码：

```
Private Sub Comch_Click()
    TexSel.SelText = TexCh.Text
End Sub
```

图 5.18　窗体设计

Step 05 运行该程序，查看结果。替换文本的程序就创建完毕。

5.9　案例实训——创建密码框

5.9.1　基本知识要点与操作思路

实讲实训
多媒体演示

多媒体文件参见配套光盘中的 Media\Chapter05\5.9。

密码框是一种特殊的文本框，其特殊之处在于：当用户向密码框中输入文本时，不论用户输入的是什么字符，在密码框中总是显示特定的字符，例如*、＃等。这样，别人在密码框中就看不到用户所输入的实际内容，达到了保密的效果。

通过设置文本框的 Password Char 属性就可以将普通的文本框设置成为密码框。在默认情况下，Password Char 属性的值为空字符串。这时用户在键盘上输入什么字符，在文本框中就显示什么字符。如果将 Password Char 属性的值设置为某个字符，假设设置为星号（*），则用户在文本框中输入任何字符都将显示为"*"。例如，输入的是"KHP"，显示的则是"***"。

但是，文本框的 Password Char 属性并不影响 Text 属性，尽管在文本框中显示的是在 Password Char 属性中指定的字符，但 Text 属性返回的仍然是用户输入的实际内容。根据这一点，可以编写一个验证密码的小程序。

5.9.2 操作步骤

在该程序中，要求用户输入密码，如果输入正确，则用户可以继续下一步操作；否则，在窗体上显示"密码输入错误，请再试一次！"，并且用户只有 3 次输入密码的机会。如果 3 次都输入错误，则文本框变为无效，不能接受用户的任何输入。在本例中，设置正确的密码为 abcd。

验证密码的操作步骤如下。

Step 01 运行 VB 程序，新建工程文件。

Step 02 单击"添加窗体"按钮向当前工程中再添加一个窗体，其中一个窗体用作验证密码。在用作验证密码的窗体上放置两个标签控件、一个文本框控件和一个按钮控件，如图 5.19 所示，各对象属性设置如表 5.12 所示。在另一个窗体上放置一个标签控件和一个按钮控件，如图 5.20 所示，各对象的属性设置如表 5.13 所示。

图 5.19 "验证密码"窗体的设计

图 5.20 另一窗体的设计

表 5.12 "验证密码"窗体中各对象的属性设置

对象	属性	值
窗体	名称	ForPass
	Caption	验证密码
标签 1	Caption	请输入密码
标签 2	名称	LabMsg
	Caption	置空
	AutoSize	True
文本框	名称	TexPass
	Text	置空
	PasswordChar	*
按钮	名称	ComOk
	Caption	确定

表 5.13 另一窗体中各对象的属性设置

对象	属性	值
窗体	Caption	应用程序
标签	名称	Formain
	Caption	欢迎使用 VB
	Font	隶书、粗体、一号
按钮	名称	ComClose
	Caption	关闭

Step 03 双击"验证密码"窗体中的"确定"按钮，打开代码窗口，将下列代码添加到 ComOk_Click 事件过程中：

```
Private Sub ComOk_Click()
    Static i As Integer
    If i <= 2 Then
        If TexPass.Text = "abcd" Then
            Unload ForPass
            Formain.Show
        Else
            LabMsg.Caption = "密码错误，请再试一遍！"
        End If
    Else
```

```
          LabMsg.Caption = "3 次输入错误，拒绝重新输入！"
          TexPass.Enabled = False
      End If
      i = i + 1
End Sub
```

在该段代码中，首先定义了一个静态变量 i，它用来记录用户输入密码的次数。i 的初值为 0，每单击一次按钮，则 i 的值加 1（i = i+1）。然后使用 If 语句来判断 i 的值，如果 i 的值小于 3，即用户输入密码不超过 3 次，又使用了一个 If 语句来判断用户所输入的密码是否正确。如果正确（即输入的是 abcd），则验证密码窗体消失，同时启动另一个窗体。如果输入的密码不正确，则会在窗体的标签上显示"密码错误，请再试一遍！"。如果第 3 次输入密码也不正确，此时 i 的值已经累加到 3。再次输入密码，程序不会再判断密码是否正确（因为 i≥3），而是在窗体上显示"3 次输入错误，拒绝重新输入！"，并且将文本框置为无效。因此，即便是用户在第 4 次输入了正确的密码，也无济于事。

Step 04 双击另一个窗体上的"关闭"按钮，将程序结束语句 End 添加到按钮的 Click 事件中，如下所示：

```
Private Sub ComClose_Click()
    End
End Sub
```

Step 05 在"工程属性"对话框中设置启动窗体为 ForPass，运行该程序，则出现"验证密码"窗体，在文本框中输入字符串 abcd，文本框中显示的是"****"，如图 5.21 所示。单击"确定"按钮，则验证密码窗体消失，显示出另一个窗体，如图 5.22 所示。单击"关闭"按钮可以退出该程序。

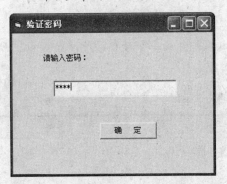
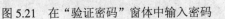

图 5.21　在"验证密码"窗体中输入密码

图 5.22　显示出另一个窗体

Step 06 再次运行该程序，在"验证密码"窗体的文本框中随意输入一个字符串（不是 abcd），单击"确定"按钮，则窗体上显示"密码错误，请再试一遍！"，如图 5.23 所示。连续 3 次输入错误的密码，当第 4 次输入密码时，无论密码正确与否，单击"确定"按钮则窗体上显示"3 次输入错误，拒绝重新输入！"，并且将文本框置为无效，用户无法继续输入密码，如图 5.24 所示。实例源文件参见配套光盘中的 Code\Chapter05\5-9-2。

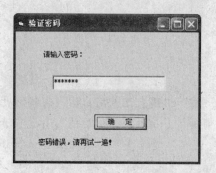

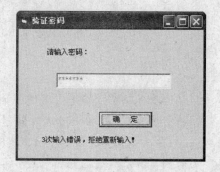

图 5.23　输入了错误的密码　　　　　　　图 5.24　3 次都输入了错误的密码

5.10　案例实训——文本框的 Change 事件应用

5.10.1　基本知识要点与操作思路

文本框也有 Click、DblClick 等事件，但文本框的这些事件并不常用。文本框较常用的一个事件是 Change 事件，一旦文本框中的内容被改变，就会触发 Change 事件。

> **实讲实训**
> **多媒体演示**
> 多媒体文件参见配套光盘中的 Media \Chapter05\5.10。

5.10.2　操作步骤

在该程序中，用户在文本框中输入内容时，窗体上就会同步显示出用户所输入的内容。并且如果用户修改了文本框内容，则窗体上的内容也会同步修改。

利用 Change 事件的操作步骤如下。

Step 01 运行 VB 程序，新建工程文件。

Step 02 在窗体中放置一个标签控件、一个文本框控件和一个按钮控件，如图 5.25 所示，其中各对象的属性设置如表 5.14 所示。

表 5.14　各对象的属性设置

对象	属性	值	对象	属性	值
窗体	Caption	利用 Change 事件	文本框	名称	TexCh
标签	名称	LabCh		Text	置空
	AutoSize	True	按钮	名称	ComClear
	Caption	置空		Caption	清除
	Font	隶书、小三			

Step 03 双击文本框控件，打开代码窗口，在代码编辑区中自动出现了 Change 事件的框架，如图 5.26 所示。

Step 04 编写 Change 事件过程如下（源文件参见配套光盘中的 Code\Chapter05\5-10-2）：

```
Private Sub Texch_Change()
    LabCh.Caption = TexCh.Text
End Sub
```

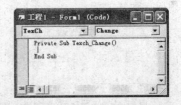

图 5.25　窗体设计　　　　图 5.26　双击文本框控件打开代码窗口

Step 05 再编写按钮的 Click 事件过程如下：

```
Private Sub ComClear_Click()
    TexCh.Text = ""
End Sub
```

Step 06 运行该程序，在文本框中输入内容，则窗体上就会同步显示出用户所输入的内容，改变文本框中的内容，则窗体上的内容也会随着改变。图 5.27 所示的是在文本框中输入"保护环境，人人有责"后的情形。单击"清除"按钮，则文本框中的内容被清除，并且窗体中的内容也被清除，如图 5.28 所示。

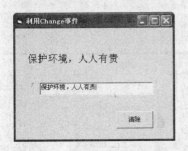

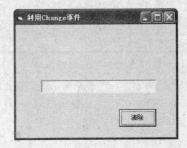

图 5.27　在文本框中输入内容　　　　图 5.28　清除文本框中的内容

尽管在 ComClear_Click 事件过程中只有清除文本框中内容的语句，但由于在文本框中的内容被清除后，触发了文本框的 Change 事件，因此，单击"清除"按钮后，Change 事件过程也被执行。

5.11　案例实训——使用剪贴板交换文本

5.11.1　基本知识要点与操作思路

大部分 Windows 应用程序都有"复制"和"粘贴"命令，使用这些命令，用户可以通过剪贴板来交换信息。

在 VB 中，可以使用 Clipboard 对象来操作剪贴板。Clipboard 对象没有任何属性与事件，但使用它的方法可以实现对剪贴板的操作。Clipboard 对象的方法可分为 3 类：GetText 和 SetText 方法，用来传送文本；GetData 和 SetData 方法，用来传送图形；GetFormat 和 Clear 方法，可以处理文本和图形两种格式。本节只讲述使用剪贴板交换文本。

实讲实训
多媒体演示

多媒体文件参见配套光盘中的 Media\Chapter05\5.11。

SetText 方法是将文本复制到剪贴板上，替换原来存储在其中的文本。可将 SetText 作为一条语句使用。其语法如下：

```
Clipboard.SetText 数据[，格式]
```

GetText 方法是返回存储在剪贴板上的文本。也可将其作为函数使用，其语法如下：

```
目标 = Clipboard.GetText()
```

Clear 方法是清除剪贴板中的内容。需要注意的是：在使用 SetText 方法将文本复制到剪贴板时，都要先用 Clear 方法将剪贴板清空。因为如果在剪贴板中存放着不同格式的数据，则剪贴板不会自动清空。

5.11.2 操作步骤

使用剪贴板交换文本的操作步骤如下。

在该程序中，用户可以通过剪贴板来交换两个文本框中的文本。

Step 01 运行 VB 程序，新建工程文件。

Step 02 在窗体中放置两个文本框控件和 3 个按钮控件，如图 5.29 所示，其中各对象的属性设置如表 5.15 所示。

表 5.15　各对象的属性设置

对象	属性	值	对象	属性	值
窗体	Caption	使用剪贴板交换文本	按钮 1	名称	ComCopy
文本框 1	名称	TexS		Caption	复制
	MultiLine	True	按钮 2	名称	ComCut
	Text	置空		Caption	剪切
文本框 2	名称	TexD	按钮 3	名称	ComPaste
	MultiLine	True		Caption	粘贴
	Text	置空			

Step 03 双击"复制"按钮，打开代码窗口，将以下代码添加到 ComCopy_Click 事件过程中：

```
Private Sub ComCopy_Click()
    If TexS.SelLength > 0 Then
        Clipboard.Clear
        Clipboard.SetText TexS.SelText
    End If
End Sub
```

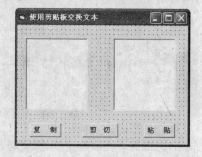

图 5.29　窗体设计

在该段代码中，使用了一个 If 语句来判断用户是否在文本框 1 中选中了文本，如果没有选中，则不执行任何操作；如果选中了文本，则首先将剪贴板中内容清除，然后将用户所选的文本传送到剪贴板中。

"剪切"与"复制"的区别是，"剪切"不仅将用户所选的文本传送到剪贴板中，并且将所选文本删除。因此，只需在"复制"按钮的 Click 事件过程中添加一行删除所选文本的代码，即可得到"剪切"按钮的 Click 事件过程，ComCut_Click 事件过程如下：

```
Private Sub ComCut_Click()
    If TexS.SelLength > 0 Then
        Clipboard.Clear
        Clipboard.SetText TexS.SelText
        TexS.SelText = ""
    End If
End Sub
```

"粘贴"按钮的 Click 事件过程如下：

```
Private Sub ComPaste_Click()
    TexD.SelText = Clipboard.GetText()
End Sub
```

GetText 方法将返回剪贴板上当前的文本字符串，然后用一条赋值语句将该字符串复制到文本框 2 的指定位置（TexD.SelText）。如果当前没有被选定的文本，则将该文本粘贴在文本框中插入点处。

Step 04 运行该程序，在文本框 1 中输入一段文本，然后使用鼠标在文本框中拖动，选中一段文本，单击"复制"按钮，再单击"粘贴"按钮，则用户所选文本就粘贴到文本框 2 中了，如图 5.30 所示。再在文本框 1 中选中一段文本，单击"剪切"按钮，则所选文本被删除。将插入点置于文本框 2 中的某位置，单击"粘贴"按钮，则所选文本就粘贴到插入点处，如图 5.31 所示。实例源文件参见配套光盘中的 Code\Chapter05\5-11-2。

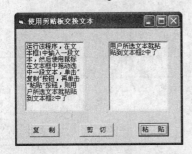

图 5.30　复制与粘贴文本

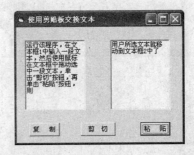

图 5.31　剪切与粘贴文本

5.12　案例实训——单选按钮控件的应用

5.12.1　基本知识要点与操作思路

单选按钮用来显示选项，通常以单选按钮组的形式出现，用户每次只能在一组单选按钮中选中一个。

要将单选按钮分组，可把它们绘制在不同的容器控件中，例如框架控件或图片框控件。表 5.16 中列出了单选按钮的一些基本属性。

实讲实训
多媒体演示

多媒体文件参见配套光盘中的 Media\Chapter05\5.12。

表 5.16　单选按钮的一些基本属性

属性	说明
Caption	设置单选按钮的标题。使用该属性还可以为单选按钮创建键盘访问键，只要在作为访问键的字母前添加一个连字符（&）即可
Enabled	确定单选按钮是否有效。当值为 False 时，则运行时将显示暗淡的选项按钮，表示按钮无效
Style	确定单选按钮的外观。值为 0 时，为标准的单选按钮，即一个圆形按钮及标题；值为 1 时，外观类似于命令按钮，单击选中该选项，则按钮处于下沉状态，单击选中其他选项后，按钮恢复原状
Picture	当 Style 属性的值为 1 时，Picture 属性用来设置单选按钮上显示的图片
DownPicture	当 Style 属性的值为 1 时，DownPicture 属性用来设置单选按钮被按下时（选中状态）显示的图片
Value	设置或返回单选按钮的状态。值为 True 时，表明该单选按钮被选中；值为 False 时，表明该单选按钮未被选中。在同一组中的单选按钮，只能有一个的 Value 为 True

5.12.2　操作步骤

该实例用来演示不同属性设置下的单选按钮的外观。

单选按钮的应用，具体操作如下。

Step 01 运行 VB 程序，新建工程文件。

Step 02 在窗体中放置 4 个单选按钮控件，如图 5.32 所示，各单选按钮控件的属性设置如表 5.17 所示，没有列出的属性使用的是系统默认值。

表 5.17　各对象的属性设置

对象	属性	值	对象	属性	值
单选按钮 1	Caption	&File	单选按钮 4	Caption	View
单选按钮 2	Caption	Edit		Style	1
	Value	True		Picture	某位图文件
单选按钮 3	Caption			DownPicture	某位图文件
	Style	1			
	Picture	某位图文件			
	DownPicture	某位图文件			

Step 03 参照配套光盘中的 Code\Chapter05\5-12-2 输入代码。

Step 04 运行该程序后发现，第 1 个单选按钮的标题 File 的字母 F 下有一个下划线，表明 F 是该单选按钮的访问键，同时按 Alt+F 组合键就可选定该单选按钮。单击第 4 个单选按钮，则该选项按钮呈下沉状态，并且在其上显示用户在 DownPicture 属性中设置的图片，如图 5.33 所示。

在该程序中，4 个单选按钮都直接放置在窗体上，所有这 4 个单选按钮是一组，每次只能选择其中一个。

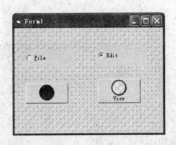

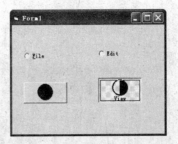

图 5.32　窗体设计　　　　　　　　　图 5.33　选中单选按钮的情形

5.13　案例实训——在程序中使用单选按钮

5.13.1　基本知识要点与操作思路

选定单选按钮时将触发其 Click 事件。是否有必要响应此事件，取决于应用程序的功能。例如，当希望通过更新文本框的内容向用户提供有关选定项目的信息时，对此事件作出响应是很有益的。

5.13.2　操作步骤

在该实例中，当用户选定某单选按钮时，则在文本框中显示与用户所选项目有关的信息。实例主要使用到单选按钮控件对 Click 事件的响应。

为单选按钮添加 Click 事件，具体操作如下。

Step 01　运行 VB 程序，新建工程文件。

Step 02　在窗体中放置 3 个单选按钮控件和一个文本框控件，如图 5.34 所示，其中各控件的属性设置如表 5.18 所示。

图 5.34　窗体设计

表 5.18　各对象的属性设置

对象	属性	值	对象	属性	值
单选按钮 1	名称	Opc	单选按钮 3	名称	Opj
	Caption	中国		Caption	日本
单选按钮 2	名称	Opa	文本框	名称	Text1
	Caption	美国		Text	置空
				Multiline	True

Step 03　双击"中国"单选按钮，打开代码窗口，将下列代码添加到 Opc_Click 事件过程中：

```
Private Sub Opc_Click()
    Text1.Text = "中国是个人口大国"
End Sub
```

Step 04　双击"美国"单选按钮，将下列代码添加到 Opa_Click 事件过程中：

```
Private Sub Opa_Click()
    Text1.Text = "美国是个军事强国"
End Sub
```

Step 05 双击"日本"单选按钮，将下列代码添加到 Opj_Click 事件过程中：

```
Private Sub Opj_Click()
    Text1.Text = "日本是个经济强国"
End Sub
```

Step 06 运行该程序后，选中某单选按钮，则在文本框中将显示出该单选按钮的有关信息，如图 5.35 所示的是选中"中国"单选按钮的情形。实例源文件参见配套光盘中的 Code\Chapter05\5-13-2。

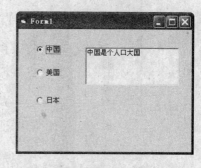

图 5.35　选中"中国"单选按钮后显示的文本

5.14　案例实训——框架控件的应用

5.14.1　基本知识要点与操作思路

在上面的一些操作中，可以发现所有直接添加到窗体中的单选按钮总是属于同一个组，用户只能选定其中的一个。在一些应用程序中常常需要有多组选项，用户可在每组选项中作出一个选择。此时，就需要使用到框架控件。如果把单选按钮分别添加到窗体和窗体上的一个框架控件中，则相当于创建了两组不同的单选按钮。

也可以放置几个框架控件，然后再将单选按钮控件放置在框架中，则处于同一框架中的单选按钮属于同一组。

实讲实训
多媒体演示

多媒体文件参见配套光盘中的 Media \Chapter05\5.14。

5.14.2　操作步骤

在该实例中，要求用户选择毕业的学校以及学历，如果用户选择的毕业学校是"清华大学"，选择的学历是"博士"，单击按钮后，文本框中将显示"您符合我公司的用人要求"；否则，显示"您不符合我公司的用人要求"。

该实例主要使用到单选按钮的 Value 属性，Value 属性可用来设置单选按钮组的初始状态，也可以在代码中返回用户所做的选择。

设置单选按钮的分组，具体操作如下。

Step 01 运行 VB 程序，新建工程文件。

Step 02 在窗体中并排放置两个框架控件，在两个框架控件中各放置 3 个单选按钮控件，在框架外的窗体上再放置一个按钮控件和一个文本框控件，如图 5.36 所示。其中各控件的属性设置如表 5.19 所示。

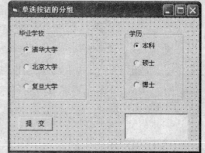

图 5.36　用户界面

表 5.19　各控件的属性设置

控件	属性	值	控件	属性	值
窗体	Caption	单选按钮的分组	单选按钮5	名称	Opss
框架1	Caption	毕业学校		Caption	硕士
框架2	Caption	学历	单选按钮6	名称	Opbs
单选按钮1	名称	Opqh		Caption	博士
	Caption	清华大学	按钮	名称	Command1
	Value	True		Caption	提交
单选按钮2	名称	Opbj	文本框	名称	Text1
	Caption	北京大学		Caption	
单选按钮3	名称	Opfd		MultiLine	True
	Caption	复旦大学		Locked	True
单选按钮4	名称	Opbk			
	Caption	本科			
	Value	True			

Step 03 双击 "提交" 按钮，打开代码窗口，将下列代码添加到 Command1_Click 事件过程中：

```
Private Sub Command1_Click()
    If Opqh.Value = True And Opbs.Value = True Then
        Text1.Text = "您符合我公司的用人要求"
    Else
        Text1.Text =
                "您不符合我公司的用人要求"
    End If
End Sub
```

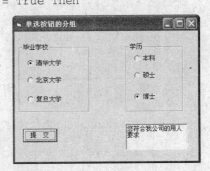

Step 04 运行该程序，用户可以在两个框架中分别选中一个单选按钮，单击 "提交" 按钮，则文本框中就会显示出相关信息。图 5.37 所示的是选中 "清华大学" 与 "博士" 单选按钮的情形。实例源文件参见配套光盘中的 Code\Chapter05\5-14-2。

图 5.37　运行效果

5.15　案例实训——复选框控件的应用

5.15.1　基本知识要点与操作思路

复选框控件和单选按钮控件看起来功能相似，都是用来接收用户作出的选择。但用户每次只能在单选按钮组中选中一个单选按钮，与此对照的是，用户一次可选定任意数目的复选框。

复选框也有两种状态：选中与不选。当复选框被选中时，复选框中显示一个 "√" 标记，当复选框不被选中时，复选框中的 "√" 标记消失。每单击一次复选框，其状态在 "选中" 与 "不选" 之间切换一次。

实讲实训
多媒体演示

多媒体文件参见配套光盘中的 Media\Chapter05\5.15。

复选框的外观属性与单选按钮的相应属性类似，用户可参照单选按钮的属性设置来设置复选框。这里给出一个使用复选框的实例。

5.15.2 操作步骤

图 5.38　窗体设计

在该实例中，用户在文本框中输入一段文字后，可以根据需要改变文本的字体、字型和字号。

使用复选框控件，具体操作步骤如下。

Step 01 运行 VB 程序，新建工程文件。

Step 02 在窗体中放置一个文本框控件和 4 个复选框控件，如图 5.38 所示，其中各对象的属性设置如表 5.20 所示。

表 5.20　各对象的属性设置

对象	属性	值	对象	属性	值
窗体	Caption	复选框的使用	复选框 1	名称	ChFont
标签	Caption	请在文本框中输入文字		Caption	黑体
	Font	宋体，五号	复选框 2	名称	ChLine
文本框	名称	Text1		Caption	下划线
	Caption	置空	复选框 3	名称	ChSize
	Font	宋体，12 磅		Caption	18 磅
	MultiLine	True	复选框 4	名称	ChItalic
框架	Caption	效果		Caption	斜体

Step 03 双击第 1 个复选框控件打开代码窗口，将下列代码添加到 ChFont_Click 事件过程中：

```
Private Sub ChFont_Click()
    If ChFont.Value = 1 Then
        Text1.FontName = "黑体"
    Else
        Text1.FontName = "宋体"
    End If
End Sub
```

复选框的 Value 属性用来设置与返回复选框的当前状态，Value 属性有 3 个值：值为 0 时表示复选框未选中，值为 1 时表示选中，值为 2 时表示"不确定"，这种情况比较少见。

在上述代码中，使用一个 If 语句来判断复选框的 Value 值是否为 1，如果是 1（即复选框被选中），则使文本框的 FontName 属性值为"黑体"；如果不是 1（即复选框未被选中），则使文本框的 FontName 属性值为"宋体"。

 注意

如果系统不包含设置的字体，运行程序将出现异常。

Step 04　其他 3 个复选框的 Click 事件过程与此类似，只是功能不同。下面是这 3 个复选框的事件过程。

将下列代码添加到 ChLine_Click 事件过程中：

```
Private Sub ChLine_Click()
    If ChLine.Value = 1 Then
        Text1.FontUnderline = True
    Else
        Text1.FontUnderline = False
    End If
End Sub
```

将下列代码添加到 ChSize_Click 事件过程中：

```
Private Sub ChSize_Click()
    If ChSize.Value = 1 Then
        Text1.FontSize = 18
    Else
        Text1.FontSize = 10
    End If
End Sub
```

将下列代码添加到 ChItalic_Click 事件过程中：

```
Private Sub ChItalic_Click()
    If ChItalic.Value = 1 Then
        Text1.FontItalic = True
    Else
        Text1.FontItalic = False
    End If
End Sub
```

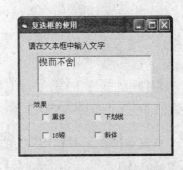

图 5.39　没有选中任何复选框的效果

Step 05　运行该程序后，在文本框中输入一段文字，选中各复选框。可以发现，每单击一个复选框，文本的外观就随之改变。例如选中"下划线"复选框，则文本框中的文本就出现了下划线，再次单击，则下划线消失。图 5.39 所示的是没有选中任何复选框情况下文本的外观，图 5.40 所示的选中所有复选框后文本的外观。源文件参见配套光盘中的 Code\Chapter05\5-15-2。

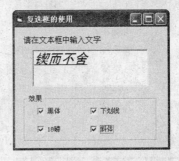

图 5.40　选中所有复选框的效果

5.16　案例实训——图片框控件的应用

5.16.1　基本知识要点与操作思路

实讲实训
多媒体演示

多媒体文件参见配套光盘中的 Media\Chapter05\5.16。

大部分 Windows 应用程序的用户界面，不仅包含文本，还包括各式各样的图片，图片的加入使得界面更加丰富多彩。使用 VB 编程时，用户可以使用图片框与图像框控件为自己创建的应用程序添加图形与图片。

设计包含有图片的窗体的方法如下。

（1）在窗体上要显示图片的位置上放置一个图片框控件。

（2）将所要的图片加载到图片框控件中。可以加载到图片框控件中的图形有以下 4 种格式。

- 位图（bitmap），文件后缀为.bmp。
- 图标（icon），文件后缀为.ico。
- Windows 图元文件，文件后缀为.wmf。
- JPEG 或 GIF 文件，文件后缀分别为.jpg 和.gif。

（3）加载图片时，既可以在程序设计阶段向图片框加载图片，也可以在程序运行阶段加载图片。为图片框加载图片有以下几种方法：

- 在程序设计阶段时，通过在"属性"窗口中设置 Picture 属性来加载图片，加载方法与为窗体加载背景图片的方法相同。
- 在程序设计阶段时，利用剪贴板加载图片。
- 在程序运行阶段时，使用 LoadPicture()函数加载图片。加载语句如下：

  图片框名.Picture= LoadPicture（文件名）

（4）要清除图片框控件中的图形，应使用不指定文件名的 LoadPicture 函数，语句如下：

```
Picture1.Picture = LoadPicture
```

5.16.2　操作步骤

在该实例中，程序运行后，用户可以更改图片框中的图片，也可以清除图片框中的图片。在更改或清除图片后，用户还可以恢复图片框中原有的图片。

加载图片的操作步骤如下。

Step 01　运行 VB 程序，新建工程文件。

Step 02　在窗体中放置一个图片框控件和 3 个按钮控件，如图 5.41 所示。其中各对象的属性设置如表 5.21 所示。

图 5.41　用户界面

表 5.21　对象的属性设置

对象	属性	值	对象	属性	值
窗体	Caption	加载图片	按钮 2	名称	ComClear
图片框	名称	Picture1		Caption	清除图片
	Picture	img\002.wmf	按钮 3	名称	ComUndo
按钮 1	名称	ComChange		Caption	恢复图片
	Caption	更换图片			

Step 03　双击"更换图片"按钮，打开代码窗口，将下列代码添加到 ComChange _Click 事件过程中：

```
Private Sub ComChange_Click()
    Picture1.Picture = LoadPicture("img\003.wmf")
End Sub
```

^{Step}
04 双击"清除图片"按钮，将下列代码添加到 ComClear_Click 事件过程中：

```
Private Sub ComClear_Click()
    Picture1.Picture = LoadPicture
End Sub
```

^{Step}
05 双击"恢复图片"按钮，将下列代码添加到 ComUndo_Click 事件过程中：

```
Private Sub ComUndo_Click()
Picture1.Picture =LoadPicture("img\002.wmf")
End Sub
```

^{Step}
06 运行该程序后，单击"更换图片"按钮，则图片框中的图片就被更换为另一副图片，如图 5.42 所示。单击"清除图片"按钮，则图片框中的图片被清除，如图 5.43 所示。单击"恢复图片"按钮，则图片框中又出现初始的图片。

^{Step}
07 在保存工程后，VB 为每个包含有图片的窗体生成一个扩展名为 .frx 的文件，这是应用程序存放图片的地方。源文件参见配套光盘中的 Code\Chapter05\5-16-2。

图 5.42　更换图片

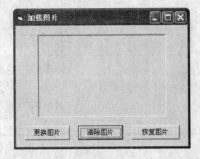

图 5.43　清除图片

在默认情况下，图片框控件的大小不随其中加载图片的大小而变化，并且图片框控件不提供滚动条，因此，如果加载的图片比图片框控件大，则超过的部分显示不出来（.wmf 格式的文件除外，该格式的文件会自动调整大小以填满图片框）。要使图片框控件自动调整大小以显示完整图形，应将其 AutoSize 属性设置为 True。

5.17 案例实训——图像框控件的应用

5.17.1 基本知识要点与操作思路

实讲实训
多媒体演示

多媒体文件参见配套光盘中的 Media\Chapter05\5.17。

图像框控件和图片框控件相似，都可用来显示应用程序中的图形，都支持相同的图形格式，且图形的加载方法也相同。其不同之处在于以下两点。

- 图片框控件可以作为其他控件的容器，可以使用 Print 方法在其中显示文本，而图像框不具有这些功能。
- 将图片加载到图片框中，图片框可以自动调整其大小以适应加载的图形。将图片加载到图像框中，图片则可以自动调整其大小以适应图像框的大小。

图像框的 Stretch 属性决定图片是否能自动调整其大小，当 Stretch 属性的值为 True 时，图像框大小不动，图片自动调整其大小以适应图像框；当 Stretch 属性的值为 False 时，则图像大小不变，而图像框自动调整其大小以适应图片。如图 5.44 所示，左边图像框的 Stretch 属性的值为 False，右边图像框的 Stretch 属性的值为 True。

图 5.44　图像框的 Stretch 属性

5.17.2　操作步骤

本实例利用图像框的 Stretch 属性来实现对图片的压缩与拉伸。

压缩与拉伸图片的操作步骤如下。

Step 01 运行 VB 程序，新建工程文件。

Step 02 在窗体中放置一个图像框控件和两个按钮控件，如图 5.45 所示，其中各对象的属性设置如表 5.22 所示。

表 5.22　各对象的属性设置

对象	属性	值	对象	属性	值
窗体	Caption	压缩与拉伸图片	按钮 1	名称	ComPress
图像框	名称	Image1		Caption	压缩
	Picture	某位图图片	按钮 2	名称	ComStretch
	Height	1900		Caption	拉伸

Step 03 双击"压缩"按钮，打开代码窗口，将下列代码添加到 ComPress_Click 事件过程中：

```
Private Sub ComPress_Click()
    If Image1.Height < 100 Then
        ComPress.Enabled = False
    Else
        Image1.Height = Image1.Height - 100
        ComStretch.Enabled = True
    End If
End Sub
```

Step 04 同样，双击"拉伸"按钮，打开代码窗口，将下列代码添加到 ComStretch_Click 事件过程中：

```
Private Sub ComStretch_Click()
    If Image1.Height > 1935 Then
        ComStretch.Enabled = False
    Else
        Image1.Height = Image1.Height + 100
        ComPress.Enabled = True
    End If
End Sub
```

为了避免将图片的高度无限拉伸或无限压缩而出错，在程序中使用了一个 If 语句来判断当前图片的高度，如果图片的高度小于 100，则将"压缩"按钮置为无效；否则，将当前高度减少 100；如果图片的高度大于 1935，则将"拉伸"按钮置为无效；否则，将当前高度增加 100。

Step **05** 运行该程序后，每单击一次"压缩"按钮，图片的高度就缩小一点，当缩小到一定程度时，"压缩"按钮变为无效。此时，单击"拉伸"按钮，则图片被拉伸一点，同时，"压缩"按钮变为有效。不断单击"拉伸"按钮，图片不断被拉伸，当拉伸到一定程度，"拉伸"按钮变为无效。图 5.46 所示的是程序运行后，单击数次"压缩"按钮后图片被压缩的情形。实例源文件参见配套光盘中的 Code\Chapter05\5-17-2。

图 5.45　用户界面

图 5.46　单击数次"压缩"按钮的效果

5.18　案例实训——计时器控件的应用

5.18.1　基本知识要点与操作思路

计时器（Timer）控件是一个特殊的控件，此控件只响应时间的流逝，每隔一定的时间就产生一次 Timer 事件。计时器控件独立于用户，即不能响应用户触发的事件，例如单击、双击等。此控件一般用于检查系统时钟，判断是否该执行某项任务。对于其他后台处理，计时器控件也非常有用。

> 实讲实训
> 多媒体演示
>
> 多媒体文件参见配套光盘中的Media\Chapter05\5.18。

计时器控件只在设计时出现在窗体上，可以选定这个控件，查看其属性以及编写其事件过程。运行时，计时器不可见，所以其位置和大小无关紧要。

计时器控件有两个关键属性：Enabled 属性与 Interval 属性。

计时器的 Enabled 属性不同于其他对象的 Enabled 属性。对于 Timer 控件，Enabled 属性用来决定计时器是否工作，将 Enabled 设置为 False，就会暂停计时器。若希望窗体一加载定时器就开始工作，应将此属性设置为 True；否则，设置此属性为 False。

Interval 属性决定计时器产生 Timer 事件的间隔，单位是 ms。Timer 事件是周期性的。Interval 属性主要是决定"多少次"，而不是"多久"。间隔的长度取决于所需精确度。

> ☕ 注意
>
> 计时器事件生成越频繁，响应事件所使用的处理器事件就越多。这将降低系统综合性能。除非有必要，否则不要设置过小的间隔。

使用计时器控件编程时应考虑对 Interval 属性的两条限制。

- 如果应用程序正在进行对系统要求很高的操作，例如，长循环、高强度的计算或者正在访问驱动器、网络或端口，则应用程序计时器事件的间隔可能比 Interval 属性指定的间隔长。

- 间隔的取值可在 0~64767 之间（包括这两个数值），这意味着最长的间隔也只比一分钟长一点（大约 64.8s）。

5.18.2 电子表制作的操作步骤

在该实例中，窗体上动态显示当前的系统时间，类似一个电子表，并且电子表每跳动一次，系统发出一声蜂鸣声。用户还可以停止或开启电子表的跳动。

电子表的操作步骤如下。

图 5.47　用户界面

Step 01 运行 VB 程序，新建工程文件。

Step 02 在窗体中放置两个标签控件、一个按钮控件和一个计时器控件，如图 5.47 所示。其中各对象的属性设置如表 5.23 所示。

表 5.23　各对象的属性设置

对象	属性	值	对象	属性	值
窗体	Caption	电子表	按钮	名称	Command1
标签 1	Caption	当前系统时间是:		Caption	停止
	Font	幼圆，四号	计时器	名称	Timer1
标签 2	名称	LabTime		Interval	1000
	Caption	置空		Enabled	True
	Font	Arial，粗体，二号			

Step 03 双击计时器控件，打开代码窗口，将下列代码添加到 Timer1_Timer 事件过程中：

```
Private Sub Timer1_Timer()
    LabTime.Caption = Time
    For i = 1 To 60
        Beep
    Next
End Sub
```

将计时器控件 Interval 属性的值设置为 1000，Enabled 属性设置为 True，在程序运行后，每隔一秒就触发一次 Timer1_Timer 事件，该事件中的代码就运行一次。因此，每隔一秒，第 2 个标签控件的 Caption 属性就被刷新一次，这样，看上去就像一个跳动着的电子表。

Beep 方法用来发出蜂鸣声，由于一次蜂鸣声的时间很短，难以听到，因此采用 For 循环语句，来执行多次 Beep 方法。

Step 04 双击按钮控件，打开代码窗口，再将下列代码添加到 Command1_Click 事件过程中：

```
Private Sub Command1_Click()
    If Command1.Caption = "停　止" Then
        Timer1.Enabled = False
        Command1.Caption = "开　始"
    Else
        Timer1.Enabled = True
```

```
        Command1.Caption = "停    止"
    End If
End Sub
```

该段程序采用 If 语句来判断按钮当前的 Caption 属性的值，如果是"停止"，则将计时器控件 Enabled 属性的值置为 False，即暂停计时器的操作，并将按钮的 Caption 属性设置为"开始"；如果 Caption 属性的值为"开始"，则情况正好相反。可见，通过该按钮可暂停或开启计时器。

Step 05 运行该程序后，在窗体中会出现一个与系统时间一起跳动的电子表，如图 5.48 所示。并且每跳动一次，系统发出一声蜂鸣。单击"停止"按钮，则电子表停止跳动，单击"开始"按钮，则电子表从当前时间开始恢复跳动。实例源文件参见配套光盘中的 Code\Chapter05\5-18-2。

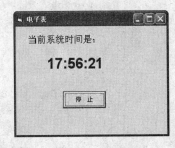

图 5.48　运行效果

5.18.3　动画的制作步骤

图片框控件和计时器控件配合使用还可以创建出简单的动画效果。

制作动画的操作步骤如下。

Step 01 运行 VB 程序，新建工程文件。

Step 02 在窗体上放置一个图片框控件、两个按钮控件和一个计时器控件，再在图片框控件中放置一个图像框控件，如图 5.49 所示。其中各对象的属性设置如表 5.24 所示。

表 5.24　各对象的属性设置

对象	属性	值	对象	属性	值
窗体	Caption	制作动画	按钮 2	名称	ComStop
图片框	名称	Pic		Caption	停止
	Picture	蓝天图片	计时器	名称	Timer1
图像框	名称	Ima		Enable	False
	Picture	飞机图片		Interval	1000
按钮 1	名称	ComStart			
	Caption	开始			

Step 03 双击计时器控件，打开代码窗口，编写计时器的 Timer 事件过程如下：

```
Private Sub Timer1_Timer()
    If Ima.Left <= Pic.Width Then
        Ima.Move Ima.Left + 100
    Else
        Ima.Left = -400
    End If
End Sub
```

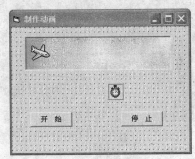

图 5.49　窗体设计

在该段代码中，使用了一个 If 语句来判断图片的位置。如果图片还没有移动到图片框的右端，则继续右移；如果图片移出了图片框的右端，则将图片的位置调整到图片框的左端。

为了能使"开始"按钮和"停止"按钮可以控制图片的移动，只需使用它们来控制计时器的有效性即可（因为控制图片移动的代码在计时器的 Timer 事件过程中）。如果计时器有效（Enabled 属性为 True），则图片不断移动；如果计时器无效（Enabled 属性为 False），则图片停止移动。

Step 04 编写"开始"与"停止"按钮的 Click 事件过程如下：

```
Private Sub ComStart_Click()
    Timer1.Enabled = True
End Sub
Private Sub ComStop_Click()
    Timer1.Enabled = False
End Sub
```

Step 05 运行该程序，单击"开始"按钮，则飞机开始在图片框中重复从左向右飞行，单击"停止"按钮，则飞机停止飞行，如图 5.50 所示。实例源文件参见配套光盘中的 Code\Chapter05\5-18-3。

图 5.50　制作动画

这样，一个简单的飞机飞行动画就制作完毕。读者可以通过更改 Timer 事件过程，来使飞机做更复杂的运动。

5.19　案例实训——列表框控件的应用

5.19.1　基本知识要点与操作思路

列表框控件用来显示项目列表，用户可从中选择一个或多个项目。虽然也可设置多列列表，但在默认时将在单列列表中垂直显示选项。如果项目数目超过列表框可显示的范围，控件上将自动出现滚动条，用户可在列表中上、下、左、右滚动。图 5.51 所示为一个典型的列表框。

通过设置列表框的属性可以确定其外观形式以及操作方式。表 5.25 中列出了列表框控件的常用属性，其中有些属性不能在运行时改变。

实讲实训
多媒体演示
多媒体文件参见配套光盘中的 Media\Chapter05\5.19。

表 5.25　列表框控件的常用属性

属性	说明
List	列表框中的项目可在程序设计阶段设置，也可以在程序运行时添加或移除，List 属性用来在设计阶段设置列表框中的项目
MultiSelect	确定用户如何选择列表框中的项目，该属性只能在设计阶段设置，不能在运行时通过代码设置

（续表）

属性	说明
Sorted	确定列表框中项目的组织顺序。将该属性设置为 True，则项目以升序排列。该属性也只能在设计阶段设置
Style	确定控件的外观。值为 0 时列表框显示为标准形式；值为 1 时列表框中项目的前面还显示有复选框

List 属性用来在设计阶段预置列表中的项目，在"属性"窗口中选定 List 属性后，单击右侧的下三角按钮，就会出现如图 5.52 所示的空白的编辑区。在该编辑区中即可输入列表框的项目，每输完一个项目后，按 Ctrl+Enter 组合键可换行，以便输入下一个项目，如图 5.53 所示。

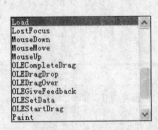

图 5.51 典型的列表框　　　　图 5.52 List 属性的编辑区　　图 5.53 在 List 属性中输入了项目

在"属性"窗口中输入了 List 属性的值后，在窗体上的列表框中即可显示出所输入的项目，如图 5.54 所示。若将 Style 属性设置为 1，则在项目前会出现一个复选框，如图 5.55 所示。

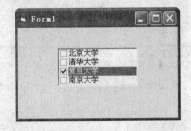

图 5.54 预置了项目的列表框　　　　　　图 5.55 Style 属性为 1 的情形

List 属性实际上是一个字符串数组，列表中的一个项目对应数组中的一个元素。因此，使用 List 属性可以访问列表框中的所有项目。例如，下列语句是在一个文本框（Text1）中显示列表框（List1）的第 2 个项目：

```
Text1.Text=List1.List(1)
```

List 数组第 1 个元素的索引号是 0。对于图 5.55 所示的列表框 List(1) 的值为"清华大学"。

在程序中也可以赋值给 List 属性，例如，下列语句可以将文本框（Text1）中的内容赋给列表框（List1）中的第 2 个项目：

```
List1.List(1) =Text1.Text
```

ListCount 经常与 List 属性一起使用，表示列表框中项目个数，如图 5.55 所示列表框项目的个数为 4。ListCount 属性只能在设计阶段使用，不出现在"属性"窗口中。

如果要了解列表框中已选定项目的位置，则用 ListIndex 属性。此属性只在运行时可用，能够设置或返回控件中当前选定项目的索引。如果选定第 1 个（顶端）项目，则属性的值为 0；如果选定第 2 个项目，则属性的值为 1，依此类推。若未选定项目，则 ListIndex 值为−1。

获取用户所选项目的最简单方法是使用 Text 属性。Text 属性总是对应用户在运行时选定的列表项目。例如，下列语句是在一个文本框（Text1）中显示用户在列表框（List1）中选定的项目：

```
Text1.Text=List1.Text
```

5.19.2 使用列表框的操作步骤

显示列表框信息的操作步骤如下。

Step 01 运行 VB 程序，新建工程文件。

Step 02 在窗体中放置一个列表框控件和一个按钮控件，如图 5.56 所示。其中各对象的属性设置如表 5.26 所示。

表 5.26 各对象的属性设置

对象	属性	值
窗体	Caption	显示列表框信息
列表框	名称	List1
	List	清华大学
		北京大学
		复旦大学
		南京大学
按钮	名称	Command1
	Caption	显示

Step 03 双击"显示"按钮，打开代码窗口，将下列代码添加到 Command1_Click 事件过程中：

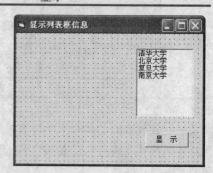

图 5.56 窗体设计

```
Private Sub Command1_Click()
    Cls
    Print
    Print Spc(3); "项目数为：";
            List1.ListCount
    Print
    Print Spc(3); "项目为："
    For i = 0 To List1.ListCount - 1
        Print Spc(6); List1.List(i)
    Next
    Print
    If List1.ListIndex < 0 Then
        Print Spc(3); "您没有选中任何项目"
    Else
        Print Spc(3); "您选中的是：" & List1.Text
    End If
End Sub
```

在该程序中，首先显示出列表框中的项目数，然后使用 For 循环语句显示出各项目的内容，最后，使用 If 语句来判断用户是否选中了某项目。如果没有选中任何项目（ListIndex 属性值为-1），则显示"您没有选中任何项目"；否则，显示出所选项目。

Step 04 运行该程序后，直接单击"显示"按钮，则在窗体上显示出列表框的有关信息，并显示出用户没有选中任何项目，如图 5.57 所示。在列表框中选中某项目，再单击"显示"按钮，则在窗体上显示出列表框的有关信息，并显示出用户所选中的项目，如图 5.58 所示。实例源文件参见配套光盘中的 Code\Chapter05\5-19-2。

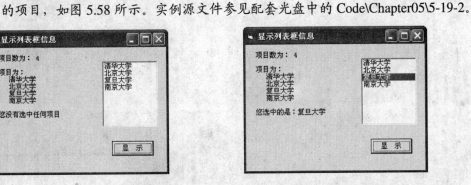

| 图 5.57　在列表框中没有选中项目 | 图 5.58　在列表框中选中了项目 |

在上述实例中，用户每次只能选中一个项目，因为 MultiSelect 属性的默认值为 0。MultiSelect 属性决定用户在列表框中是否能够同时选中多个项目。表 5.27 中列出了 MultiSelect 属性的值及其含义。

表 5.27　MultiSelect 属性的值及其含义

值	含义
0	每次只能选中一个项目，不能在列表框中进行多项选择
1	允许用户同时选中列表框中的多个项目。每用鼠标单击一个项目，则该项目就被选中。单击已被选中的项目，可取消对该项目的选中
2	允许用户同时选中列表框中的多个项目。用户可在按住 Ctrl 键的同时，通过鼠标在列表框中逐一选择不连续的多个项目。在选中一个项目后，按住 Shift 键选中另一个项目，则可将这两个项目之间的所有项目选中

如果列表框允许用户选中多个项目，列表框的 ListIndex 属性和 Text 属性记录的只是用户最后一次选择的项目。为了能够知道列表框中哪些项目被选中，需要使用到列表框的 Selected 属性。

Selected 属性表示列表框中各个项目是否被选中。Selected 属性也是一个数组，可通过索引号与列表框中的项目相联系。例如以下语句：

```
List1.Selected(1)=True
```

表明列表框 List1 中的第 2 个项目被选中。

5.19.3　应用可多选列表框的操作步骤

在该程序中，用户在列表框中选择要报考的学校（可以选择多个学校），单击"显示"按钮即可在窗体上显示出用户选择的学校。

可多选列表框的操作步骤如下。

Step
01 运行 VB 程序，新建工程文件。

Step
02 在窗体中放置一个标签控件、一个列表框控件和一个按钮控件，如图 5.59 所示。其中各对象属性的设置如表 5.28 所示。

表 5.28　各对象的属性设置

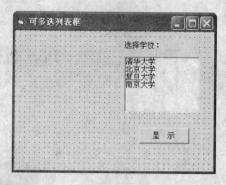

对象	属性	值
窗体	Caption	可多选列表框
标签	Caption	选择学校：
列表框	名称	ListMulti
	List	清华大学
		北京大学
		复旦大学
		南京大学
	MultiSelect	1
按钮	名称	ComMulti
	Caption	显示

图 5.59　窗体设计

Step
03 双击"显示"按钮，打开代码窗口，将下列代码添加到 ComMulti_Click 事件过程中：

```
Private Sub ComMulti_Click()
    Cls
    Print
    Print Spc(3); "你要报考的学校是："
    Print
    For i = 0 To ListMulti.ListCount - 1
        If ListMulti.Selected(i) = True Then
            Print Spc(10); ListMulti.List(i)
        End If
    Next
End Sub
```

在该段代码中，使用了 For 循环语句和 If 语句来依次判断各项目是否被选中。如果某项目被选中（其 Selected 属性值为 True），则在窗体中显示出该项目。

Step
04 运行该程序后，在列表框中依次单击选中要报考的学校，单击"显示"按钮，则在窗体上就显示出用户所选择的学校，如图 5.60 所示。实例源文件参见配套光盘中的 Code\Chapter05\5-19-3。

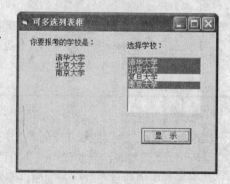

图 5.60　选择了多个学校

5.19.4　添加与删除列表框中项目的操作步骤

在程序运行时，可以通过列表框相应的方法向列表框中添加项目，或从列表框中删除项目。列表框的 AddItem 方法用来向列表框中添加项目，AddItem 方法的格式如下：

列表框名.AddItem Item,Index

AddItem 方法有两个参数，其中 Item 参数是要添加到列表框中的项目，Index 为项目的索引号，确定要将项目添加到的位置。在列表框中，第 1 个项目的索引号为 0，第 2 个项目的索引号为 1，依此类推。Index 参数是可选的，在默认情况下，项目被添加到列表框的末尾。

注意

如果列表框 Sorted 属性的值为 True，则无论 Index 参数的值为多少，项目都以正确的排序添加到列表框中。

列表框的 RemoveItem 方法用来从列表框中删除项目，RemoveItem 方法的格式如下：

列表框名.RemoveItem Index

Index 参数为要删除项目的索引号，在这里 Index 参数不可省略。在删除某个项目后，后续项目的索引会自动调整。

要一次性删除列表框中的所有项目，可使用 Clear 方法。使用 Clear 方法删除列表框中所有项目的格式如下：

列表框名.Clear

添加与删除列表框中项目的操作步骤如下：

Step 01 运行 VB 程序，新建工程文件。

Step 02 在窗体中放置一个列表框控件、一个文本框控件和 3 个按钮控件，如图 5.61 所示。其中各对象的属性设置如表 5.29 所示。

图 5.61　窗体设计

表 5.29　各对象的属性设置

对象	属性	值	对象	属性	值
窗体	Caption	添加与删除列表框中项目	按钮	名称	ComAdd
	名称	List1		Caption	添加
列表框	List	姓名	按钮	名称	ComDel
		年龄		Caption	删除
		性别	按钮	名称	ComClear
文本框	名称	TexAdd		Caption	全部删除
	Text	置空			

Step 03 将下列代码添加到 ComAdd_Click 事件过程中：

```
Private Sub ComAdd_Click()
    List1.AddItem TexAdd.Text
End Sub
```

Step 04 将下列代码添加到 ComDel_Click 事件过程中：

```
Private Sub ComDel_Click()
    If List1.ListIndex >= 0 Then
        List1.RemoveItem List1.ListIndex
    Else
        Print "您没有选中任何项目"
```

```
        End If
    End Sub
```

Step 05 将下列代码添加到 **ComClear_Click** 事件过程中：

```
Private Sub ComClear_Click()
    List1.Clear
End Sub
```

Step 06 运行该程序后，在文本框中输入"学历"，单击"添加"按钮，则项目"学历"就被添加到列表框中，如图 5.62 所示。在列表框中选中"年龄"项目，单击"删除"按钮，则该项目就被删除，如图 5.63 所示。若单击"全部删除"按钮，则列表框中的所有项目将都被删除。实例源文件参见配套光盘中的 Code\Chapter05\5-19-4。

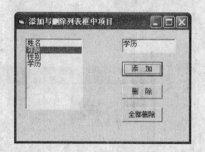 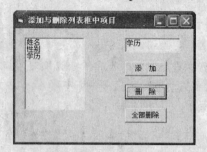

图 5.62　向列表框中添加项目　　　　图 5.63　删除列表框中某项目

5.20　组合框控件

在 5.19.3 节中的列表框中只列出了 4 个学校，而不可能列出所有的学校来供用户选择。使用组合框则可以解决这个问题。通常，组合框适用于建议性的选项列表，当用户所需要的选项不在列表中，则可以在组合框中自行输入。而当希望将选项限制在列表之内时，应使用列表框。

组合框有 3 种不同的形式，Style 属性的不同取值对应不同形式的组合框，如图 5.64 所示。

- 当 Style 的属性值为 0 时，组合框称为"下拉式组合框"。组合框由可编辑的文本区和一个下拉列表框组成，用户可以直接向文本区中输入内容，也可以单击右侧的下三角按钮，从下拉列表框中选择项目。

- 当 Style 属性值为 1 时，称为"简单组合框"，由一个文本区和一个列表框组成，但该列表框不是下拉式的。在窗体上放置组合框时可以随意选择组合框的大小，如果组合框的大小不能将全部内容在列表框中显示出来，在列表框的右侧就会自动出现垂直滚动条。

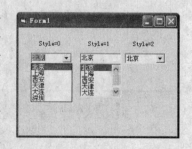

图 5.64　组合框的 3 种形式

- 当 Style 的属性值为 2 时，称为"下拉式列表框"，其形状与"下拉式组合框"相似，右侧也有一个下三角按钮能弹出一个下拉式列表框，但用户只能从列表框中选择而不能直接向文本区输入。

Text 属性是组合框很重要的一个属性，该属性用来设置或返回组合框文本区中的内容。文本区中的内容可以是用户输入的，也可以是用户从列表中选择的。例如，语句 Text1.Text=Combo1.Text 的含义是在文本框（Text1）中显示用户在组合框（Combo1）中输入或选择的内容。

组合框也有 List、ListIndex 和 ListCount 属性，还有 AddItem 与 RemoveItem 方法，且其的含义和使用方法与列表框相同。这里不再赘述。需要提醒读者的是，组合框没有 MultiSelect 和 Selected 属性。

5.21 案例实训——滚动条控件的应用

5.21.1 基本知识要点与操作思路

滚动条是 Windows 应用程序中界面上常见的元素。有了滚动条，就可在应用程序或控件中做滚动，能方便地巡视一长列项目或大量信息。

实讲实训
多媒体演示

多媒体文件参见配套光盘中的 Media \Chapter05\5.21。

当某控件（例如图片框控件）所包含的图形超过控件范围时，控件不能自动添加滚动条，因此无法浏览到整个图形，此时，就可以使用滚动条控件来实现在图片框中滚动图片。此外，滚动条控件也经常用来进行数据的输入，特别是在输入不需要精确的数值时，使用滚动条就显得很直观，也很方便。

水平滚动条与垂直滚动条除方向不同，但其功能和操作完全相同。如图 5.65 所示的是一个标准的水平滚动条，其两端各有一个滚动箭头，中间有一个滚动块。每单击一次滚动箭头，滚动块就向滚动箭头的方向移动一定的距离。滚动块的位置代表值的大小。对于水平滚动条，最左端代表最小值，最右端代表最大值。

滚动箭头——　　　——滚动块　　　——滚动箭头

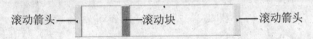

图 5.65　水平滚动条

可通过设置滚动条的有关属性，来确定滚动条的一些参数，例如值的范围以及每单击一次滚动箭头滚动块移动的距离等。表 5.30 中列出了滚动条控件的一些重要属性。

表 5.30　滚动条的一些重要属性

属性	说明
Min 和 Max	确定滚动条的值的变化范围，VB 规定该值的范围为 $-32768 \sim 32767$。Min 属性指定滚动条的最小值，Max 属性指定滚动条的最大值
LargeChange	确定每单击一次滚动条，滚动条值的变化大小
SmallChange	确定每单击一次滚动箭头，滚动条值的变化大小
Value	该值是一个整数，用来设置与返回滚动条的值。对应于滚动块在滚动条中的位置

滚动条控件用 Scroll 和 Change 事件监视滚动块沿滚动条的移动。Change 事件在滚动块移动后发生；Scroll 事件在拖动滚动块时发生而在单击滚动箭头或滚动条时不发生。

5.21.2 操作步骤

这是一个自动计算物品打折后价格的小程序。在该程序中，用户输入物品的原价，通过滚动条来设置打折的多少，则窗体上会自动显示出当前的打折情况以及物品在当前折扣下的价格。

计算打折小程序的操作步骤如下。

Step 01 运行 VB 程序，新建工程文件。

Step 02 在窗体上放置 4 个标签控件、一个文本框控件和一个滚动条控件，如图 5.66 所示，其中各对象的属性设置如表 5.31 所示。

表 5.31 各对象的属性设置

对象	属性	值	对象	属性	值
窗体	Caption	计算打折小程序	滚动条	名称	HScroll1
标签 1	Caption	原价：		Min	0
	Font	宋体，四号		Max	10
文本框	名称	Text1		LargeChange	1
	Font	宋体，四号		SmallChange	1
	Text	置空	标签 6	Caption	现价
标签 2	Caption	元		Font	宋体，四号
	Font	宋体，四号	标签 6	名称	Labxj
标签 3	Caption	打折：		Caption	置空
	Font	宋体，四号		Font	宋体，四号
标签 4	名称	Labzhe			
	Caption	置空			
	Font	宋体，四号			

Step 03 双击滚动条控件，打开代码窗口，将下列代码添加到 HScroll1_Change 事件过程中：

```
Private Sub HScroll1_Change()
    Labzhe.Caption = HScroll1.Value & "折"
    Labxj.Caption = Text1.Text *
                    HScroll1.Value / 10 & "元"
End Sub
```

由于代码在 HScroll1_Change 事件过程中，因此，一旦滚动条的值改变了，当前的打折情况以及物品

图 5.66 用户界面

的现价即可被更新。为了使在拖动滚动框时，打折和现价也会随时更新，将下列代码再添加到 HScroll1_Scroll 事件过程中：

```
Private Sub HScroll1_Scroll()
    Labzhe.Caption = HScroll1.Value & "折"
    Labxj.Caption = Text1.Text *
                    HScroll1.Value / 10 & "元"
End Sub
```

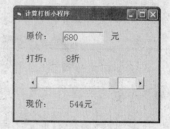

Step 04 运行该程序后，在文本框中输入物品的原价，拖动滚动条，则窗体上就会显示出打折的多少和物品的现价。如图 5.67 所示的是将滚动条的值设置为 8 的情形。源文件参见配套光盘中的 Code\Chapter05\5-21-2。

图 5.67 运行效果

 光盘拓展

关于使用滚动条来实现滚动浏览图片的实例，请参看光盘中的文件"补充\滚动显示图片.doc"。

5.22　案例实训——控件数组的应用

5.22.1　基本知识要点与操作思路

控件数组是指相同类型的一组控件，这组控件具有同一个控件名称，各控件通过索引号来区分。控件数组中的对象共享相同的事件过程，如果一个窗体中有多个相同类型的控件，并且有类似的操作，使用控件数组会使程序简化，便于程序的设计与维护。

实讲实训
多媒体演示

多媒体文件参见配套光盘中的 Media\Chapter05\5.22。

建立控件数组的方法有两种：一种通过"属性"窗口设置"名称"属性，另一种是通过复制与粘贴操作。

首先把要建立为控件数组的同一类型控件放置到窗体中，然后在"属性"窗口中将控件的"名称"属性设置为相同的。例如，将第 1 个控件的"名称"属性设置为 Tex，将第 2 个控件的"名称"属性也设置为 Tex 时，系统会弹出消息框，询问用户是否建立控件数组，单击"是"按钮即可创建一个控件数组。再将其他控件的"名称"属性设置为 Tex 时，系统不再弹出消息框，而是自动将其作为控件数组的成员。

注意

控件数组中的控件必须是同一类型的，例如，都是文本框控件或都是按钮控件。如果用户将一个其他类型控件的"名称"属性设置为控件数组的名称，则系统会弹出控件类型不符的提示框。

数组控件的第 1 个元素的索引号（Index）为 0，第 2 个为 1，依此类推。例如，将窗体中的 4 个文本框建立一个控件数组，从图 5.68 所示的"属性"窗口中可以看出，控件数组名为 Tex，索引号分别为 0、1、2 和 3。

图 5.68　"属性"窗口

各控件的索引号可由系统自动分配，用户也可以通过更改控件的 Index 属性来自行设置索引号。

5.22.2　操作步骤

使用控件数组的操作步骤如下。

Step 01　运行 VB 程序，新建工程文件。

Step 02　在窗体中建立一个包含 4 个文本框的控件数组，且控件数组的名称为 Tex。再在窗体上放置一个按钮控件和一个标签控件，如图 5.69 所示。各对象的属性设置如表 5.32 所示。

表 5.32　各对象属性的设置

对象	属性	值	对象	属性	值
窗体	Caption	控件数组	标签	名称	LabFocus
控件数组	名称	Tex		AutoSize	True

（续表）

对象	属性	值	对象	属性	值
按钮	名称	ComSet		BorderStyle	1
	Caption	设置		Caption	置空

Step 03 双击"设置"按钮，打开代码窗口，编写 Comset_Click 事件过程如下：

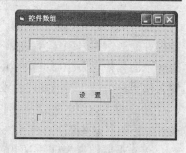

```
Private Sub Comset_Click()
    For i = 0 To 3
        Tex(i).Text = "这是文本框" & i + 1
    Next
End Sub
```

在该段代码中，使用了一个 For 循环语句，依次为
各文本框的 Text 属性赋值。如果各文本框是独立

图 5.69　窗体设计

的，即不是一个控件数组，则不能使用 For 循环语句，只能为每一个文本框各编写一个赋值语句。如果需要对很多文本框的 Text 属性赋值，则在编写代码时比较麻烦。使用控件数组后，就使得程序代码的编写简单明了。

☕ 注意

在控件数组中，对象名不能直接使用控件数组名，例如，不能写成 Tex.Text="这是文本框"，而要写成 Tex（0）.Text="这是文本框"。这与对数组的操作是类似的。

Step 04 控件数组中的对象共享相同的事件过程，不同的对象通过索引号（Index）来区分，编写控件数组的 GotFocus 事件过程如下：

```
Private Sub Tex_GotFocus(Index As Integer)
    Select Case Index
        Case 0
            LabFocus.Caption = "文本框 1 具有焦点"
        Case 1
            LabFocus.Caption = "文本框 2 具有焦点"
        Case 2
            LabFocus.Caption = "文本框 3 具有焦点"
        Case 3
            LabFocus.Caption = "文本框 4 具有焦点"
    End Select
End Sub
```

在该段代码中，使用了 Select Case 语句来判断控
件数组中的哪一个文本框具有焦点。如果不使用
控件数组，则需要为每一个文本框编写一个
GotFocus 事件过程。

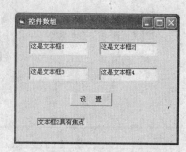

Step 05 用户单击按钮后，则在 4 个文本框中分别显示"这
是文本框 1"、"这是文本框 2"等，并且在窗体上
还显示当前具有焦点的文本框，如图 5.70 所示。
实例源文件参见配套光盘中的 Code\Chapter05\5-22-2。

图 5.70　运行效果

5.23 案例实训——标签、按钮和文本框控件的使用

5.23.1 基本知识要点与操作思路

标签、按钮和文本框控件在设计界面时会经常用到，下面通过一个实例来练习这3个控件的使用，并复习格式化字符串函数 Format 的用法。

5.23.2 操作步骤

Step 01　运行 VB 程序，新建工程文件。

Step 02　设计一个窗体，将在文本框中输入的数值采用千分位格式化后在另一个文本框中输出。

Step 03　本例中最重要的程序代码如下（源文件参见配套光盘中的 Code\Chapter05 \5-23-2）：

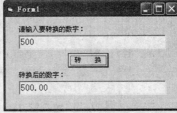

```
Private Sub Command1_Click()
        Text2.Text=Format(Text1.Text,"
                    ###,###,##0.00")
End Sub
```

Step 04　程序运行界面如图 5.71 所示。

图 5.71　运行结果

5.24 案例实训——将输入的数字逆转后输出

5.24.1 基本知识要点与操作思路

在上节实例的基础上，编写一个将输入的数字逆转后输出的小程序，此程序的巧妙之处在于程序在循环中使用求余和整除运算将数字中的每个数计算出来，利用这种思想，还可以实现二进制和十进制之间的转换。

5.24.2 操作步骤

编写一个程序，要求能将输入的数字逆转后输出。

Step 01　本例中最重要的程序代码如下（源文件参见配套光盘中的 Code\Chapter05\5-24-2）：

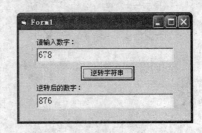

```
Private Sub Command1_Click()
    n = 0
    a = Val(Text1.Text)
    Do While (a > 0)
        n = 10 * n + a Mod 10
        a = a \ 10
    Loop
    Text2.Text = n
End Sub
```

Step 02　程序运行界面如图 5.72 所示。

图 5.72　运行结果

5.25 案例实训——字符串替换

5.25.1 基本知识要点与操作思路

字符串替换在文本编辑时会经常用到，VB 没有提供字符串替换的函数，这里编写一个小程序来实现字符串替换的功能。

5.25.2 操作步骤

编写一个程序，要求实现字符串替换的功能。

 提示

可以先使用 InStr 函数来进行字符串的查找定位，然后使用 Left 函数和 Mid 函数将要替换的字符串前后两端的字符串存储在两个字符串变量中，再将这两个变量中的字符串和替换后的字符串组合在一起，就实现了字符串替换的功能。

此程序很简单，只实现了在文本框中输入的字符串的查找替换。在学了第 9 章的有关文件的操作后，可以打开文本文件进行查找替换，甚至实现批量替换一个目录下所有文本文件中的字符串。

在文本框中输入字符串时，有时需要检测输入的字符是否满足一定的条件。下面的进制转换程序中在输入二进制数时，就要考虑输入的字符是否 0 或 1，否则弹出错误提示框，并自动删除该字符。

程序运行界面如图 5.73 所示，源文件参见配套光盘中的 Code\Chapter05\5-25-2。

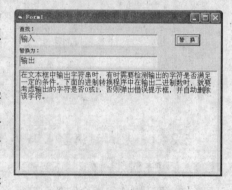

图 5.73 运行结果

5.26 案例实训——数制转换

5.26.1 基本知识要点与操作思路

编写一个程序，要求能进行二进制数和十进制数之间相互转换。

5.26.2 操作步骤

 提示

可以在文本框的 Change 事件中通过文本框的 SelStart 属性来得到当前光标位置，然后使用字符串函数 Mid 得到刚才输入的字符，再判断这个字符是否为 0 或 1，从而决定是否弹出提示框，并用 5.25 节中的方法删除该字符。

在进行进制转换时，主要利用了 5.24 节的设计思想。

程序运行界面如图 5.74 所示，源文件参见配套光盘中的 Code\Chapter05\5—26—2。

此外，还可以在文本框的 KeyPress 事件中实现输入限制，在这个程序中，先在文本框 1 中输入用户只能输入的字符串，然后单击"设置输入限制"按钮，之后用户在文本框 2 中只能输入文本框 1 中字符串中存在的字符。

图 5.74　运行结果

5.27　案例实训——制作日历

5.27.1　基本知识要点与操作思路

标签、框架、下拉列表框和滚动条控件以及控件数组也是在设计程序时会经常用到的控件，下面利用这些控件编写一个简单的类似于 Windows 中的日历程序，能够显示出从 1900 年到 2100 年间每个月的日期和星期。通过编写这个程序，学会有关日期的函数的使用。

5.27.2　操作步骤

编写一个简单的日历程序。

在这个程序中，用下拉列表框来选择月份，用文本框来显示年，用滚动条的上下按钮来实现年的选择，再用标签控件来显示日期，程序运行界面如图 5.75 所示，源文件参见配套光盘中的 Code\Chapter05\5—27—2。

在编写程序时，注意标签控件的背景颜色的设置。在图 5.75 中，显示日期的区域是设计如下：先将一个标签控件设置成文本框样式，然后在顶端放置一个灰色背景的标签控件作为显示星期区域的底色，显示星期的标签设为透明；下面用来显示日期的 42 个标签的背景颜色设为白色，初始时其 Caption 属性为空，当更改标签上的显示日期时，直接设置其 Caption 属性即可。

图 5.75　日历程序

在学习了后面的图形设计部分后，还可以在日历程序边上添加一个时钟，也可以为每月选择一张图片，例如漫画连载等。

5.28　案例实训——编写文本编辑器

5.28.1　基本知识要点与操作思路

文本编辑器经常被用到，学习了 VB 之后，也可以自行编写文本编辑器。

5.28.2 操作步骤

设计一个简单的文本编辑器。

本例是在第 4 章中实例基础上添加一个文本框控件并编写相关按钮的 Click 事件而来。其中剪切、复制、粘贴和删除比较简单。程序的重点在于 Undo 和 Redo 功能的设计，这里是通过在文本框的 Change 事件中记录文本框发生改变前后的字符内容来实现的。

程序运行界面如图 5.76 所示，实例源文件参见配套光盘中的 Code\Chapter05 \5-28-2。

该程序还有一点缺陷，就是没有实现当文本框中文本比较长时自动出现滚动条的功能，实际上这

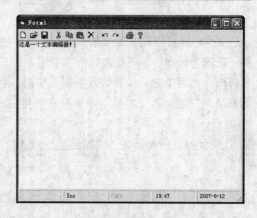

图 5.76　运行结果

可以通过在 Change 事件中判断字符串的个数是否超过了当前文本框中可容纳的字符个数，从而设置文本框的 ScrollBars 属性来解决。

5.29　习　题

（1）编写一个程序，将输入的字符串逆转输出。

（2）在窗体上放置两个按钮，当用户移动鼠标指针到"否"按钮上时，该按钮会自动闪开，使用户无法单击。当用户单击"是"按钮，窗体上将显示"Thank you!"字符串。

（3）编写一个程序，要求实现在 2 个窗体之间拖动控件。

（4）编写一个程序，在窗体上放置 1 个复框、1 个文本框和 2 个按钮，单击"生成"按钮后，就按照文本框中输入的数字生成同样数目的复选框；单击"删除"按钮，则按照文本框中输入的数字删除同样数目的复选框。

（5）编写一个滚动字幕的程序，要求能通过文本框设置滚动的文字，通过滚动条设置文字滚动的间距。

（6）编写一个打字效果的程序，要求将文本框 1 中输入的字符串逐字符显示在文本框 2 中。

（7）编写一个简单的打字练习程序，程序运行时，字符从窗口上方随机落下，如果用户按了相应的键，则字符消失。要求能显示用户的得分和练习时间，并能通过滚动条设置字符下落速度的快慢。

（8）编写一个完整的密码程序，要求能登录并修改密码。

（9）模仿 Windows 中的计算器设计一个简单的计算器。

Chapter

6

对话框的设计

对话框是和用户交互的界面，本章将详细介绍输入框、消息框、"打开"与"保存"对话框、"颜色"对话框、"字体"对话框和"打印"对话框等对话框的应用技巧。

基础知识 ◆ 预定义对话框

◆ 通用对话框

◆ 自定义对话框

重点知识 ◆ 对话框参数设置

提高知识 ◆ 开发对话框程序

6.1 预定义对话框

在基于 Windows 的应用程序中，对话框主要用来向用户显示信息，或提示用户输入应用程序继续执行所需要的数据。

对话框分为模式对话框与无模式对话框两种类型。对于模式对话框，在继续操作应用程序的其他部分之前，必须先将其关闭。如果一个对话框在切换到其他窗体或对话框之前，要求先单击"确定"或"取消"按钮，则为模式对话框。

实讲实训 多媒体演示
多媒体文件参见配套光盘中的Media \Chapter06\6.1。

无模式对话框则允许用户在对话框与其他窗体之间转移焦点，而不用关闭对话框。当对话框正在显示时，可以在当前应用程序的其他地方继续工作。在 VB 中，选择"编辑"|"查找"命令打开的"查找"对话框就是一个无模式对话框。

在应用程序中添加对话框最容易的方法是使用预定义对话框，因为不必考虑设计、装载或者显示对话框方面的问题。然而，其控件在外观上要受到限制。预定义的对话框总是模式的。

表 6.1 中列出了在 VB 应用程序中添加预定义对话框时所使用的函数。

表 6.1 添加预定义对话框时所使用的函数

使用的函数	功能
InputBox	产生输入框，并返回用户所输入的内容
MsgBox	产生消息框，并返回一个表示命令按钮已被单击的值

6.2 案例实训——输入框的应用

6.2.1 基本知识要点与操作思路

InputBox 函数用来产生要求输入数据的输入框；在输入框中显示提示文本、文本框和按钮；等待用户的输入或按下按钮，并返回用户在文本框中输入的内容。

实讲实训 多媒体演示
多媒体文件参见配套光盘中的Media \Chapter06\6.2。

使用 InputBox 函数所产生的输入框如图 6.1 所示，用来提示用户输入要在窗体上显示的内容。

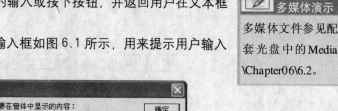

图 6.1 输入框示意图

生成该输入框的代码如下所示：

```
Word = InputBox("请输入要在窗体中显示的内容："，"输入")
```

6.2.2 操作步骤

使用输入框的具体步骤如下。

Step 01 运行 VB 程序，新建工程文件。

Step 02 在窗体中放置一个按钮控件，并设置其 Caption 属性的值为"输入要显示的内容"，双击这个按钮控件打开代码窗口，编写如下代码：

```
Private Sub Command1_Click()
    word = InputBox("请输入要在窗体中显示的内容：", "输入")
    Print word
End Sub
```

在该段代码中，InputBox 函数将产生一个输入框，并且该函数包含有两个参数，其中第 1 个参数是指输入框中的提示字符串，第 2 个参数是指输入框的标题文本。InputBox 函数将用户输入的内容返回给变量 word，然后再使用 Print 命令将变量 word 的值显示在窗体上。

Step 03 运行该程序后，单击窗体中的按钮，则在屏幕的中央弹出如图 6.2 所示的标题为"输入"的输入框，在其中输入所要显示的内容后，单击"确定"按钮，在窗体的左上角就显示出了用户在输入框中输入的内容，同时关闭输入框，如图 6.3 所示。实例源文件参见配套光盘中的 Code\Chapter06\6-2-2。

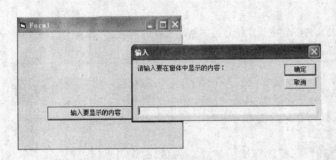

图 6.2 单击按钮后弹出输入框   图 6.3 窗体中显示出输入框的内容

光盘拓展

关于 InputBox 函数的更多介绍，请参看光盘中的文件"补充\InputBox 函数.doc"。

6.3 案例实训——消息框的应用

6.3.1 基本知识要点与操作思路

实讲实训
多媒体演示

多媒体文件参见配套光盘中的 Media\Chapter06\6.3。

MsgBox 函数用来产生一个消息框。消息框用来显示简短的消息，并要求用户作出一定的响应。例如，报告操作错误或向用户提示信息。看完这些消息后，可选取一个按钮来关闭该对话框。

使用 MsgBox 函数产生的消息框如图 6.4 所示，用来提示用户在文本框中没有输入任何内容。

创建该消息框的代码如下：

```
Msg = MsgBox("您没有在文本框中输入任何内容",
             48, "提示")
```

MsgBox 函数的一般格式如下：

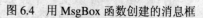

图 6.4　用 MsgBox 函数创建的消息框

```
MsgBox(prompt[, buttons] [, title] [, helpfile, context])
```

各参数的含义如表 6.2 所示。

表 6.2　MsgBox 函数中各参数的含义

参数	含义
prompt	必需的。字符串表达式，作为显示在对话框中的消息。prompt 的最大长度大约为 1024 个字符，由所用字符的宽度决定。如果 prompt 的内容超过一行，则可以在每一行之间用回车符 (Chr(13))、换行符 (Chr(10)) 或是回车与换行符的组合 (Chr(13) & Chr(10)) 将各行分隔开来
buttons	可选的。数值表达式，它是几个值的总和，指定显示按钮的数目及形式、使用的图标样式、默认按钮是什么以及消息框的强制回应等。如果省略，则 buttons 的默认值为 0
title	可选的。在对话框标题栏中显示的字符串表达式。如果省略 title，则将应用程序名放在标题栏中
helpfile	可选的。字符串表达式，识别用来向对话框提供上下文相关帮助的帮助文件。如果提供了 helpfile，则也必须提供 context
context	可选的。数值表达式，由帮助文件的作者指定给适当的帮助主题的帮助上下文编号。如果提供了 context，则也必须提供 helpfile

光盘拓展

关于 buttons 参数和 MsgBox 函数的介绍，请参看光盘中的文件“补充\buttons 参数.doc”。

下面通过编写一个程序，来讲解如何在程序中使用 MsgBox 函数创建消息框。

6.3.2　操作步骤

此程序包含一个文本框和一个按钮，在文本框中输入内容后单击按钮，则所输入的内容就显示在窗体中；如果在文本框中没有输入任何内容，则单击按钮后会弹出一个提示框，告诉用户没有在文本框中输入任何内容，如图 6.4 所示。下面是编制这个小程序的具体过程。

使用消息框的具体操作步骤如下。

Step 01　运行 VB 程序，新建工程文件。

Step 02　在窗体中放置一个文本框控件，设置其 Text 属性的值为空，再放置一个按钮控件，设置其 Caption 属性的值为“确定”。文本框与按钮的名称均使用系统默认的名称。

Step 03　双击按钮控件，打开代码窗口，为按钮的 Click 事件编写如下代码：

```
Private Sub Command1_Click()
    If Text1.Text = "" Then
        Msg = MsgBox("您没有在文本框中输入任何内容", 48, "提示")
```

```
        Else
            Print Text1.Text
        End If
    End Sub
```

Step 04 在该程序段中，使用了一个分支结构来判断文本框中是否输入了内容。运行该程序，直接单击"确定"按钮，则弹出如图 6.4 所示的消息框。再次运行程序，在文本框中输入内容后，单击"确定"按钮，则不会出现消息框，且在窗体中显示用户输入的内容。实例源文件参见配套光盘中的 Code\Chapter06\6-3-2。

6.4 通用对话框

在应用程序中，经常需要用到打开和保存文件、选择颜色和字体等对话框，这些对话框都是 Windows 的通用对话框。在 VB 中可以使用通用对话框控件来创建这些通用对话框，而不必去自己编写。

实讲实训
多媒体演示

多媒体文件参见配套光盘中的 Media\Chapter06\6.4。

1. 关于通用对话框

利用通用对话框控件可以创建如下通用对话框。

- "打开"对话框
- "保存"对话框
- "颜色"对话框
- "字体"对话框
- "打印"对话框
- "帮助"对话框

 注意

通用对话框控件在 VB 和 Microsoft Windows 动态连接库（Commdlg.dll）例程之间提供了接口。为了使用该控件创建对话框，要求 Comdlg32.ocx 和 Commdlg.dll 必须在 Microsoft Windows\System（或 System32）目录下。

在默认情况下，通用对话框控件▣并未显示在工具箱中，在使用之前，用户需要自行将其添加到工具箱中。第 1 章已经详细介绍了向工具箱中添加控件的方法。其中，控件列表中的 Microsoft Common Dialog Control 就是通用对话框控件。

2. 打开对话框的方法

将通用对话框控件添加到窗体中后，要在程序中打开指定类型的对话框，通用对话框控件提供了两种方法：一种方法是使用其 Action 属性，另一种是使用通用对话框控件的方法。通过为 Action 属性赋值，就可以打开对应类型的对话框。Action 属性的值及其对应的对话框如表 6.3 所示。

表 6.3 通用对话框的 Action 属性

数值	说明	数值	说明
1	显示"打开"对话框	4	显示"字体"对话框
2	显示"保存"对话框	5	显示"打印"对话框
3	显示"颜色"对话框	6	显示"帮助"对话框

这里给出一个打开"打开"对话框的实例。在窗体中添加一个按钮控件和一个通用对话框控件，设置按钮控件的 Caption 属性值为"打开"，名称使用默认值，如图 6.5 所示。

双击按钮控件打开代码窗口，输入如下代码：

```
Private Sub Command1_Click()
    CommonDialog1.Action = 1
End Sub
```

运行该程序后，单击"打开"按钮，即可打开如图 6.6 所示的"打开"对话框。

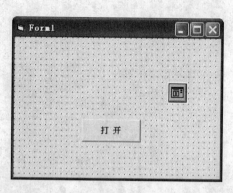

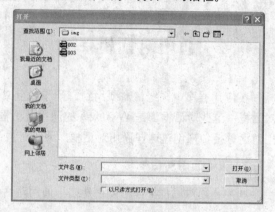

图 6.5　在窗体上添加了通用对话框控件　　　　　图 6.6　"打开"对话框

与使用 Action 属性相比，使用通用对话框控件的方法更直观。通用对话框控件的方法与其对应的对话框如表 6.4 所示。

表 6.4　通用对话框控件的方法

方法	说明	方法	说明
ShowOpen	显示"打开"对话框	ShowFont	显示"字体"对话框
ShowSave	显示"保存"对话框	ShowPrinter	显示"打印"对话框
ShowColor	显示"颜色"对话框	ShowHelp	显示"帮助"对话框

将上述程序中的代码 CommonDialog1.Action = 1 替换为 CommonDialog1.ShowOpen，运行程序，单击"打开"按钮，也会弹出如图 6.6 所示的"打开"对话框。

 注意

对话框的类型不是在设计阶段设置，而是在程序运行时通过代码设置的。

6.5　案例实训——"打开"与"保存"对话框的应用

6.5.1　基本知识要点与操作思路

在应用程序中，常常需要执行打开或保存文件等操作，因此，经常需要调用"打开"对话框与"保存"对话框。

"打开"对话框与"保存"对话框的大多数属性都是相同的，下面一同加以介绍。

1. DefaultEXT 属性

该属性用来设置对话框中默认的文件类型，即扩展名。该扩展名出现在"文件类型"栏内。如果在打开或保存的文件名中没有给出的扩展名，则自动将 DefaultEXT 属性值作为其扩展名。

2. DialogTitle 属性

该属性用来设置对话框的标题。默认情况下，"打开"对话框的标题是"打开"，"保存"对话框的标题是"保存"。

3. FileName 属性

该属性用来设置或返回要打开或保存的文件的路径及文件名。在文件对话框中显示一系列文件名，如果选择了一个文件并单击"打开"或"保存"按钮（或双击所选择的文件），所选择的文件即作为属性 FileName 的值，然后就可把该文件名作为要打开或保存的文件。

4. FileTitle 属性

该属性用来指定文件对话框中所选择的文件名（不包括路径）。该属性与 FileName 属性的区别是：FileName 属性用来指定完整的路径，例如 d:\programme\vb\common\ 1.jpg；而 FileTitle 只指定文件名，例如 1.jpg。

5. Filter 属性

该属性用来指定在对话框中显示的文件类型。用该属性可以设置多个文件类型，可在对话框的"文件类型"下拉列表中选择。Filter 的属性值由一对或多对文本字符串组成，每对字符串用管道符"|"隔开，在"|"前面的部分称为描述符，后面的部分一般称为通配符和文件扩展名，称为"过滤器"，例如*.txt 等，各对字符串之间也用管道符隔开。其格式如下：

[窗体.]对话框名.Filter=描述符 1|过滤器 1|描述符 2|过滤器 2...

如果省略窗体，则为当前窗体。例如：

```
CommonDialog1.Filter=WordFiles|(*.DOC)
```

执行该语句后，在"文件类型"框内将只显示扩展名为.DOC 的文件。例如：

```
CommonDialog1.Filter=AllFiles|(*.*)|WordFiles|(*.DOC)|TextFiles|(*.TXT)
```

执行该语句后，可以在"文件类型"框内通过下拉列表选择要显示的文件类型。

6. FilterIndex 属性

该属性用来指定默认的过滤器，其设置为一整数。用 Filter 属性设置多个过滤器后，每个过滤器都有一个值，第 1 个过滤器的值为 1，第 2 个过滤器的值为 2 等，用 FilterIndex 属性可以指定作为默认显示的过滤器。例如以下语句：

```
CommonDialog1.FilterIndex=3
```

将把第 3 个过滤器作为默认显示的过滤器。对于上面的例子来说，打开对话框后，在"文件类型"框内显示的是"(*.TXT)"，其他过滤器必须通过下拉列表显示。

实讲实训
多媒体演示
多媒体文件参见配套光盘中的 Media\Chapter06\6.5。

7. Flags 属性

该属性是一个文件对话框设置选择开关，用来控制对话框的外观，其格式如下：

对象.Flags[=值]

其中"对象"为通用对话框的名称；"值"是一个整数，可以使用 3 种形式，即符号常量、十六进制整数和十进制整数。

 光盘拓展

关于 Flags 属性的更多介绍，请参看光盘中的文件"补充\Flags 属性.doc"。

8. InitDir 属性

该属性用来设置对话框中显示的起始目录。如果没有设置 InitDir，则显示当前目录。

9. MaxFileSize 属性

该属性用来设置 FileName 属性的最大长度，以字节为单位。取值范围为 1~2 048，默认为 256。

10. CancelError 属性

如果该属性被设置为 True，则当单击 Cancel（取消）按钮关闭一个对话框时，将显示出错信息；如果设置为 False（默认），则不显示出错信息。

11. HelpCommand 属性

该属性用来指定 Help 的类型，可以取以下几种值。

- 1，显示一个特定帮助文件的 Help 屏幕，该帮助文件应该先在通用对话框控件的 HelpContext 属性中定义。
- 2，通知 Help 应用程序，不再需要指定的 Help 文件。
- 3，显示一个帮助文件的索引屏幕。
- 4，显示标准的"如何使用帮助"窗口。
- 5，当 Help 文件有多个索引时，该设置使得用 HelpContext 属性定义的索引成为当前索引。
- 257，显示关键词窗口，关键词必须在 HelpKey 属性中定义。

12. HelpContext 属性

该属性用来确定 HelpID 的内容，与 HelpCommand 属性一起使用，指定显示的 Help 主题。

13. HelpFile 和 HelpKey 属性

这两个属性分别用来指定 Help 应用程序的 Help 文件名和 Help 主题能够识别的名字。

可以通过对话框控件的属性页来设置对话框的属性。将鼠标指针移到对话框控件上，右击鼠标并从弹出的快捷菜单中选择"属性"命令，将打开如图 6.7 所示的"属性页"对话框。

"属性页"对话框中的各选项与对话框控件"属性"窗口中的属性是相对应的。通过"属性"窗口设置属性与通过"属性页"对话框设置属性是完全相同的。

也可以在程序运行阶段在代码中为各属性赋值，例如下列语句将对话框的初始路径设置为 c:\windows：

```
CommandDialog1.InitDir = "c:\windows"
```

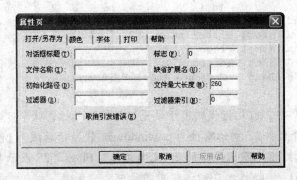

图 6.7 "属性页"对话框

通用对话框类似于计时器，在设计应用程序时，可以将其放在窗体中的任何位置，其大小不能改变。

6.5.2 操作步骤

在该实例中，用户可以调用"打开"与"保存"对话框，并能获取用户打开或保存文件的路径以及名称。

可以使用两个通用对话框控件，分别调用"打开"对话框与"保存"对话框。为了使"打开"与"保存"对话框的属性设置不同，应该在程序运行阶段在代码中为各属性赋值。本例只使用一个通用对话框控件。

"打开"与"保存"对话框的应用，具体操作如下。

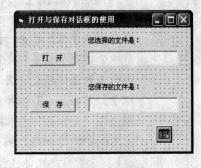

图 6.8 窗体设计

Step 01 运行 VB 程序，新建工程文件。

Step 02 在窗体中放置两个标签控件、两个文本框控件、两个按钮控件和一个通用对话框控件，如图 6.8 所示，其中各控件的属性设置如表 6.5 所示。

表 6.5 各对象的属性设置

对象	属性	值	对象	属性	值
窗体	Caption	打开与保存对话框的使用	文本框 1	名称	TexOpen
标签 1	Caption	您选择的文件是：		Text	置空
标签 2	Caption	您保存的文件是：	文本框 2	名称	TexSave
按钮 1	名称	ComOpen		Text	置空
	Caption	打开	通用对话框控件	名称	CommonDialog1
按钮 2	名称	ComSave			
	Caption	保存			

Step 03 双击"打开"按钮，打开代码窗口，将下列代码添加到 ComOpen_Click 事件过程中：

```
Private Sub ComOpen_Click()
    CommonDialog1.DialogTitle = "打开文件"
    CommonDialog1.InitDir = "c:\windows"
```

```
    CommonDialog1.Filter = "图像文件|*.bmp|文本文件|*.txt|"
    CommonDialog1.FilterIndex = 2
    CommonDialog1.Flags = 528
    CommonDialog1.Action = 1
    TexOpen.Text = CommonDialog1.FileName
End Sub
```

在该段代码中，前几行代码用于设置对话框的属性，从中可以看出，对话框的标题为"打开文件"，初始路径为 c:\windows，能显示后缀为 bmp 和 txt 的文件，在"文件类型"框中默认显示的是"文本文件"，Flags=528 表示其同时具有 Flags=16 和 Flags=512 的特性，在对话框中显示一个"帮助"按钮，并且允许用户同时选中多个文件。

Step 04 同样，将下列代码添加到 ComSave_Click 事件过程中：

```
Private Sub ComSave_Click()
    CommonDialog1.DialogTitle = "保存文件"
    CommonDialog1.InitDir = "d:\"
    CommonDialog1.Filter = "Word文档|*.doc|"
    CommonDialog1.Flags = 6
    CommonDialog1.Action = 2
    TexSave.Text = CommonDialog1.FileName
End Sub
```

Step 05 运行该程序后，单击"打开"按钮，则弹出如图 6.9 所示的"打开文件"对话框，从中选择一个或多个文件，单击"确定"按钮后，在图 6.8 的"打开"文本框中将显示用户选择的文件名，若用户选择多个文件，则所选文件的文件名都显示在文本框中。若在图 6.8 中单击"保存"按钮，则打开如图 6.10 所示的"保存文件"对话框，在"文件名"文本框中输入文件名，单击"保存"按钮后，在图 6.8 的"保存"文本框中将显示用户保存的文件名。如果用户输入的文件名已经存在，则弹出消息框，提示用户此文件已经存在。实例源文件参见配套光盘中的 Code\Chapter06\6-5-2。

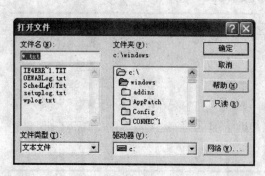

图 6.9　"打开文件"对话框

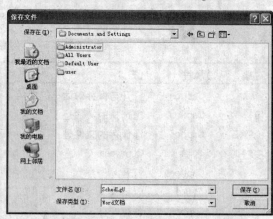

图 6.10　"保存文件"对话框

6.6 案例实训——"颜色"对话框的应用

6.6.1 基本知识要点与操作思路

通过使用"颜色"对话框,用户可方便地从中选取所需要的颜色。打开通用对话框控件"属性页"对话框的"颜色"选项卡,如图6.11所示,从中可以设置"颜色"对话框的颜色(Color)与标志(Flags)属性(也可以在"属性"窗口中设置)。颜色(Color)属性用来设置或返回在"颜色"对话框中选定的颜色值,每个颜色值对应一种颜色。例如 255 对应红色,0 对应黑色,17777215 对应白色。"颜色"对话框的标志(Flags)属性有 4 种可能值,如表6.6所示。

实讲实训
多媒体演示

多媒体文件参见配套光盘中的Media\Chapter06\6.6。

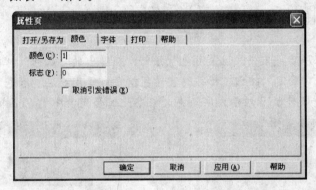

图 6.11 "属性页"对话框的"颜色"选项卡

表 6.6 "颜色"对话框的标志(Flags)属性

Flags 属性值	说明
1	使 Color 属性定义的颜色在首次显示对话框时显示出来
2	在"颜色"对话框中包括"自定义颜色"设置区
4	不能使用"规定自定义颜色"按钮
8	显示"帮助"按钮

6.6.2 操作步骤

在本实例中,用户可以通过"颜色"对话框来选取标签的背景色,并且能显示出所选颜色的颜色值。

使用"颜色"对话框的具体操作如下。

Step 01 运行 VB 程序,新建工程文件。

Step 02 在窗体中放置两个标签控件、一个文本框控件、一个按钮控件和一个通用对话框控件,如图6.12所示,其中各对象的属性如表6.7所示。

表 6.7　各对象的属性设置

对象	属性	值	对象	属性	值
窗体	Caption	使用颜色对话框	文本框	名称	TexColor
标签 1	名称	LabColor		Text	置空
	Caption	置空	按钮	名称	ComColor
	BorderStyle	1		Caption	设置颜色
标签 2	Caption	颜色值为：	通用对话框	Color	255
				Flags	7

^{Step}**03** 双击"设置颜色"按钮，将下列代码添加到 ComColor_Click 事件过程中：

```
Private Sub ComColor_Click()
    DiaColor.Action = 3
    LabColor.BackColor = DiaColor.Color
    TexColor.Text = DiaColor.Color
End Sub
```

^{Step}**04** 运行该程序后，单击"设置颜色"按钮，在弹出的"颜色"对话框中选择一种颜色，单击"确定"按钮，标签的背景色就变成了用户在"颜色"对话框中所选取的颜色，如图 6.13 所示。实例源文件参见配套光盘中的 Code\Chapter06\6-6-2。

图 6.12　窗体设计

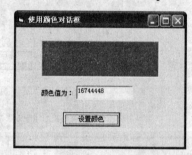

图 6.13　运行效果

6.7　案例实训——"字体"对话框的应用

6.7.1　基本知识要点与操作思路

实讲实训
多媒体演示

多媒体文件参见配
套光盘中的 Media
\Chapter06\6.7。

"字体"对话框也是 Windows 应用程序中常用的对话框，通过该对话框可以方便地设置文本的字体、字号以及文字的各种效果，例如斜体、下划线等。

单击通用对话框控件"属性页"对话框的"字体"选项卡，如图 6.14 所示，从中可以设置"字体"对话框的有关属性（也可以在"属性"窗口中设置）。

 光盘拓展

关于"字体"对话框各属性的介绍，请参看光盘中的文件"补充\字体-属性.doc"。

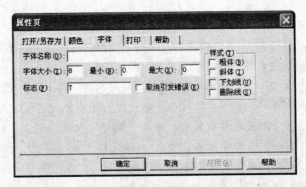

图 6.14 "属性页"对话框的"字体"选项卡

6.7.2 操作步骤

在该程序中，用户可以调用"字体"对话框来设置文本的字体、字号以及各种效果。

字体对话框的使用，具体操作如下。

Step 01 运行 VB 程序，新建工程文件。

Step 02 在窗体上放置一个标签控件、一个文本框控件、一个按钮控件和一个通用对话框控件，如图 6.15 所示。其中各对象的属性设置如表 6.8 所示。

图 6.15 窗体设计

表 6.8 各对象属性的设置

对象	属性	值	对象	属性	值
窗体	Caption	字体对话框的使用	通用对话框	名称	DiaFont
标签	Caption	请输入一段文本		FontName	宋体
文本框	名称	TexFont		FontSize	14
	Text	置空		FontBold	True
	MultiLine	True		Flags	259
按钮	名称	ComFont			
	Caption	设置字体			

Step 03 双击"设置字体"按钮，打开代码窗口，将下列代码添加到 ComFont_Click 事件过程中：

```
Private Sub ComFont_Click()
    DiaFont,Flags=259
    DiaFont.Action = 4
    TexFont.FontName = DiaFont.FontName
    TexFont.FontSize = DiaFont.FontSize
    TexFont.FontBold = DiaFont.FontBold
    TexFont.FontItalic = DiaFont.FontItalic
    TexFont.FontUnderline = DiaFont.FontUnderline
    TexFont.FontStrikethru = DiaFont.FontStrikethru
    TexFont.ForeColor = DiaFont.Color
End Sub
Private Sub Form_locd()
End Sub
```

在 ComFont_Click 事件过程中，第 2 行语句用来调用"字体"对话框，第 3 行语句是将用户在对话框中所选择的字体赋给文本框 TexFont 的 FontName 属性，其他语句的功能与此类似。

Step 04 运行该程序后，在文本框中输入一段文本，文本的字体、字号等特征由文本框的 Font 属性决定。单击"设置字体"按钮，则出现如图 6.16 所示的"字体"对话框。从中选择字体、字号以及各种效果后，单击"确定"按钮，则文本框中的文本就以新的设置显示。例如，选择字体为"楷体"，字体样式为"斜体"，字号为"三号"，选中"下划线"效果，并且选择颜色为"红色"，单击"确定"按钮后，则文本框中文本的显示如图 6.17 所示。实例源文件参见配套光盘中的 Code\Chapter06\6-7-2。

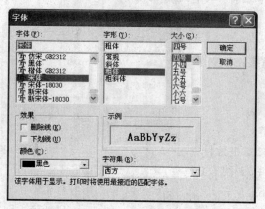

图 6.16　"字体"对话框

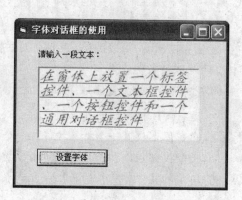

图 6.17　设置字体效果后的情形

6.8　"打印"对话框

利用"打印"对话框可以选择要使用的打印机，并可设置相应的选项，例如打印范围、数量等。"打印"对话框除具有前面讲过的 CancelError、DialogTitle、HelpCommand、HelpContext、HelpFile 和 HelpKey 等属性外，还具有以下属性。

- Copies 属性指定要打印的文档的副本数。若将 Flags 属性值设置为 262144，则 Copies 属性值总为 1。
- Flags 属性的取值见表 6.9。

表 6.9　Flags 属性值的含义（"打印"对话框）

属性值	作用
0	返回或设置"所有页"（All Pages）单选按钮的状态
1	返回或设置"选定范围"（Selection）单选按钮的状态
2	返回或设置"页"（Pages）单选按钮的状态
4	禁止"选定范围"单选按钮
8	禁止"页"单选按钮
16	返回或设置校验（Collate）复选框的状态
32	返回或设置"打印到文件"（Print To File）复选框的状态
64	显示"打印设置"（Print Setup）对话框（不是 Print 对话框）

（续表）

属性值	作用
128	当没有默认打印机时，显示警告信息
256	在对话框的 hDC 属性中返回"设备环境"（Device Context）
512	显示一个 Help 按钮
2048	如果打印机驱动程序不支持多份复制，则设置这个值将禁止复制
262144	编辑控制（即不能改变副本份数），只能打印 1 份
524288	禁止"打印到文件"复选框
1048576	隐藏"打印到文件"复选框

- FromPage 和 ToPage 属性指定要打印文档的页范围。若要使用这两个属性，必须把 Flags 属性设置为 2。
- hDC 属性是分配给打印机的句柄，用来识别对象的设备环境，用于 API 调用。
- Max 和 Min 属性用来限制 FromPage 和 ToPage 的范围，其中 Min 指定所允许的起始页码，Max 指定所允许的最后页码。
- PrintDefault 属性是一个布尔值，在默认情况下为 True。当该属性值为 True 时，如果选择了不同的打印设置（例如将 Fax 作为默认打印机等），VB 将对 Win.ini 文件做相应的修改。如果把该属性设为 False，则对打印设置的改变不会保存在 Win.ini 文件中，并且不会成为打印机的当前默认设置。

6.9 案例实训——自定义对话框

6.9.1 基本知识要点与操作思路

除了预定义对话框和通用对话框外，用户还可以根据实际需要自定义对话框。自定义对话框实际上就是在一个窗体上放置一些控件，以构成一个用来接受用户输入的界面。这里给出一个设计自定义对话框的实例。

6.9.2 操作步骤

在该实例中，用户可以通过对话框输入个人资料，并且输入的资料将显示在主窗体中。该程序用到两个窗体，其中一个窗体用作主窗体，另一个窗体用作对话框。设置主窗体为启动窗体，并且通过主窗体来调用对话框，源文件参见配套光盘中的 Code \Chapter06\6-9-2。

自定义对话框的具体操作如下。

Step 01 运行 VB 程序，新建工程文件。

Step 02 单击工具栏中的"添加窗体"按钮，则弹出如图 6.18 所示的"添加窗体"对话框，在该对话框中选择窗体类型为"对话框"，单击"打开"按钮即可为当前过程添加一个用于设计对话框的窗体。接着在该窗体上放置对话框中常用的"确定"和"取消"按钮。下面就以这个窗体为基础设计自定义对话框。

Step 03 在新建的对话框窗体中放置 3 个标签控件、1 个文本框控件、2 个单选按钮控件、1 个组合框控件和 1 个框架控件，并且在框架控件中再放置 4 个复选框控件，如图 6.19 所示。其中各控件的属性设置如表 6.10 所示。

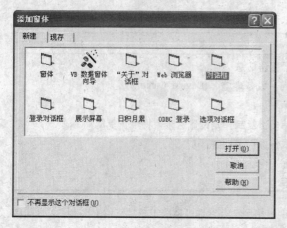

图 6.18 "添加窗体"对话框

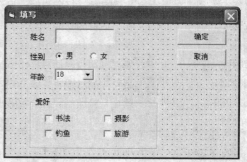

图 6.19 对话框的界面设计

表 6.10 对话框中对象属性的设置

对象	属性	值	对象	属性	值
窗体	Caption	填写	框架	Caption	爱好
	名称	Dialog	复选框 1	名称	H1
标签 1	Caption	姓名		Caption	书法
文本框	名称	TexName	复选框 2	名称	H2
标签 2	Caption	性别		Caption	摄影
单选按钮 1	名称	OpMan	复选框 3	名称	H3
	Caption	男		Caption	钓鱼
	Value	True	复选框 4	名称	H4
单选按钮 2	名称	OpWoman		Caption	旅游
	Caption	女	按钮 1	名称	OKButton
标签 3	Caption	年龄		Caption	确定
组合框	名称	CombAge	按钮 2	名称	CancelButton
	List	18,19,20,21,22,23		Caption	取消
	Text	18			

Step 04 将另一个窗体作为主窗体,在该窗体中放置 12 个标签控件和一个按钮控件,如图 6.20 所示,其中各控件的属性设置如表 6.11 所示。

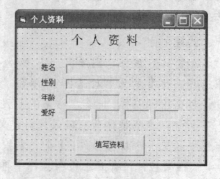

图 6.20 主窗体

表 6.11 主窗体中对象的属性设置

对象	属性	值	对象	属性	值
窗体	Caption	个人资料	标签 9	名称	L1
	名称	MainForm		Alignment	2
标签 1	Caption	个人资料		Caption	置空
	Font	宋体，小三	标签 10	名称	L2
标签 2	Caption	姓名		Alignment	2
标签 3	名称	LabName		Caption	置空
	Caption	置空	标签 11	名称	L3
标签 4	Caption	性别		Alignment	2
标签 5	名称	LabSex		Caption	置空
	Caption	置空	标签 12	名称	L4
标签 6	Caption	年龄		Alignment	2
标签 7	名称	LabAge		Caption	置空
	Caption	置空	按钮	名称	OpenDialog
标签 8	Caption	爱好		Caption	填写资料

Step 05 双击主窗体上的"填写资料"按钮，将下列代码添加到 OpenDialog_Click 事件过程中：

```
Private Sub OpenDialog_Click()
    Dialog.Show                    '打开自定义对话框
End Sub
```

从代码中可以看出，单击"填写资料"按钮，将打开用户自定义的对话框（用作对话框的窗体的名称为 Dialog）。

Step 06 双击对话框窗体中的"确定"按钮，打开代码窗口，将下列代码添加到 OKButton_Click 事件过程中：

```
Private Sub OKButton_Click()
    '显示姓名
    If TexName.Text = "" Then
        '如果姓名为空，则弹出消息框提示用户
        Msg = MsgBox("请您输入姓名", 48, "填写")
        Exit Sub        '退出事件过程
    Else
        MainForm.LabName.Caption = TexName.Text
    End If

    '判断性别
    If OpMan = True Then
        MainForm.LabSex.Caption = "男"
    Else
        MainForm.LabSex.Caption = "女"
    End If

    '显示年龄
    MainForm.LabAge.Caption = CombAge.Text
    '判断用户的爱好
    If h1.Value = 1 Then
        MainForm.L1.Caption = "书法"
```

```
    Else
        MainForm.L1.Caption = "//"
    End If
    If h2.Value = 1 Then
        MainForm.L2.Caption = "摄影"
    Else
        MainForm.L2.Caption = "//"
    End If
    If h3.Value = 1 Then
        MainForm.L3.Caption = "钓鱼"
    Else
        MainForm.L3.Caption = "//"
    End If
    If h4.Value = 1 Then
        MainForm.L4.Caption = "旅游"
    Else
        MainForm.L4.Caption = "//"
    End If
    Unload Dialog      '卸载对话框
End Sub
```

在该段程序中，首先使用 If 语句判断用户是否输入了姓名，如果没有，则弹出消息框提示用户。用户确定后，接着执行下面的代码——Exit Sub 语句，退出事件过程，返回到对话框，用户可以重新输入姓名。如果没有该语句，则会接着执行该 If 语句块之外的其他语句，一直会执行到 Unload Dialog 语句关闭对话框。

在判断用户爱好的程序段中，也使用了 If 语句，如果用户选中了某爱好（复选框的 Value 属性为 1），则在主窗口的相应标签中显示该爱好；如果没有选中某爱好（复选框的 Value 属性为 0），则在主窗口的相应标签中显示"//"符号。

在程序的最后，使用 Unload Dialog（对话框窗体的名称为 Dialog）语句关闭对话框，返回到主窗体。如果直接单击对话框中的"取消"按钮，也应该关闭对话框，而不影响到主窗体。因此，将 Unload Dialog 语句也添加到 Cancelbutton_Click 事件过程中：

```
Private Sub Cancelbutton_Click()
    Unload Dialog
End Sub
```

Step 07 通过工程的"属性"对话框将启动对象设置为 MainForm，运行该程序后，则主窗体显示在屏幕上，单击"填写资料"按钮，则弹出自定义对话框，如图 6.21 所示。

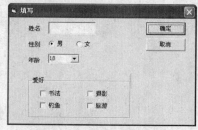

图 6.21　自定义对话框

Step 08 填写完各选项后，单击"确定"按钮，则对话框被关闭，用户输入的个人资料显示在主窗体中。如果用户输入的姓名为"孙行者"，性别为"男"，年龄为 23，爱好为"书法"、"摄影"和"旅游"，单击"确定"按钮后，显示个人资料的主窗体如图 6.22 所示。

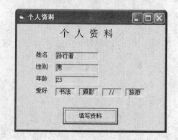

图 6.22　显示个人资料的主窗体

6.10　案例实训——设计文本编辑器

6.10.1　基本知识要点与操作思路

VB 中的预定义对话框和通用对话框能省去许多界面设计的工作，熟练掌握这些对话框的使用能达到事半功倍的效果，下面来完善第 5 章 5.28 节"案例实训"中的程序，例如添加"打开文件"对话框、"保存文件"对话框、"字体设置"对话框、"颜色设置"对话框、"打印"对话框。通过完善这个程序，既可以练习这些对话框的使用，又可以学习一个完整程序的设计技巧。

6.10.2　操作步骤

设计一个简单的文本编辑器。由于还没有学习文件的读写，所以这里只是将文件名显示在状态栏上。

Step 01　运行 VB 程序，新建工程文件。

Step 02　在新建的对话框窗体中放置控件。

Step 03　打开代码窗口，添加代码(源文件参见配套光盘中的 Code\Chapter06\6-10-2)。

Step 04　程序运行界面如图 6.23 所示。

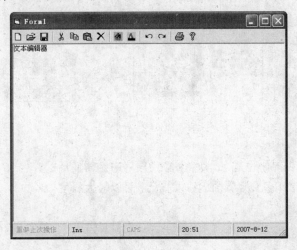

图 6.23　运行界面

6.11　习　题

(1) 编写程序，建立一个"打开文件"对话框，然后通过此对话框选择一个可执行文件并运行。

(2) 编写程序，使用 InputBox 函数让用户输入一行信息，并将其显示出来。

(3) 在习题 2 的基础上编写程序，要求使用 3 个按钮分别来设置其字体、前景色和背景色。

Chapter 7

菜单的设计与多文档界面的创建

　　菜单和多文档界面也是 Windows 应用程序中经常使用的，灵活应用菜单和多文档界面的开发技巧，可以较大程度地方便用户的使用。

基础知识
- ◆ 菜单编辑器
- ◆ 多文档界面
- ◆ 在运行时控制菜单

重点知识
- ◆ 菜单相关属性

提高知识
- ◆ 菜单程序设计

7.1 菜单简介

Windows 的每个窗口中几乎都有菜单栏，菜单栏上有"文件"、"编辑"及"视图"等菜单，通过菜单能够将一组相关的命令集中到一起。利用 VB 设计的菜单实例如图 7.1 所示。

实讲实训
多媒体演示

多媒体文件参见配套光盘中的 Media
\Chapter07\7.1。

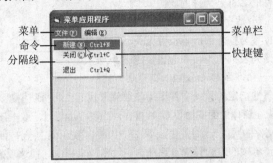

图 7.1 菜单实例

有的菜单项可以直接执行，有的菜单项执行时则会弹出一个对话框。所有的 Windows 应用程序都遵循以下 3 个规定。

- 凡是菜单名称后有一个省略号的，均表示在单击该选项后会弹出一个相应的对话框。
- 凡是菜单名称后有一个小三角的，则表示它是一个子菜单标题，子菜单标题并不能直接执行，仅仅扮演一个"容器"的角色。当鼠标指针移到子菜单标题上时，会自动弹出子菜单。
- 菜单名称后不包含上述两种符号者，表明该菜单项所代表的命令可直接执行。

此外，有的菜单项名称后还显示相应的键盘访问键和快捷键。访问键允许同时按下 Alt 键和一个指定字符来打开一个菜单。快捷键出现在相应菜单项的右边，例如，"打开"命令的快捷键是 Ctrl+O，无论"文件"菜单是否打开，只要按下 Ctrl+O 组合键，即可执行"打开"命令。

由于所有 Windows 应用程序都遵循上述规定，因此，创建菜单时，应该遵循这些规定。此外，要使应用程序简单好用，还应该将菜单项按其功能分组。

同一菜单中不同类型的选项之间还使用分隔线分隔开来。分隔线作为菜单项间的一个水平行显示在菜单上。在包含较多菜单项的菜单上，经常使用分隔线将各项划分成一些逻辑组。

7.2 菜单编辑器简介

菜单编辑器是 VB 提供的一个用于设计菜单的工具，使得看似复杂的菜单创建变得非常简单。使用菜单编辑器可以创建出新的菜单或编辑已有的菜单。选择"工具"|"菜单编辑器"命令，或者单击工具栏中的"菜单编辑器"按钮，将出现如图 7.2 所示的"菜单编辑器"对话框。

其中各主要选项的含义如下。

实讲实训
多媒体演示

多媒体文件参见配套光盘中的 Media
\Chapter07\7.2。

- 标题——该文本框用来输入菜单名，这些名字出现在菜单栏或菜单之中。如果想在菜单中建立分隔线，则应在该文本框中输入一个连字符 "-"。为了能够通过键盘访问菜单项，可在一个字母前插入 "&" 符号，例如 "新建（&N）"。

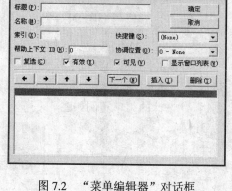

图 7.2 "菜单编辑器"对话框

- 名称——该文本框用来输入菜单名称。在代码中就是以该名称来访问菜单项的，名称不会出现在菜单中，这与其他控件的名称是一样的。
- 索引——可指定一个数字值来确定控件在控件数组中的位置。该位置与控件的屏幕位置无关。
- 快捷键——可在该列表框中为命令选择快捷键。
- 帮助上下文 ID——允许为 Context ID 指定唯一数值。在 HelpFile 属性指定的帮助文件中用该数值查找适当的帮助主题。
- 协调位置——如果在窗体上面安排了 OLE 控件，当程序运行时，双击该 OLE 控件，将打开链接的应用程序来修改文件的数据，这时就由该列表框中的 4 个选项来决定是否及如何在窗体中显示菜单。
- 复选——允许在菜单项的左边设置复选标记。通常用来指出切换选项的开关状态。
- 有效——由此选项可决定是否让菜单项对事件做出响应，而如果希望该项失效并以浅灰色显示出来，则可取消对该复选框的选中。
- 可见——该选项决定是否将菜单项显示在菜单上。
- 显示窗口列表——在 MDI 应用程序中，确定菜单控件是否包含一个打开的 MDI 子窗体列表。
- 左箭头 ![左箭头]——每次单击都把选定的菜单向左移一个等级。一共可以创建 4 个子菜单等级。
- 右箭头 ![右箭头]——每次单击都把选定的菜单向右移一个等级。一共可以创建 4 个子菜单等级。
- 上箭头 ![上箭头]——每次单击都把选定的菜单项在同级菜单内向上移动一个位置。
- 下箭头 ![下箭头]——每次单击都把选定的菜单项在同级菜单内向下移动一个位置。
- 下一个——将选定项移动到下一行。
- 插入——在列表框的当前选定项上方插入一行。
- 删除——删除选定的项目。

7.3 案例实训——建立菜单

7.3.1 基本知识要点与操作思路

菜单的设计过程可以分为两步，第 1 步是使用菜单编辑器建立菜单。此时建立起的菜单有菜单之形，无菜单之实，即单击菜单标题，会弹出菜单列表，但单击菜单项不会执行任何操作。第 2 步是为菜单编写代码。这一步将为菜单赋予灵魂，使菜单具有一定的功能。本节以一个实例来介绍使用菜单编辑器创建菜单的具体过程。

实讲实训
多媒体演示
多媒体文件参见配套光盘中的 Media \Chapter07\7.3。

7.3.2 操作步骤

在本例中，为窗体创建一个只有两个菜单的菜单栏，一个是 "文件" 菜单，另一个是 "编辑" 菜单。其中 "文件" 菜单包含 3 个菜单项，分别是 "新建"、"关闭" 和 "退出"，并且在 "关闭"

与"退出"之间有一个分隔线，如图 7.3 所示。"编辑"菜单也包含 3 个选项，分别是"颜色"、"粗体"和"字号"，并且"字号"是子菜单标题，其子菜单中又包含 3 个菜单项，如图 7.4 所示。

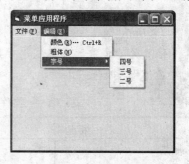

图 7.3 "文件"菜单 　　　　　　　　　　　图 7.4 "编辑"菜单

使用菜单编辑器创建该菜单栏的步骤如下。

Step 01 运行 VB 程序，新建工程文件。

Step 02 单击工具栏中的"菜单编辑器"按钮，打开"菜单编辑器"对话框，如图 7.5 所示。确保"窗体"窗口为当前活动窗口，否则"菜单编辑器"按钮无效。

Step 03 在"标题"文本框中输入"文件（&F）"，其中 F 被设置为该菜单的访问键。

Step 04 在"名称"文本框中输入 MenFile，则在菜单控件列表框中显示出刚才创建的"文件"菜单控件。

Step 05 单击"下一个"按钮，可在"标题"文本框与"名称"文本框中输入另一个菜单控件，如图 7.6 所示。

Step 06 在"标题"文本框中输入"新建（&N）"，在"名称"文本框中输入 MenNew，"新建（&N）"与"文件（&F）"并排显示在菜单控件列表框中。

Step 07 选择"快捷键"为 Ctrl+N。

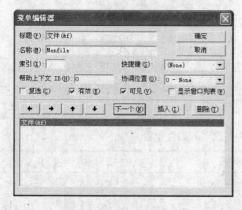

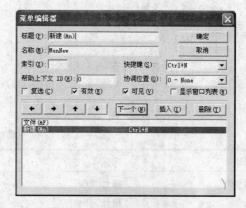

图 7.5 创建了一个菜单控件后的菜单编辑器 　　　图 7.6 创建了两个菜单控件

注意

快捷键将自动出现在菜单上，因此，不需要在菜单编辑器的"标题"文本框中输入 Ctrl+N。

Step 08 单击右箭头按钮 ，菜单"新建"向右缩进了一段距离，并且在其前加入 4 个点，如图 7.7 所示。这表明"新建"菜单成为"文件"菜单中的一个选项。4 个点表示一个内缩符号，菜单编辑器就是通过内缩来判断菜单的层次的。

Step 09 单击"下一个"按钮，所创建的菜单控件仍然是"文件"菜单中的选项，如图 7.8 所示。

Step 10 依次为"文件"菜单创建"关闭"、分隔线和"退出"3 个选项，这 3 个选项的属性设置如表 7.1 所示。

表 7.1 "文件"菜单的其他 3 项的属性设置

选项	标题	名称	快捷键
关闭	关闭（&C）	MenClose	Ctrl+C
分隔线	–	MenBar	无
退出	退出（&E）	MenExit	Ctrl+Q

Step 11 单击"确定"按钮，"文件"菜单就创建完毕。

Step 12 单击"下一个"按钮，则菜单控件列表中的光标条向下移动一格，创建"编辑"菜单，如图 7.9 所示。

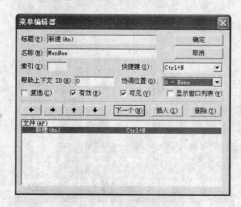

图 7.7 建立菜单中的选项

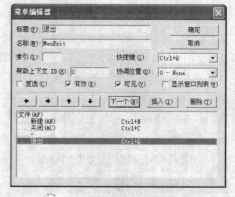

图 7.8 "文件"菜单的创建

Step 13 在"标题"文本框中输入"编辑（&E）"，在"名称"文本框中输入 MenEdit。

Step 14 与创建"文件"菜单中各选项的方法一样，为"编辑"菜单创建 3 个选项，如图 7.9 所示。其中各选项的属性设置如表 7.2 所示。

表 7.2 "编辑"菜单中各选项的属性设置

选项	标题	名称	快捷键
颜色	颜色（&R）…	MenColor	Ctrl+R
粗体	粗体（&H）	MenFont	None
字号	字号	MenMsize	None

Step 15 再为"字号"选项创建子菜单。子菜单的创建与为菜单创建菜单项的方法相同，只要子菜单中各选项相对于子菜单标题内缩一个内缩符号就可以了，如图 7.10 所示。"字号"子菜单中各选项的属性设置如表 7.3 所示。

Step 16 单击"确定"按钮，关闭"菜单编辑器"对话框。

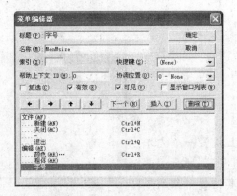

图 7.9 创建"编辑"菜单   图 7.10 创建子菜单

表 7.3 "字号"子菜单中各选项的属性设置

选项	标题	名称	索引
四号	四号	MenSize	0
三号	三号	MenSize	1
二号	二号	MenSize	2

Step 17 创建的菜单标题将显示在窗体上。在设计时，单击一个菜单标题可在其下拉菜单中显示所有选项，如图 7.11 所示。

从以上的菜单创建过程中可以看出，菜单控件在菜单控件列表框中的位置决定了该控件是菜单标题、菜单项、子菜单标题还是子菜单项。实例源文件参见配套光盘中的 Code\Chapter07\7-3-2。

图 7.11 创建了菜单的窗体

7.4 案例实训——编写菜单代码

7.4.1 基本知识要点与操作思路

为窗体创建了菜单后，运行程序时会发现，虽然单击菜单标题会弹出菜单列表，将鼠标指针指向子菜单标题时也会出现子菜单，但单击菜单项时却没有任何反应。这是因为还未编写代码。

每个菜单项都是一个菜单控件，菜单控件只能响应 Click 事件。因此，为菜单编写代码就是编写其 Click 事件过程。下面开始为 7.3.2 所创建的菜单编写代码，使之成为一个完整的应用程序。

实讲实训
多媒体演示

多媒体文件参见配套光盘中的 Media\Chapter07\7.4。

 注意

虽然分隔线是当作菜单控件来创建的，但是分隔线却不能响应 Click 事件，而且也不能被选取。

7.4.2 操作步骤

在该程序中，为 7.3 节中所创建的菜单编写代码，使之能够执行与其标题相对应的操作。例如，执行"文件"菜单中的"退出"命令，则退出应用程序。

为菜单编写代码，操作步骤如下。

Step 01 在实例中所创建的包含菜单的窗体上放置一个文本框控件和一个通用对话框控件，如图 7.12 所示。其中各菜单控件的属性设置见 7.3 节，其他各对象的属性设置如表 7.4 所示。

图 7.12　窗体设计

表 7.4　各对象的属性设置

对象	属性	值
窗体	Caption	菜单应用程序
文本框	名称	Text1
	Text	置空
	MultiLine	True
	ScrollBars	2
	Visible	False
通用对话框控件	名称	DiaColor

Step 02 单击窗体上的"文件"菜单，弹出该菜单的下拉菜单，单击"新建"选项，打开代码窗口，如图 7.13 所示。该菜单的 Click 事件过程的框架自动出现在代码编辑区中。

为"新建"选项的 Click 事件过程添加代码，如下所示：

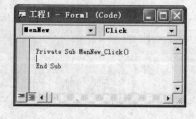

图 7.13　"新建"选项的代码窗口

```
Private Sub MenNew_Click()
    Text1.Text = ""
    Text1.Visible = True
End Sub
```

Step 03 在设计阶段，在"属性"窗口中将文本框的 Visible 属性设置为 False，因此，在程序运行时，窗体上的文本框是不可见的。执行"新建"命令，则首先将文本框清空，然后使其可见。

编写其他菜单项的 Click 事件过程如下：

```
Private Sub MenClose_Click()            '"关闭"选项
    Text1.Visible = False
End Sub

Private Sub MenExit_Click()             '"退出"选项
    End
End Sub

Private Sub MenColor_Click()            '"颜色"选项
    DiaColor.Action = 3
```

```
    Text1.ForeColor = DiaColor.Color
End Sub

Private Sub MenFont_Click()                              '"粗体"选项
    Text1.FontBold = True
End Sub

Private Sub MenSize_Click(Index As Integer)             '"字号"选项
    Select Case Index
        Case 0
            Text1.FontSize = 14                          '"四号"字体
        Case 1
            Text1.FontSize = 18                          '"三号"字体
        Case 2
            Text1.FontSize = 20                          '"二号"字体
    End Select
End Sub
```

Step 04 运行该程序后，出现的窗体如图 7.14 所示，打开"文件"菜单，执行其中的"新建"命令，在窗体上出现一个文本框。在该文本框中输入内容，通过"编辑"菜单可以设置文本的颜色、字体以及字号，如图 7.15 所示。执行"文件"菜单中的"关闭"命令，则文本框消失，窗体恢复为如图 7.14 所示的情形。执行"退出"命令，则退出应用程序。实例源文件参见配套光盘中的 Code\Chapter07\7-4-2。

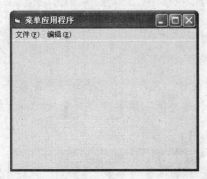

图 7.14　启动应用程序后的情形

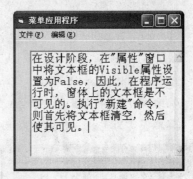

图 7.15　输入并设置文本的效果

7.5　案例实训——菜单有效性控制

7.5.1　基本知识要点与操作思路

在应用程序中，菜单经常会因执行条件的变化而发生一些相应的变化。这些变化包括菜单项有效性的变化、菜单项标记的显示与隐藏以及菜单项的增减。

与按钮的有效性一样，菜单项也有"有效"与"无效"两种状态。在"无效"状态时，菜单项以浅灰色显示，不能响应用户的任何操作。一些菜单项只有在满足一定条件时才有效。例如，"编辑"菜单中的"粘贴"命令，只有当剪贴板中有内容时，该选项才有效；否则无效，并以浅灰色显示。

菜单控件也有 Enabled 属性，该属性用来设置菜单在程序运行时是否有效。在设计阶段，该

实讲实训
多媒体演示

多媒体文件参见配套光盘中的 Media\Chapter07\7.5。

属性既可以在"菜单编辑器"对话框中设置，也可以在"属性"窗口中设置。在默认情况下，菜单控件的 Enabled 属性的值为 True。

也可以在程序运行时通过代码来设置菜单项的有效性。

7.5.2 操作步骤

本例将对 7.4 节中的代码进行修改，使程序在未新建文档时"关闭"菜单项无效，"新建"菜单项有效。在新建文档后，"关闭"菜单项变为有效，而"新建"菜单项变为无效。

菜单项的有效性设计，具体步骤如下。

Step 01 单击"属性"窗口上方的对象列表框，从中选择菜单控件 MenClose，在属性列表中将 Enabled 属性的值设置为 False。打开代码窗口，将"新建"与"关闭"菜单项的 Click 事件过程修改如下（源文件参见配套光盘中的 Code\Chapter07\7-5-2）：

```
Private Sub MenClose_Click()
    Text1.Visible = False
    MenNew.Enabled = True
    MenClose.Enabled = False
End Sub

Private Sub MenNew_Click()
    Text1.Text = ""
    Text1.Visible = True
    MenNew.Enabled = False
    MenClose.Enabled = True
End Sub
```

Step 02 运行修改后的程序，程序启动后，打开"文件"菜单，可见"关闭"菜单项无效，如图 7.16 所示。单击"新建"菜单项，则"关闭"菜单项变为有效，而"新建"菜单项变为无效，如图 7.17 所示。

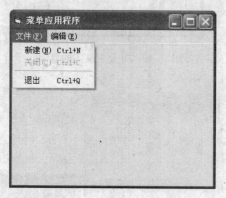

图 7.16 未新建文档时的菜单

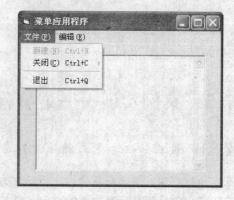

图 7.17 新建文档后的菜单

7.6 案例实训——菜单项标记

7.6.1 基本知识要点与操作思路

有些菜单项表示的是一种开关状态，当处于"开"状态时，菜单项上显示一个"√"标记；

当处于"关"状态时，不显示任何标记。如图 7.18 所示的是 VB"视图"菜单中的"工具栏"子菜单，"标准"选项的左边显示一个"√"标记，表明当前界面上显示有"标准"工具栏。单击该选项，则"√"标记消失，同时界面上的工具栏也被关闭。

图 7.18　菜单项标记

还有一种情况常常使用到菜单项标记。当菜单栏中有多个并列的选项时，菜单项标记可表明用户选的是哪个选项。

菜单控件的 Checked 属性用来决定是否在菜单项上显示"√"标记。该属性的默认值为 False，即不显示"√"标记；如果设置其值为 True，则显示"√"标记。"菜单编辑器"对话框中的"复选"选项对应的是 Checked 属性，选中该选项与在"属性"窗口中设置 Checked 属性的值为 True 的效果是一样的。

7.6.2　操作步骤

通过对 7.3 节程序的修改，使用户在单击"粗体"选项后，该选项的左边出现一个"√"标记，表明当前文本以粗体显示。再次单击"粗体"选项，则"√"标记消失，且文本恢复以标准显示。在"字号"子菜单中，用户所选的字号前会也出现一个"√"标记。

菜单项标记，具体操作如下。

Step 01 打开代码窗口，修改 MenFont_Click 与 MenSize_Click 事件过程如下（源文件参见配套光盘中的 Code\Chapter07\7-6-2）：

```
Private Sub MenFont_Click()
    If MenFont.Checked = False Then
        Text1.FontBold = True
        MenFont.Checked = True
    Else
        Text1.FontBold = False
        MenFont.Checked = False
    End If
End Sub
Private Sub MenSize_Click(Index As Integer)
    Select Case Index
        Case 0
            Text1.FontSize = 14
            MenSize(0).Checked = True
            MenSize(1).Checked = False
            MenSize(2).Checked = False
        Case 1
            Text1.FontSize = 18
            MenSize(1).Checked = True
            MenSize(0).Checked = False
            MenSize(2).Checked = False
```

```
        Case 2
            Text1.FontSize = 20
            MenSize(2).Checked = True
            MenSize(0).Checked = False
            MenSize(1).Checked = False
    End Select
End Sub
```

在 MenFont_Click 事件过程中，使用了 If 语句来判断菜单项当前的状态，如果其值为 False，则将文本变为粗体，并设置其值为 True；如果其值为 True，则取消文本的粗体效果，并设置其值为 False。在 MenSize_Click 事件过程中，每个菜单项响应 Click 事件后都将执行 3 步操作：首先设置文本的字号；其次是将其 Checked 属性的值设置为 True，即在菜单项上显示"√"标记；最后是将其他菜单控件的 Checked 属性的值设置为 False，即取消其他菜单项上的"√"标记。

Step 02 运行修改后的程序，选择"文件"|"新建"命令，然后在文本框中输入一段文本，执行"编辑"菜单中的"粗体"命令，则该命令的左边出现了一个"√"标记，且文本字体变为粗体。选择"字号"子菜单中的"四号"选项，则该选项的左边出现了一个"√"标记，并且文本字号变为四号，如图 7.19 所示。

图 7.19 设置菜单项的标记

7.7 案例实训——菜单项的隐藏与显示

7.7.1 基本知识要点与操作思路

实讲实训
多媒体演示

多媒体文件参见配套光盘中的 Media \Chapter07\7.7。

在一些应用程序中，有些菜单项是隐藏的，只有当满足一定条件时，这些菜单项才会显示。

菜单控件的 Visible 属性用来决定菜单项是否显示。该属性的默认值为 True，即菜单项总是显示出来的。

7.7.2 操作步骤

修改 7.6 节的实例，使得只有在字体为粗体时，"字号"子菜单才显示出来。菜单项的隐藏与显示，具体操作如下。

Step 01 单击"属性"窗口上方的对象列表框，从中选择菜单控件 MenMsize，在属性列表中将 Visible 属性的值设置为 False。打开代码窗口，修改 MenFont_Click 事件过程如下（源文件参见配套光盘中的 Code\Chapter07\7-7-2）：

```
Private Sub MenFont_Click()
    If MenFont.Checked = False Then
        Text1.FontBold = True
        MenFont.Checked = True
        MenMsize.Visible = True
    Else
```

```
            Text1.FontBold = False
            MenFont.Checked = False
            MenMsize.Visible = False
        End If
End Sub
```

^{Step}
02 运行修改后的程序，单击"编辑"菜单，可见在下拉菜单中没有出现"字号"子
菜单，如图 7.20 所示。单击"粗体"选项，则"字号"子菜单又显示出来，如
图 7.21 所示。

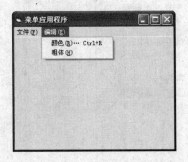

图 7.20 未显示"字号"子菜单

图 7.21 显示"字号"子菜单

7.8 案例实训——创建快捷菜单

7.8.1 基本知识要点与操作思路

在 Windows 应用程序中，除了普通菜单栏和菜单以外，还存在另外一
种形式的菜单——快捷菜单。快捷菜单是一种独立于菜单栏而显示在窗体
上的浮动菜单。在不同的对象上右击鼠标，弹出的快捷菜单中的命令也是
不同的。快捷菜单总是提供与当前指针所指对象相关的操作命令。

为应用程序建立快捷菜单，会使程序的操作更方便快捷。快捷菜单也
是通过菜单编辑器创建的，并且创建的方法与创建普通菜单相同。

实讲实训
多媒体演示

多媒体文件参见配
套光盘中的Media
\Chapter07\7.8。

7.8.2 操作步骤

本实例的目的是在窗体上右击，则弹出一个快捷菜单"背景色"，通过该快捷菜单可以设置
窗体的背景颜色，如图 7.22 所示。在"确定"按钮上右击，也可以弹出一个快捷菜单，通过该
快捷菜单可以设置按钮的颜色以及字体，如图 7.23 所示。

图 7.22 窗体的快捷菜单

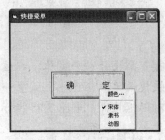

图 7.23 按钮的快捷菜单

创建快捷菜单，具体操作如下。

Step 01 运行 VB 程序，新建工程文件。

Step 02 在菜单编辑器中按照创建普通菜单的方法创建两个菜单，标题分别是"按钮"和"窗体"，如图 7.24 所示。其中各菜单控件的属性设置如表 7.5 所示。

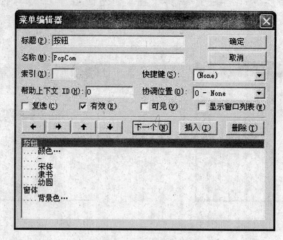

图 7.24　创建快捷菜单

表 7.5　菜单控件的属性设置

菜单控件	标题	名称	索引	可见	复选
菜单标题	按钮	PopCom		不选中	不选中
菜单项	颜色…	PopCc		选中	不选中
菜单项	—	PopBar		选中	不选中
菜单项	宋体	PopFont	0	选中	选中
菜单项	隶书	PopFont	1	选中	不选中
菜单项	幼圆	PopFont	2	选中	不选中
菜单标题	窗体	PopForm		不选中	不选中
菜单项	背景色…	PopFc		选中	不选中

此处不再逐步介绍菜单的创建方法，仅指出两个需要注意的地方。

- 在快捷菜单中并不显示菜单标题，因此，菜单标题可自由设定。
- 快捷菜单不出现在菜单栏中，因此，需要将菜单标题的 Visible（可见）属性的值设置为 False（取消对"可见"复选框的选中）。

Step 03 接下来设计一个窗体，在该窗体中使用已经创建的快捷菜单。在窗体上放置一个按钮控件和一个通用对话框控件，如图 7.25 所示。其中各对象的属性设置如表 7.6 所示。

图 7.25　窗体设计

表7.6 各对象的属性设置

对象	属性	值
窗体	名称	Form1
	Caption	快捷菜单
按钮	名称	Com
	Caption	确定
	Font	宋体、四号
	Style	1
通用对话框控件	名称	DiaColor

Step 04 打开代码窗口，编写按钮的 MouseUp 事件过程如下：

```
Private Sub Com_MouseUp(Button As Integer, Shift As Integer, X As Single,
Y As Single)
    If Button = 2 Then
        PopupMenu PopCom
    End If
End Sub
```

由于快捷菜单是在右击时弹出的，因此，在该段代码中使用了一个 If 语句来判断用户所单击的键，如果单击的是右键（Button 参数的值为 2），则使用窗体的 PopupMenu 方法显示快捷菜单。

光盘拓展

关于 PopupMenu 方法的更多介绍，请参看光盘中的文件"补充\PopupMenu.doc"。

Step 05 同样，编写窗体的 MouseUp 事件过程如下：

```
Private Sub Form_MouseUp(Button As Integer, Shift As Integer, X As Single,
Y As Single)
    If Button = 2 Then
        PopupMenu PopForm
    End If
End Sub
```

Step 06 在程序运行时，通过上述代码可以在窗体上显示快捷菜单，但其中的命令不能运行。还需要编写快捷菜单中菜单项的 Click 事件代码，代码如下：

```
Private Sub PopCc_Click()
    DiaColor.Action = 3
    Com.BackColor = DiaColor.Color
End Sub

Private Sub PopFc_Click()
    DiaColor.Action = 3
    Form1.BackColor = DiaColor.Color
End Sub

Private Sub PopFont_Click(Index As Integer)
```

```
         Select Case Index
            Case 0
                Com.FontName = "宋体"
                PopFont(0).Checked = True
                PopFont(1).Checked = False
                PopFont(2).Checked = False
            Case 1
                Com.FontName = "隶书"
                PopFont(1).Checked = True
                PopFont(0).Checked = False
                PopFont(2).Checked = False
            Case 2
                Com.FontName = "幼圆"
                PopFont(2).Checked = True
                PopFont(1).Checked = False
                PopFont(0).Checked = False
        End Select
    End Sub
```

Step 07 运行该程序后，在窗体上右击鼠标，就会弹出一个快捷菜单，再将鼠标指针移到按钮上右击，也会弹出一个快捷菜单，通过该菜单可以设置按钮的颜色以及其上文本的字体。如图 7.26 所示的是使用快捷菜单将按钮上文本的字体设置为宋体的效果。实例源文件参见配套光盘中的 Code\Chapter07\7-8-2。

图 7.26 使用快捷菜单

7.9 案例实训——创建多文档（MDI）界面

Windows 应用程序的用户界面主要分为两种形式：单文档界面（Single Document Interface, SDI）和多文档界面（Multiple Document Interface, MDI）。单文档界面并不是指只有一个窗体的界面，而是指应用程序的各窗体是相互独立的，这些文档在屏幕上独立显示、移动、最小化或最大化，与其他窗体无关。

实讲实训
多媒体演示

多媒体文件参见配套光盘中的 Media\Chapter07\7.9。

多文档界面由多个窗体组成，但这些窗体不是独立的。其中有一个窗体称为 MDI 父窗体（简称为 MDI 窗体），其他窗体称为 MDI 子窗体（简称为子窗体）。子窗体的活动范围限制在 MDI 窗体中，不能将其移到 MDI 窗体之外。可见，多文档界面与简单的多重窗体界面是不同的，后者实际是单文档界面。

绝大多数 Windows 的大型应用程序都是多文档界面，例如，Word、Excel 以及 VB 等都是多文档界面。如图 7.27 所示的是 Word 的用户界面，在 MDI 窗体中包含 3 个子窗体。

7.9.1 基本知识要点与操作思路

要创建 MDI 界面，首先需要为应用程序创建一个 MDI 窗体。选择"工程"菜单|"添加 MDI 窗体"命令，弹出"添加 MDI 窗体"对话框，在"新建"选项卡中选中"MDI 窗体"，单击"打开"按钮即可在当前工程中创建一个 MDI 窗体。

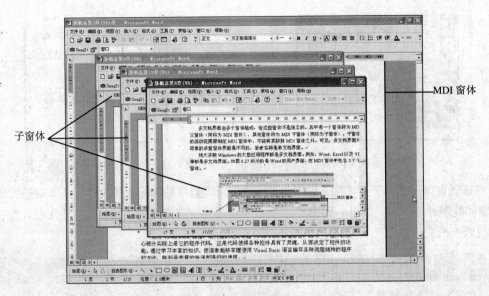

图 7.27　多文档界面

与普通的窗体相比，MDI 窗体具有以下特点。

- 在外观上，MDI 窗体的背景看起来更黑一些，并且有一个边框。MDI 窗体与普通窗体外观的比较，如图 7.28 所示。

图 7.28　MDI 窗体与普通窗体外观的比较

- 显示在工程资源管理器中的 MDI 窗体的图标与普通窗体的图标不同，如图 7.29 所示，从图标上很容易识别窗体的类型。
- 一个应用程序只能有一个 MDI 窗体。
- 在 MDI 窗体上只能放置那些有 Alignment 属性的控件（例如图片框、工具栏）和具有不可见界面的控件（例如计时器和通用对话框控件）。
- 不能使用 Print 方法在 MDI 窗体上显示文本。可以在 MDI 窗体内的图片框中使用 Print 方法来显示文本。

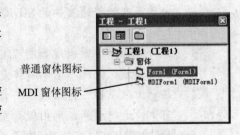

图 7.29　图标显示了窗体的类型

- MDI 窗体有两个特有的属性：AutoShowChildren 属性和 ScrollBars 属性。AutoShowChildren 属性决定在加载子窗体时，是否自动显示子窗体。ScrollBars 属性决定 MDI 窗体在必要时是否显示滚动条。当该属性的值为 True（默认值）时，如果一个或多个子窗体延伸到 MDI 窗体之外，MDI 窗体上就会出现滚动条，如图 7.30 所示。

　　子窗体的创建很容易。对于普通的窗体，只要将其 MDIChild 属性设置为 True，即可将其设置成为一个子窗体。

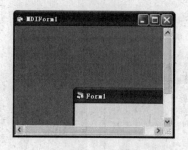

图 7.30 在 MDI 窗体上出现滚动条

图 7.31 不同类型窗体的图标

将普通窗体设置为子窗体后，窗体在工程资源管理器中的图标也将改变，并与普通窗体和 MDI 窗体的图标都不同，如图 7.31 所示。这也是将普通窗体设置为子窗体后，能在设计窗口中看到的唯一的变化。

 提示

MDIChild 属性只能在设计阶段通过"属性"窗口设置，不能在代码中设置，并且在设置该属性前，要确保已经建立了 MDI 窗体；否则，程序运行时会出现错误。

MDI 窗体与子窗体创建完成后，接下来的工作就是设计窗体与编写代码。在 MDI 窗体上一般只放置菜单栏、工具栏以及状态栏。子窗体的设计则与普通窗体的设计完全相同。也可以先设计窗体，然后改变 MDIChild 属性。操作顺序不会影响窗体的行为。

7.9.2 操作步骤

本实例创建一个 MDI 窗体与一个子窗体，来演示 MDI 界面的一些特点。

Step 01 新建一个工程，使用"工程"菜单中的"添加 MDI 窗体"命令向工程中添加一个 MDI 窗体。将工程中已存在的普通窗体的 MDIChild 属性的值设置为 True。

Step 02 运行该程序，则出现如图 7.32 所示的界面。这是由于在默认情况下启动窗体是子窗体。

图 7.32 子窗体为启动窗体

Step 03 在"工程属性"对话框中将启动窗体设置为 MDI 窗体，运行程序，则出现如图 7.33 所示的界面。加载 MDIChild 窗体时，其子窗体并不会自动加载。子窗体的加载与卸载等操作与普通窗体相同。为 MDI 窗体的 Load 事件编写如下代码：

```
Private Sub MDIForm_Load()
    Form1.Show
End Sub
```

图 7.33 MDI 窗体为启动窗体

如果 MDI 窗体的 AutoShowChildren 属性值为 True，也可以使用 Load Form1 语句来显示子窗体。

与卸载普通窗体一样，卸载 MDI 窗体也是使用 Unload 语句。例如，为程序添加下列代码，运行程序，双击 MDI 窗体即可卸载。

```
Private Sub MDIForm_DblClick()
    Unload MDIForm1
End Sub
```

Step 04 子窗体最小化后将以图标的形式出现在 MDI 窗体中，而不会出现在 Windows 的任务栏中。子窗体最大化后，其标题出现在 MDI 窗体的标题栏中。运行程序，单击子窗体的最小化按钮使其最小化，如图 7.34 所示。单击子窗体的最大化按钮使其最大化，如图 7.35 所示。单击 MDI 窗体的最小化按钮使其最小化，所有子窗体都不可见，并且只有 MDI 窗体的图标出现在任务栏中。

在 MDI 窗体与子窗体中都可以建立菜单，并且建立菜单的方法与普通窗体相同。但在菜单的显示上，MDI 应用程序还有一些自己的特色。当没有打开子窗体时，MDI 窗体上显示自己的菜单。当打开子窗体时，则 MDI 窗体的菜单栏上显示当前活动子窗体的菜单。也就是说，子窗体的菜单取代了 MDI 窗体菜单栏中的菜单。

Step 05 利用菜单编辑器为 MDI 窗体创建一个菜单，如图 7.36 所示。为子窗体创建 3 个菜单，如图 7.37 所示。

图 7.34　最小化子窗体

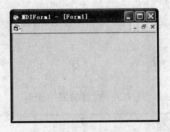

图 7.35　最大化子窗体

图 7.36　MDI 窗体的菜单

Step 06 运行程序。可见，子窗体中的菜单取代了 MDI 窗体本身的菜单，出现在 MDI 窗体的菜单栏中，如图 7.38 所示。单击子窗体的关闭按钮将其关闭，则 MDI 窗体菜单栏中显示的是其本身的菜单，如图 7.39 所示。

图 7.37　子窗体的菜单

图 7.38　打开子窗体的情形

图 7.39　关闭子窗体后的情形

7.10　案例实训——新建子窗体

7.10.1　基本知识要点与操作思路

多文档应用程序中最常见的一项操作是通过"新建"命令建立多个子窗体。例如，选择 Word

"文件" | "新建" 命令，即可建立新的子窗体，这些子窗体的外观与功能完全相同，只是在名称上使用编号区分，例如 "文档 1"、"文档 2" 等。

要实现此功能，最直观的方法是：首先在工程中添加若干个窗体，并将其设置为 MDI 窗体的子窗体，然后在程序运行时，通过 "新建" 菜单来打开。事实上，使用这种方法实现起来比较困难，缺乏灵活性并且浪费系统资源。

实讲实训
多媒体演示
多媒体文件参见配套光盘中的 Media
\Chapter07\7.10。

在 VB 中，是通过对象变量来为 MDI 窗体生成子窗体的。声明窗体的对象变量的格式如下：

Dim 变量 As new 窗体名

其中 "窗体名" 是一个已存在的子窗体的名称。在声明了对象变量后，通过下列语句：

变量.Show

即可显示出一个新的窗体。

7.10.2 操作步骤

新建子窗体，具体操作步骤如下。

Step 01 新建一个工程，向当前工程中添加一个 MDI 窗体，并为其创建一个 "文件" 菜单，其中包含 "新建" 与 "退出" 两个选项，如图 7.40 所示。其中各对象的属性设置如表 7.7 所示。

图 7.40　MDI 窗体设计

表 7.7　对象的属性设置

对象	属性	值	对象	属性	值
MDI 窗体	名称	MDIForm1	"退出" 选项	名称	MenExit
	Caption	新建子窗体	子窗体	名称	FrmChild
"新建" 选项	名称	MenNew			

打开代码窗口，编写代码如下：

```
Private Sub MenNew_Click()
    Dim DocForm As New FrmChild
    Static i As Integer
    DocForm.Caption = "无标题" & i + 1
    DocForm.Show
    i = i + 1
End Sub
Private Sub MenExit_Click()
    End
End Sub
```

在 MenNew_Click 事件过程中，定义了一个静态变量 i，通过该变量可以使子窗体的标题出现编号。

Step 02 设置启动窗体为 MDI 窗体，运行程序后，出现如图 7.41 所示的界面。选择 "文件" | "新建" 命令，则 MDI 窗体中会出现一个标题为 "无标题 1" 的子窗体，如图 7.42 所示。

Step
03　再次执行"新建"命令，则又出现一个标题为"无标题 2"的子窗体。图 7.43 所示的是执行 3 次"新建"命令后的结果。

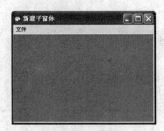

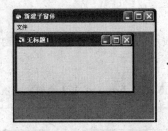

图 7.41　程序启动后的情形　　　图 7.42　执行一次"新建"　　　图 7.43　执行 3 次"新建"
　　　　　　　　　　　　　　　　　　　　　命令后的效果　　　　　　　　　　命令后的效果

子窗体 FrmChild 是新建窗体的模板，新建的子窗体将与 FrmChild 子窗体的外观完全相同。例如，在 FrmChild 窗体中放置一个文本框，则新建的子窗体中也有一个文本框，并且名称是相同的，如图 7.44 所示。因此，要更改子窗体的外观，只需更改模板子窗体的外观即可。

除此之外，模板子窗体的事件过程对新建子窗体也有效。

MDI 窗体还有一个重要的属性——ActiveForm，使用该属性可以代替当前活动子窗体的名称。例如以下语句：

```
MDIForm1.ActiveForm.Caption = "ABCD"
```

图 7.44　新建的子窗体与模板
　　　　　　子窗体相同

其功能是将当前活动子窗体的标题更改为 ABCD。

使用 ActiveForm 属性可以引用当前活动子窗体的任意属性、方法或事件，而不必知道子窗体的名称。

将"文件"菜单中"退出"选项的 Click 事件过程更改成以下形式：

```
Private Sub MenExit_Click()
    Unload MDIForm1.ActiveForm
End Sub
```

这样，执行"退出"命令的效果是将当前活动的子窗体卸载，实例源文件参见配套光盘中的 Code\Chapter07\7-10-2。

7.11　案例实训——创建"窗口"菜单

7.11.1　基本知识要点与操作思路

大部分 MDI 应用程序都有一个"窗口"菜单，在该菜单中包含有层叠、平铺和排列图标等设置子窗体排列方式的命令，还显示有所有已打开的子窗体列表，从中可方便地选择要激活的子窗体。如图 7.45 所示的是 VB 的"窗口"菜单。

如果要在 MDI 窗体的某个菜单中显示子窗体列表，可以在"菜单编辑器"对话框中选中该菜单的"显示窗体列表"复选框，

图 7.45　VB 的"窗口"菜单

或者在"属性"窗口中将 WindowsList 属性的值设置为 True，不需要用户编写任何代码。

MDI 窗体的 Arrange 方法可以使子窗体按一定的规律排列。Arrange 方法的一般格式为：

```
MDI 窗体名.Arrange 参数
```

其中"参数"是一个整数，表示所使用的排列方式，系统共提供了 4 种排列方式，如表 7.8 所示。

表7.8 Arrange 方法的参数取值

符号常数	对应值	含义
VbCascade	0	使各子窗体层叠排列
VbTileHorizontal	1	使各子窗体水平平铺
VbTileVertical	2	使各子窗体垂直平铺
VbArrangeIcons	3	当各子窗体最小化后，可使图标重新排列

7.11.2 操作步骤

创建"窗口"菜单，具体操作如下。

Step 01 本例是为 7.10 节所创建的 MDI 窗体添加一个"窗口"菜单，如图 7.46 所示。在"菜单编辑器"对话框中，各菜单控件的属性设置如表 7.9 所示。

表7.9 窗口菜单控件的属性设置

对象	属性	值	对象	属性	值
菜单标题	标题	窗口	菜单项	标题	垂直平铺
	名称	MenWin		名称	MenW
	显示窗体列表	选中		索引	2
菜单项	标题	层叠	菜单项	标题	排列图标
	名称	MenW		名称	MenW
	索引	0		索引	3
菜单项	标题	水平平铺			
	名称	MenW			
	索引	1			

Step 02 在代码窗口中编写菜单项的 Click 事件过程如下（源文件参见配套光盘中的 Code\Chapter07\7-11-2）：

```
Private Sub MenW_Click(Index As Integer)
    Select Case Index
        Case 0
            MDIForm1.Arrange 0
        Case 1
            MDIForm1.Arrange 1
        Case 2
            MDIForm1.Arrange 2
        Case 3
            MDIForm1.Arrange 3
```

```
    End Select
End Sub
```

Step 03 运行程序后，执行"新建"命令新建几个子窗体。新建的子窗体在默认情况下以层叠方式排列。打开"窗口"菜单，可以发现在菜单列表中显示有当前所有子窗体的列表，如图 7.47 所示。

Step 04 单击"水平平铺"选项，子窗体的排列如图 7.48 所示。单击"垂直平铺"选项，子窗体的排列如图 7.49 所示。

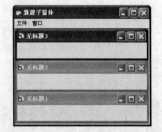

图 7.46　创建的"窗口"菜单　　图 7.47　"窗口"菜单中显示子窗体列表　　图 7.48　水平平铺效果

Step 05 单击子窗体的最小化按钮使其最小化，则子窗体图标有序地排列在 MDI 窗体的底部，如图 7.50 所示。使用鼠标随意拖动子窗体图标，改变其位置，如图 7.51 所示。若单击"排列图标"选项，则子窗体图标恢复如图 7.50 所示的有序排列。

图 7.49　垂直平铺效果　　　图 7.50　最小化子窗体后的效果　　　图 7.51　改变图标的位置

7.12　案例实训——动态增加和删除菜单项

7.12.1　基本知识要点与操作思路

在某些情况下，需要在程序运行时增加和删除菜单项，下面通过实例来练习菜单项的动态增加和删除。

7.12.2　操作步骤

提示

使用菜单项的增加和删除可以通过控件数组来实现。一个控件数组含有若干个控件，这些控件的名称相同，所使用的事件过程也相同，但其中的每个元素可以有自己的属性。和普通数组一样，也可以通过下标访问控件数组的元素。控件数组可以在设计阶段建立，也可以在运行时建立。

^{Step}
01 新建工程文件，添加相应的控件。

^{Step}
02 添加代码，参见配套光盘中的 Code\Chapter07 \7-12-2。

^{Step}
03 运行程序，结果如图 7.52 所示。

 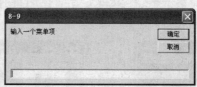

图 7.52　运行结果

7.13　案例实训——创建位图菜单

7.13.1　基本知识要点与操作思路

 提示

　　创建位图菜单非常简单，可以使用 API 函数 SetMenuItemBitmaps 来为菜单项添加位图。调用该函数时需要用到弹出菜单的句柄，以及要添加的位图。

　　在通常的程序中，菜单项总是以文本方式显示，显得单调乏味。如果能够在菜单项中加入位图图形，则能极大美化程序的用户界面。下面介绍如何创建含有位图的菜单项。

　　弹出菜单的句柄可以使用 API 函数 GetMenu 与 GetSubMenu 来获得。位图则可以通过在窗体上放置图像框控件来提供。

　　GetMenu 函数的功能是获得窗体菜单的句柄，其返回值即为菜单的句柄。如果窗体没有菜单，则返回 NULL。其中参数 hWnd 用来指定具有菜单的窗口的句柄。

　　GetSubMenu 函数的功能是获得弹出菜单的句柄，其返回值即为弹出菜单的句柄。如果出错，则返回 NULL。其中各参数的含义如下。

* hMenu——用来指定弹出菜单的父菜单的句柄。
* nPos——用来指定弹出菜单在主菜单中的位置。值为 0 时为第 1 个，值为 1 时为第 2 个，依此类推。

　　SetMenuItemBitmaps 函数的功能是以用户位图来取代默认菜单选取标志位图。其中各参数的含义如下。

* hMenu——用来指定菜单句柄。
* nPosition——指定要改变的菜单项号。
* wFlags——决定在 nPosition 参数中指定的是菜单项的 ID 还是菜单项的顺序编号。当值为 MF_BYCOMMAND，表示 nPosition 的值是菜单项的 ID；当值为 MF_BYPOSITION，表示 nPosition 的值是菜单项的顺序编号。值为 0 时为第 1 项，值为 1 时为第 2 项，依此类推。
* hBitmapUnchecked——用来指定当菜单项非选取时要显示的位图句柄。

- hBitmapChecked——用来指定当菜单项选取时要显示的位图句柄。

7.13.2 操作步骤

创建位图菜单的步骤如下。

Step 01 新建工程文件，添加相应的控件。

Step 02 添加代码，参见配套光盘中的 Code\Chapter07 \7-13-2。

Step 03 运行程序，结果如图 7.53 所示。

图 7.53 运行结果

7.14 案例实训——关闭 MDI 窗体中所有的子窗体

7.14.1 基本知识要点与操作思路

如果用户在一个 MDI 窗体中打开了许多子窗体，要逐个关闭很麻烦。可以将 MDI 窗体卸载来解决这个问题，但如果此时还不想退出程序时，则可用以下实例中方法关闭。

7.14.2 操作步骤

关闭所有的子窗体很简单，只要执行下面的程序代码段即可，源文件参见配套光盘中的 Code\Chapter07\7-14-2。

```
Do While Not (Me.ActiveForm Is Nothing)
     Unload Me.ActiveForm
Loop
```

7.15 习 题

(1) 设计一个动态增加和删除菜单项的界面，增加和删除的菜单项通过文本框输入。

(2) 用 MDI 结构设计一个可以同时编辑多篇文档的编辑程序。

Chapter

图形程序设计

　　利用 Visual Basic 强大的图形设计功能，可设计出令人
耳目一新的界面，极大地增加了用户的编程兴趣。

基础知识 ◆ 图形控件

　　　　　◆ 坐标系统

重点知识 ◆ 绘图属性

提高知识 ◆ 图形方法

　　　　　◆ 图形控制案例实训

8.1 图形控件

VB 具有丰富的图形功能，不仅可以通过图形控件进行图形操作，还可以通过图形方法在窗体上或图片框中绘制各种图形，例如直线、矩形、椭圆以及各种曲线等。

图形控件包括图片框控件、图像框控件、直线控件和形状控件 4 种，其中图片框和图像框是用来放置图片的，在第 5 章中已经介绍过，本节介绍另外两种图形控件。

实讲实训
多媒体演示

多媒体文件参见配套光盘中的 Media \Chapter08\8.1。

1. 直线控件

直线控件用来创建直线。其使用方法与其他控件相同，在工具箱中单击直线控件图标，将鼠标指针移到窗体上，在所需位置开始拖动鼠标，拖动到合适处后释放鼠标，则在鼠标的拖动起点与终点之间就出现了一段直线，如图 8.1 所示。

图 8.1　使用直线控件创建直线

单击直线可将其选中，并且在直线的两端出现两个小方块。将鼠标指针移到某个方块上，则指针变成一个十字形，此时拖动鼠标，可以更改该直线的长度与方向，如图 8.2 所示。也可以拖动鼠标来改变直线的位置。

直线控件的属性比其他控件少，主要用来设置直线的宽度、颜色以及线型等。表 8.1 中列出了直线控件一些较常用的属性。

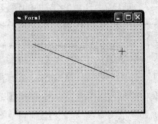

图 8.2　更改直线的长度与方向

表 8.1　直线控件一些较常用的属性

属性	含义
BorderColor	设置直线的颜色
BorderStyle	设置直线的线型，该属性有 7 个取值：0 为透明（即直线显示不出来），1（默认值）为实线，2 为虚线，3 为点线，4 为点划线，5 为双点划线，6 为内实线
BorderWidth	设置直线的宽度
x1、y1	设置或返回直线的起点坐标
x2、y2	设置或返回直线的终点坐标

只有当直线的宽度为 1（BorderWidth=1）时，BorderStyle 属性的 7 个取值才都有效，否则 BorderStyle 属性的取值只有 0 和 6 有效。例如，直线的宽度为 2 时，不能将其设置为虚线。如图 8.3 所示的是各种线型的比较，从上到下，各直线控件的 BorderStyle 属性的值依次为 1～6。

与其他控件不同的是，直线控件没有任何事件，不能响应用户的任何操作。

图 8.3　各种线型的对照

2．形状控件

使用形状控件可以方便地在窗体上绘制出矩形、正方形、圆、椭圆、圆角矩形和圆角正方形等 6 种基本几何图形。使用形状控件的方法与其他控件相同，这里不再赘述。如图 8.4 所示的是在窗体上使用形状控件绘制出的各种基本图形。

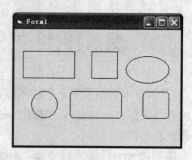

图 8.4　使用形状控件绘制出的各种图形

形状控件的 Shape 属性是很重要的一个属性，该属性决定了形状控件所绘制图形的类型。表 8.2 中列出了 Shape 属性的值及含义。

形状控件也有 BorderColor、BorderStyle 和 BorderWidth 属性，且含义与直线控件相同。在默认情况下，使用图形控件绘制出的图形的背景是透明的，这是因为在默认情况下 BackStyle 属性的值为 0（透明）。将该属性的值设置为 1，即可在 BackColor 属性中指定图形的背景颜色。

形状控件的另一个重要属性是 FillStyle 属性，该属性用来决定图形的填充样式。表 8.3 中列出了 FillStyle 属性的值及含义。

表 8.2　Shape 属性的值及含义

属性值	含义
0（默认值）	绘制矩形
1	绘制正方形
2	绘制椭圆
3	绘制圆
4	绘制圆角矩形
5	绘制圆角正方形

表 8.3　FillStyle 属性的值及含义

属性值	含义
0	实心
1（默认值）	透明
2	水平线
3	垂直线
4	向上对角线
5	向下对角线
6	交叉线
7	对角交叉线

如果图形的填充样式不是透明的，即 FillStyle 属性的值不为 1，则可以通过 FillColor 属性设置图形的填充颜色。

图 8.5 所示的是图形的各种填充效果，从左到右各图形的 FillStyle 属性的值依次为 0~7。

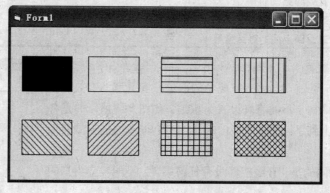

图 8.5　图形的各种填充效果

8.2 案例实训——形状控件的应用

8.2.1 基本知识要点与操作思路

实讲实训
多媒体演示
多媒体文件参见配
套光盘中的 Media
\Chapter08\8.2。

在该程序中，用户可以通过设置选项来决定形状的类型和填充样式。

8.2.2 操作步骤

形状控件的使用，具体操作步骤如下。

Step 01 运行 VB 程序，新建工程文件。

Step 02 在窗体中放置两个框架控件和一个形状控件，再在两个框架控件中分别放置 3 个单选按钮控件，如图 8.6 所示。其中各对象的属性设置如表 8.4 所示。

表 8.4 各对象的属性设置

对象	属性	值	对象	属性	值
窗体	Caption	形状控件的使用	单选按钮控件 4	名称	OpF
框架 1	Caption	形状		Caption	透明
框架 2	Caption	填充		Index	0
单选按钮控件 1	名称	OpS		Value	True
	Caption	矩形	单选按钮控件 5	名称	OpF
	Index	0		Caption	水平线
	Value	True		Index	1
单选按钮控件 2	名称	OpS	单选按钮控件 6	名称	OpF
	Caption	圆		Caption	对角交叉线
	Index	1		Index	2
单选按钮控件 3	名称	OpS	形状控件	名称	Shape1
	Caption	椭圆			
	Index	2			

Step 03 在代码窗口中编写代码如下（源文件参见配套光盘中的 Code\Chapter08 \8-2-2 ）：

```
Private Sub OpS_Click(Index As Integer)
    Select Case Index
        Case 0
            Shape1.Shape = 0
        Case 1
            Shape1.Shape = 3
        Case 2
            Shape1.Shape = 2
    End Select
End Sub
Private Sub OpF_Click(Index As Integer)
    Select Case Index
        Case 0
            Shape1.FillStyle = 1
```

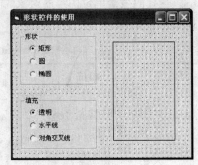

图 8.6 窗体设计

```
        Case 1
            Shape1.FillStyle = 2
        Case 2
            Shape1.FillStyle = 7
    End Select
End Sub
```

Step 04 运行该程序后，窗体如图 8.7 所示。单击"形状"选项组中的某单选按钮，则右边的图形就会变成所选的形状，单击"填充"选项组中的某单选按钮，则图形就会以所选的样式填充。如图 8.8 所示的是选中"椭圆"与"对角交叉线"单选按钮后的效果。

图 8.7 启动后的窗体

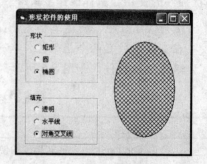

图 8.8 更改了图形的形状与填充样式

8.3 坐标系统

在 VB 中，控件放置在窗体或图片框等对象中，而窗体又放置在屏幕对象中，这些能够放置其他对象的对象称为容器，例如窗体、图片框与屏幕都是容器。

每个容器都有一个坐标系统，以便为对象的定位提供参考。容器坐标系统的默认设置是：容器的左上角为坐标的原点，横向向右为 X 轴的正方向，纵向向下为 Y 轴的正方向。如图 8.9 所示的是窗体对象的默认坐标系统。

实讲实训 多媒体演示

多媒体文件参见配套光盘中的 Media\Chapter08\8.3。

坐标的度量单位由容器对象的 ScaleMode 属性决定，ScaleMode 属性的值与对应的度量单位如表 8.5 所示。

表 8.5 ScaleMode 属性的值与对应的度量单位

属性值	单位	说明
0	用户定义（User）	
1	Twip（缇）	默认值，1 英寸＝1440 缇
2	Point（磅）	1 英寸＝72 磅，1 磅＝20 缇
3	Pixel（像素）	由显示器的分辨率决定
4	Character（字符）	水平每个单位＝120 缇，垂直每个单位＝240 缇
5	Inch（英寸）	
6	Millimeter（mm）	1 英寸＝25.4 mm
7	Centimeter（cm）	1 英寸＝2.54 cm

对象的 Left 和 Top 属性决定了该对象左上角在容器内的坐标，Width 和 Height 属性决定了对象的大小，其单位总是与容器的度量单位相同。如果改变了容器的度量单位，则这 4 个属性的值都会发生相应的变化，以适应新的坐标系统，对象的实际大小与位置并不会改变。

使用默认的坐标系统有时很不方便，用户可以根据具体的需要重新定义容器的坐标系统。

属性 ScaleWidth 和 ScaleHeight 的值分别用来设置容器坐标系 X 轴与 Y 轴的正方向及最大坐标值。X 轴的度量单位为容器当前宽度的 1/ScaleWidth、Y 轴的度量单位为对象当前宽度的 1/ScaleHeight。如果 ScaleWidth 的值小于 0，则 X 轴的正向向左；如果 ScaleHeight 的值小于 0，则 Y 轴的正向向上。属性 ScaleTop 与 ScaleLeft 的值用来设置容器左上角的坐标。

例如，将窗体的坐标属性设置为如表 8.6 所示，则对应的窗体坐标系统如图 8.10 所示。

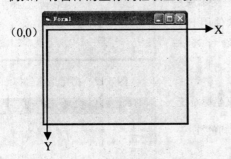

图 8.9　窗体默认的坐标系统

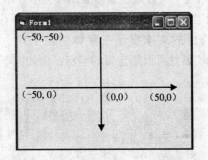

图 8.10　更改设置后的坐标原点

如果将窗体的坐标属性设置为如表 8.7 所示，则对应的窗体坐标系统如图 8.11 所示，坐标原点定位在窗体的左下角，同时 Y 轴的正方向向上，这是符合一般习惯的一种坐标系统。

自定义坐标系统最简单的方法是使用 Sacle 方法，其语法格式如下：

```
[对象].Scale[(x1, y1), (x2, y2)]
```

表 8.6　窗体的坐标属性设置

属性	值
ScaleWidth	100
ScaleHeight	100
ScaleTop	50
ScaleLeft	−50

表 8.7　窗体的坐标属性设置

属性	值
ScaleWidth	100
ScaleHeight	−100
ScaleTop	100
ScaleLeft	0

其中对象可以是窗体或图片框，参数（x1，y1）用来定义对象左上角的坐标值，参数（x2，y2）用来定义对象右下角的坐标值。

例如，如图 8.10 所示的坐标系统可以使用如下语句来定义：

```
Scale (-50, -50), (50, 50)
```

图 8.11 所示的坐标系统可以使用如下语句来定义：

```
Scale (0, 100), (100, 0)
```

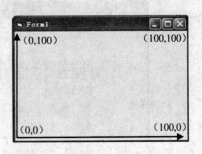

图 8.11　坐标原点在窗体的左下角

8.4 绘图属性

在对象（窗体或图片框）上绘制图形时，还需要设置对象的绘图属性以确定所绘制图形的特征，例如，所画线的宽度以及图形的填充样式等。下面就来介绍几种绘图属性。

1. CurrentX 与 CurrentY 属性

使用 Print 方法在窗体或图片框中显示文本时，文本总是出现在当前坐标处。例如，在默认情况下，第 1 次使用 Print 方法输出的文本显示在窗体的左上角。通过 CurrentX 与 CurrentY 属性可以指定当前坐标。例如以下语句：

```
Private Sub Form_Click()
    Scale (0, 100)-(100, 0)          '自定义坐标系统
    For i = 10 To 80 Step 10
        CurrentX = i                 '指定当前坐标
        CurrentY = i
        Print "清华大学"
    Next
End Sub
```

图 8.12　指定当前坐标

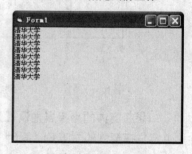

运行该程序后，文本在窗体上的显示效果如图 8.12 所示。如果在代码中不使用 CurrentX 与 CurrentY 属性指定当前坐标，则窗体上文本的显示效果如图 8.13 所示。

图 8.13　使用默认的当前坐标

2. AutoRedraw 属性

如果 AutoRedraw 属性的值为 True，则所绘制的图形是持久的。即当窗体被隐藏到其他窗口之后或调整了大小，使用 Print 方法显示的文本或使用图形方法绘制的图形都将重新显示。

如果 AutoRedraw 属性的值为 False，则所绘制的图形是临时的。当窗体被隐藏到其他窗口之后或调整了大小，窗体上的文本或图形将被掩盖掉。例如，图 8.14（a）所示的是在窗体上正常显示的图形和文本，图 8.14（b）所示的是将另外一个窗体移到该窗体上，然后再移走后的效果，可见，被另一窗体掩盖部分的图形和文本消失了。

（a）

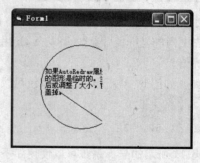

（b）

图 8.14　AutoRedraw 属性的值为 True 和 False

AutoRedraw 属性的默认值为 False，在使用 Print 方法或图形方法时，最好将该属性的值设置为 True。

3. 其他绘图属性

表 8.8 中列出了窗体与图片框控件的其他绘图属性。

表 8.8 绘图属性

属性	含义
DrawWidth	用来设置对象上所画线的宽度或点的大小，以像素为单位，最小值为 1
DrawStyle	用来设置对象上所画线的线型。各取值所代表的线型分别是：0（默认值）为实线，1 为虚线，2 为点线，3 为点划线，4 为双点划线，5 为透明（即直线显示不出来），6 为内实线
FillStyle	用来设置对象上所画图形的填充样式
FillColor	设置对象上所画图形的填充颜色

8.5 定义颜色

在 VB 中，颜色是以十六进制数表示的。例如，在"属性"窗口中设置 BackColor 与 ForeColor 等颜色属性时，出现的值总是一个十六进制数。以十六进制数来设置颜色既不方便也不直观，一般用户很难看出颜色与十六进制数的对应关系。因此，VB 提供了一些颜色常数和颜色函数，可以方便直观地设置所要的颜色。

1. 颜色常量

如果程序中只需要使用 8 种基本颜色，则使用 VB 提供的颜色常量即可达到目的。这些常量所代表的颜色可以从其名字上看出。表 8.9 所示的是 8 种基本颜色与颜色常量的对应关系。

表 8.9 颜色常量及其对应的颜色

颜色常量	值（十六进制）	对应颜色	颜色常量	值（十六进制）	对应颜色
VbBlack	&H0	黑色	VbBlue	&HFF0000	蓝色
VbRed	&HFF	红色	VbMagenta	&HFF00FF	洋红
VbGreen	&HFF00	绿色	VbCyan	&H FFFF00	青色
VbYellow	&HFFFF	黄色	VbWhite	&HFFFFFF	白色

例如，要将窗体（名称为 Form1）的背景色设置为红色，可以使用如下语句：

```
Form1.BackColor=&HFF
```

也可以使用颜色常数来设置，语句如下：

```
Form1.BackColor= VbRed
```

2. QBColor 函数

使用 QBColor 函数可以设置 16 种颜色，语法格式如下：

```
QBColor(Color)
```

参数 Color 是一个 0~15 的整数，每个整数代表一种颜色，表 8.10 中列出了该参数的取值与对应的颜色。

表 8.10　Color 参数的取值与对应的颜色

值	颜色	值	颜色
0	黑色	8	灰色
1	蓝色	9	亮蓝色
2	绿色	10	亮绿色
3	青色	11	亮青色
4	红色	12	亮红色
5	洋红色	13	亮洋红色
6	黄色	14	亮黄色
7	白色	15	亮白色

例如，下列语句可将窗体的背景色设置为红色：

```
Form1.BackColor= QBColor (4)
```

3. RGB 函数

使用颜色常量和 QBColor 函数只能指定一些基本的颜色，而使用 RGB 函数则可以指定几乎所有的颜色。RGB 函数是通过指定红（Red）、绿（Green）、蓝（Blue）三原色的值来定义颜色的，其语法格式如下：

```
RGB（红、绿、蓝）
```

红、绿、蓝三原色的值均为 0~255 之间的整数，颜色值的不同组合将产生不同的颜色。从理论上讲，三原色混合可以产生 256×256×256 种颜色。表 8.11 中列出了基本颜色与对应的 RGB 函数。

表 8.11　基本颜色与对应的 RGB 函数

颜色	RGB 函数	颜色	RGB 函数
黑色	RGB (0，0，0)	青色	RGB (0，255，255)
蓝色	RGB (0，0，255)	洋红色	RGB (255，0，255)
绿色	RGB (0，255，0)	黄色	RGB (255，255，0)
红色	RGB (255，0，0)	白色	RGB (255，255，255)

例如，使用 RGB 函数设置窗体背景色为红色的语句为：

```
Form1.BackColor= RGB (255,0,0)
```

对于颜色的十六进制数，每两位一组代表一种原色的颜色值，最低两位为红色的值，其次是绿色和蓝色的值。例如，十六进制数&H00FF00FF 对应 RGB (255，0，255)，表示的颜色为洋红色。

8.6 案例实训——Line 方法的应用

图形方法是指窗体或图片框控件用于绘图的方法，其中包括 Line 方法、Circle 方法、Pset 方法以及 PaintPicture 方法等。使用这些方法可以绘制出直线、矩形、圆、椭圆、弧线、扇形、点以及各种曲线。

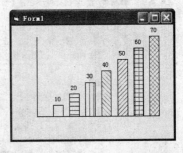

实讲实训
多媒体演示

多媒体文件参见配套光盘中的 Media\Chapter08\8.6。

8.6.1 基本知识要点与操作思路

Line 方法用于绘制直线或矩形，其语法格式如下：

`[对象].Line [[Step](x1, y1)]-[Step](x2, y2)[, 颜色][, B[F]]`

对象可以是窗体或图片框控件，其中各参数的含义如下：

- Step——可选，如果使用该参数，则表示起点坐标（x1, y1）或终点坐标（x2, y2）是相对当前点（CurrentX，CurrentY）的，而不是相对坐标原点的。
- （x1, y1）——用于指定直线的起点，也是可选的，如果省略则起点为当前点（CurrentX，CurrentY）。
- （x2, y2）——用于指定直线的终点。
- 颜色——可选。用于指定所绘制的图形的颜色，可以使用 RGB 函数或 QBColor 参数指定颜色。如果省略，则使用对象（窗体或图片框）当前的 ForeColor 属性指定的颜色。
- B——可选。如果使用该参数，则绘制出的是矩形。其中（x1, y1）是指矩形左上顶点的坐标，（x2, y2）是指矩形右下顶点的坐标。
- F——可选。只有使用了参数 B 后才能使用该参数，如果使用该参数则矩形以指定的颜色填充；省略 F 时，矩形以对象当前的 FillColor 与 FillStyle 属性的设置填充。

8.6.2 绘制柱状图表的操作步骤

使用 Line 方法，具体步骤如下。

Step 01 运行 VB 程序，新建工程文件。

Step 02 使用 Line 方法绘制一个柱状图表，每个柱的填充颜色与样式都不同，并且在柱的正上方标有柱的长度，如图 8.15 所示。

Step 03 为 Form1 编写如下程序代码：

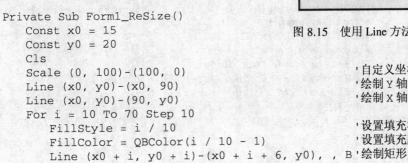

图 8.15 使用 Line 方法绘制的图表

```
Private Sub Form1_ReSize()
    Const x0 = 15
    Const y0 = 20
    Cls
    Scale (0, 100)-(100, 0)          '自定义坐标系统
    Line (x0, y0)-(x0, 90)           '绘制 Y 轴
    Line (x0, y0)-(90, y0)           '绘制 X 轴
    For i = 10 To 70 Step 10
        FillStyle = i / 10           '设置填充样式
        FillColor = QBColor(i / 10 - 1)  '设置填充颜色
        Line (x0 + i, y0 + i)-(x0 + i + 6, y0), , B  '绘制矩形
        CurrentX = x0 + i - 1
        CurrentY = y0 + i + 8
```

```
        Print i
    Next
End Sub
```

在该段代码中，常量 x0 和 y0 是柱状图表的坐标原点，定义这两个常量的优点在于：只要改变这两个常量的值，即可确定图表在窗体中的位置。例如，将 x0 与 y0 的值分别设置为 15 和 20，则图表在窗体中的位置如图 8.16 所示。

Step 04 运行该程序，改变窗体的大小后，图表会随着窗体的大小自动缩放，如图 8.17 所示。实例源文件参见配套光盘中的 Code\Chapter08\8-6-2。

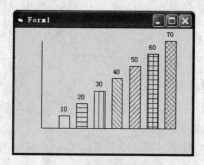
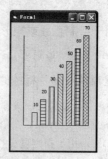

图 8.16　改变图表的位置　　　　图 8.17　图表随窗体的大小自动缩放

8.6.3　产生渐变背景的操作步骤

许多 Windows 应用程序的安装界面，是以一个颜色由蓝至黑的渐变窗体为背景的。使用 VB 产生窗体背景色的渐变效果，具体步骤如下。

Step 01 新建工程文件，在窗体中从上至下依次绘制多个矩形，同时使其填充色从蓝变化到黑，即可很好地模拟出渐变效果。

Step 02 编写窗体代码如下：

```
Sub Gradient(TheObject As Object, Redval, Greenval, Blueval)
    Dim Step, i, FillTop, FillLeft, FillRight, FillBottom
    Step = (TheObject.Height / 60)
    T = 0
    L = 0
    R = TheObject.Width
    B = T + Step
    For i = 1 To 60
        TheObject.Line (L, T)-(R, B), RGB(Redval, Greenval, Blueval),BF
        Redval = Redval - 4
        Greenval = Greenval - 4
        Blueval = Blueval - 4
        If Redval <= 0 Then Redval = 0
        If Greenval <= 0 Then Greenval = 0
        If Blueval <= 0 Then Blueval = 0
        T = B
        B = B + Step
    Next
End Sub

Private Sub Form_ReSize()
    Gradient Form1, 0, 0, 255
End Sub
```

以上代码首先定义了一个名为 Gradient 的子过程，在该子过程中，使用了 For 循环语句来实现在窗体中从上至下依次绘制 60 个矩形。其中的 Line 方法是用来绘制矩形的；变量 L 与 T 为矩形左上顶点的坐标；R 与 B 为矩形右下顶点的坐标；变量 Redval、Greenval、Blueval 分别表示红、绿、蓝三原色的值。

在窗体的 ReSize 事件中，以参数 Form1（窗体名）和颜色值（0，0，255）调用子过程 Gradient。

^{Step}
03 运行程序后，即可看到窗体具有由蓝至黑的渐变背景。改变窗体的大小，渐变色会随着充满整个窗体（要将窗体的 AutoRedraw 属性设置为 True）。实例源文件参见配套光盘中的 Code\Chapter08\8-6-3。

8.7 案例实训——Circle 方法的应用

8.7.1 基本知识要点与操作思路

Circle 方法用于绘制圆、椭圆、扇形或弧，其语法格式如下：

[对象.]Circle[[Step](x, y)]，半径[，颜色][，起始角][，终止角][长短轴比率]

对象可以是窗体或图片框控件，其中各参数的含义如下。

- Step——该参数可选，如果使用该参数，则表示圆心坐标(x，y)是相对当前点（CurrentX，CurrentY）的，而不是相对坐标原点的。
- （x，y）——用于指定圆的圆心，也是可选的，如果省略则圆心为当前点（CurrentX，CurrentY）。
- 半径——用于指定圆的半径，对于椭圆来讲，该值是椭圆的长轴长度。
- 颜色——指定所绘制图形的颜色。
- 起始角、终止角——用来指定圆弧或扇形的起始角度与终止角度，单位为弧度。取值范围为 $0\sim2\pi$ 时，绘制的是圆弧；给起始角与终止角取值前添加一个负号，则所绘制的是扇形，负号表示绘制圆心到圆弧的径向线。省略这两个参数，则所绘制的是圆或椭圆。
  VB 规定，从起始角按逆时针方向绘制圆弧只到终止角处，水平向右方向为 0°，且与坐标系统无关，如图 8.18 所示。
- 长短轴比率——当需要绘制椭圆时，可使用该参数指定椭圆长短轴的比率。若值大于 1，则所绘制的是竖立的椭圆；若值小于 1，则所绘制的是扁平的椭圆。该值的默认值为 1，即省略时绘制的是圆。

例如，使用下列代码可绘制几种图形。

```
Const pi = 3.1415926
Private Sub Form_Click()
    Scale (-100, 100)-(100, -100)
    Circle (-50, 50), 30
    Circle (50, 50), 30, vbRed, , , 2
    Circle (50, 50), 30, vbRed, , , 0.5
    Circle (-50, -50), 30, vbBlue, pi / 6, 1.5 * pi
    Circle (50, -50), 30, vbYellow, -pi / 6, -5 / 6 * pi
End Sub
```

将以上代码添加到窗体的 Click 事件过程中，运行程序后可看到如图 8.19 所示的效果。

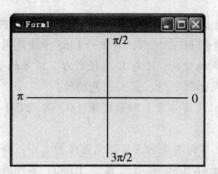

图 8.18　VB 中的角度规定

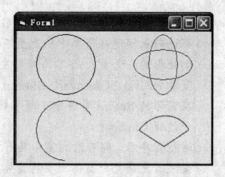

图 8.19　使用 Circle 方法绘制的图形

8.7.2　操作步骤

使用 Circle 方法绘制太极图，具体操作步骤如下。

Step 01 新建工程文件，添加相应控件。

Step 02 编写此窗体的代码如下（源文件参见配套光盘中的 Code\Chapter08\8-7-2）：

实讲实训
多媒体演示

多媒体文件参见配套光盘中的 Media\Chapter08\8.7.2。

```
Const pi = 3.1415926
Sub Tjt(x, y, r)
    FillStyle = 1
    Circle (x, y), r                          '绘制大圆
    Circle (x, y - r / 2), r / 2, , pi / 2, 1.5 * pi     '绘制弧线
    Circle (x, y + r / 2), r / 2, , 1.5 * pi, pi / 2
    FillColor = vbBlack
    FillStyle = 0
    Circle (x, y + r / 2), r / 5              '绘制小圆
    Circle (x, y - r / 2), r / 5
End Sub

Private Sub Command1_Click()
    Tjt 3000, 1500, 1000
    Tjt 1000, 2500, 500
    Tjt 1000, 1000, 400
End Sub
```

以上代码首先定义了一个名为 Tjt 的子过程，形参 x 和 y 为太极图的圆心，r 为半径。在窗体的 Click 事件过程中以不同的参数调用 Tjt 子过程。

Step 03 运行程序后，单击窗体即可在窗体的不同位置绘制出大小不同的太极图，如图 8.20 所示。

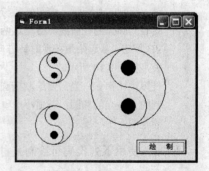

图 8.20　使用 Circle 方法绘制的太极图

8.8　Pset、Point 与 PaintPicture 方法

1. Pset 方法

Pset 方法用于画点，其语法格式如下：

[对象].Pset [Step](x，y)[，颜色]

参数（x，y）为所画点的坐标，其他各参数的含义与 Line 方法相同。

使用 Pset 方法可以绘制出任何曲线，如图 8.21 所示的正弦曲线就是使用 Pset 方法绘制的。

编写此窗体的代码如下：

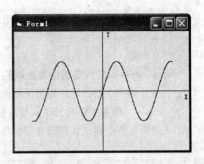

图 8.21　使用 Pset 方法绘制的正弦曲线

```
Private Sub Form_Click()
    Scale (-10, 10)-(10, -10)     '定义坐标系统
    Line (-10, 0)-(10, 0)         '绘制 X 轴
    Line (0, -10)-(0, 10)         '绘制 Y 轴
    CurrentX = 0.5
    CurrentY = 10
    Print "Y"
    CurrentX = 9.5
    CurrentY = -0.5
    Print "X"
    For x = -8 To 8 Step 0.01
        y = 5 * Sin(x)
        PSet (x, y)               '绘制正弦曲线
    Next
End Sub
```

2. Point 方法

Point 方法用来返回指定点的颜色，其语法格式如下：

[对象].Point (x，y)

其中参数（x，y）是要获取颜色的点的坐标。

Point 方法返回的是一个像素的颜色值，可以使用下列代码从该颜色值中取出三原色的值，分别存放在 3 个变量中，其中 R 代表红色，G 代表绿色，B 代表蓝色。

```
p = Picture1.Point(x, y)
R = p Mod 256
G= (p And &HFF00FF00) / 256
B= (p And &HFF0000) / 65536
```

Point 方法和 Pset 方法配合使用，可以对图像进行多种处理，例如柔化、锐化以及变色等。限于篇幅，这里不详细介绍。可以查看 VB 的帮助信息。

3. PaintPicture 方法

PaintPicture 方法是窗体或图片框的一个很实用的方法，能够将窗体或图片框中的一个矩形区域的像素复制到另一个对象上。并且可以对复制的图形进行缩放和翻转等操作。

PaintPicture 方法的语法格式如下：

Dpic，PaintPicture spic，dx，dy，dw，dh，sx，sy，sw，sh[，rop]

其中 Dpic 为目标对象，可以是窗体或图片框控件。各参数的含义如下：

- spic——传送源，可以是图片框和图像框，也可以是窗体的 Picture 属性。

- dx、dy——目标区域某顶点的坐标。
- dw、dh——目标区域的宽与高。如果为负值，则表示从（dx，dy）指定的顶点起，沿坐标轴的负方向起。
- sx、sy——要传送的矩形区域的某顶点坐标。
- sw、sh——要传送的矩形区域的宽与高。
- rop——指定所传送的像素与目标区域中现有像素的组合模式，例如，对传送像素和现有像素进行逻辑与、逻辑或和逻辑非等操作。默认时表示将现有的像素替换成传送的像素。

8.9 案例实训——操作图形实例

8.9.1 基本知识要点与操作思路

在该程序中，将 1 个图片框中的图形复制到另外 3 个图片框中，并且在复制图形时进行缩放和翻转操作。

实讲实训
多媒体演示
多媒体文件参见配套光盘中的Media \Chapter08\8.9。

8.9.2 操作步骤

操作图形的实例，具体步骤如下。

Step 01 运行 VB 程序，新建工程文件。

Step 02 在窗体中放置 4 个图片框控件和 3 个按钮控件，如图 8.22 所示，其中各对象的属性设置如表 8.12 所示。

表 8.12 各对象的属性设置

对象	属性	值	对象	属性	值
窗体	Caption	操作图片	按钮 1	名称	Command1
图片框 1	名称	PicS		Caption	缩小
	AutoSize	True	按钮 2	名称	Command2
	Picture	某位图		Caption	水平翻转
图片框 2	名称	PicD1	按钮 3	名称	Command3
图片框 3	名称	PicD2		Caption	垂直翻转
图片框 4	名称	PicD3			

Step 03 为窗体编写如下代码：

```
Private w, h
Private Sub Form_Load()
    w = PicS.Width
    h = PicS.Height
End Sub

Private Sub Command1_Click()
    '缩小为原图的一半
    PicD1.PaintPicture PicS, 0, 0, _
            w / 2, h / 2, 0, 0, w, h
End Sub

Private Sub Command2_Click()
```

图 8.22 窗体设计

```
'缩小为原图的一半，并水平翻转
PicD2.PaintPicture PicS, 0, 0, w / 2, h / 2, w, 0, -w, h
End Sub
Private Sub Command3_Click()
    '缩小为原图的一半，并垂直翻转
    PicD3.PaintPicture PicS, 0, 0, w / 2, h / 2, 0, h, w, -h
End Sub
```

为了实现图片的水平翻转，可以使用（sx，sy）指定要复制区域的右上顶点的坐标，并且设置复制区域的宽为负值。为了实现图片的垂直翻转，可以使用（sx，sy）指定要复制区域的左下顶点的坐标，并且设置复制区域的高为负值。

Step 04 运行该程序后，单击各按钮，则左边图片框中的图片就被复制到右边的图片框中，并且对图片进行了缩放和旋转操作，如图 8.23 所示。实例源文件参见配套光盘中的 Code\Chapter08\8-9-2。

图 8.23　复制图片的效果

8.10　案例实训——制作浮动按钮

8.10.1　基本知识要点与操作思路

VB 中没有类似于 Office XP 中的浮动按钮，浮动按钮在通常状态下显示为文本或一个图形。当将鼠标指针移到浮动按钮上面时，浮动按钮将呈现为凸起状；当按下鼠标左键时，浮动按钮将呈现为下沉状。下面通过一个实例来讲解如何在 VB 中设计浮动按钮。

8.10.2　操作步骤

Step 01 新建工程，由于 VB 中没有浮动按钮控件，要制作浮动按钮，只有放弃通常使用的按钮控件，取而代之的是使用 4 条直线（使用直线控件）和一个标签来组成一个按钮，4 条直线围绕在标签的四周，如图 8.24 所示。这样，就可以通过设置 4 条直线的颜色来产生按钮的凸起与下沉效果。

Step 02 添加代码，请参考配套光盘中的 Code\Chapter08\8-10-2。

图 8.24　按钮的设计

还可以将该实例改为自制的浮动按钮控件。

8.11　案例实训——制作五彩缤纷的清屏效果

8.11.1　基本知识要点与操作思路

在一些软件演示中，屏幕内容间的切换往往以一些有趣的清屏图案来相互切换。有的像演出舞台上的开幕、闭幕方式，有的像百叶窗效果，也有一些圆形、菱形等形态各异的清屏效果。下面通过一个实例来讲解如何实现这些效果。

 提示

　　窗体的 Cls 方法是 VB 提供的清屏方法，但使用该方法来清屏不能实现动态效果。实际上，所谓清屏就是用一种颜色将屏幕上原来的内容覆盖。这样，可以使用图形方法（例如，Line、Circle 等）在窗体上绘制线条，再通过控制线条的绘制过程，就可以实现五彩缤纷的清屏效果。例如，从窗体的两边开始画直线，使这些直线同时向中间靠拢，即可产生闭幕的清屏效果。

8.11.2　操作步骤

Step
01　新建工程，添加相应的控件。

Step
02　添加代码，参见配套光盘中的 Code\Chapter08\8-11-2。

Step
03　运行本程序后，单击"清屏"按钮，程序将顺序演示各种清屏效果。如图 8.25 所示的是闭幕式的清屏效果。

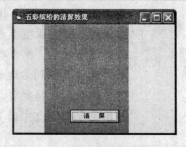

图 8.25　闭幕式的清屏效果

8.12　案例实训——制作图片切换效果

8.12.1　基本知识要点与操作思路

　　在 PowerPoint 等软件中，各种各样的图片切换特效层出不穷，下面通过实例来练习图片切换效果程序的编写（包括直接切换效果、百叶窗效果、进入效果和马赛克效果）。

 提示

　　使用图片框的 PaintPicture 方法来实现图片的各种切换效果。

　　本例的难点是马赛克切换效果。对于马赛克特效，实现方法是将图片按块复制到图片框中。并且按块复制时块的选取是随机的，利用随机函数 Rnd 即可做到。但是，还要保证在有限的时间内图像的所有块都有机会被复制（否则图像将不完整），这就要求合理的设置循环语句的循环条件。

8.12.2　操作步骤

Step
01　新建工程，添加相应的控件。

Step
02　添加代码，参见配套光盘中的 Code\Chapter08\8-12-2。

Step
03　程序的运行结果如图 8.26 所示。

图 8.26　图片切换效果

8.13 案例实训——创建 3D 文字效果

8.13.1 基本知识要点与操作思路

VB 中能显示文本的控件都没有显示 3D 文字的功能，要想显示出 3D 文字，一般都是使用 OLE 对象或者其他第三方编写的控件。下面通过实例来讲解如何在界面上绘制出 3D 文字效果。

提示

在 VB 中创建 3D 文字效果的基本思路是，先使用窗体的 Print 方法在窗体上显示出多个文字（有一定错位）来模拟文字的阴影，然后再使用 Print 方法将前景文字显示在合适的位置，从而给出一种 3D 效果的感觉。

只需让文字以不同的 3D 效果交替显示，就可以模拟出 3D 文字的旋转效果。

8.13.2 操作步骤

Step 01 新建工程，添加相应的控件。

Step 02 添加代码，参见配套光盘中的 Code\Chapter08\8-13-2。

Step 03 程序的运行结果如图 8.27 所示。

图 8.27 运行结果

8.14 案例实训——旋转位图实例

8.14.1 基本知识要点与操作思路

VB 中的图形框和图像框都没有提供图片旋转任意角度的功能，下面通过实例来讲解如何在 VB 中实现图像的旋转。

提示

使用 Point 方法从源图片框中提取每一个像素点，然后旋转一定角度后使用 Pset 方法画入目标图片框。当源图片框中的像素全部被画到目标图片框中时，也就完成了整个位图的旋转。

此方法的速度不快，只适用于较小的图片。

8.14.2 操作步骤

（1）新建工程，添加相应的控件。

（2）添加代码，参见配套光盘中的 Code\Chapter08\8-14-2。

（3）程序的运行结果如图 8.28 所示。

图 8.28　旋转位图的运行结果

8.15　习　题

(1) 编写程序，要求先建立一个数据输入窗口，然后根据输入的数据绘制出柱状图表。

(2) 编写程序，要求在窗体上绘制出一个立方体，并能用鼠标拖动立方体进行旋转。

(3) 编写一个指针式时钟程序。

(4) 编写一个能旋转文字的程序。

(5) 编写一个模拟查看彩票是否中奖刮卡的程序。

(6) 编写程序，要求用图形显示 Hanoi 塔问题的解决过程。

Chapter

文件管理及操作

文件的管理与操作是程序开发中的重要环节，利用
Visual Basic 提供的文件管理控件可以很好地实现文件的管
理，以帮助用户开发出功能强大的应用程序。

基础知识 ◆ 文件的结构和分类
◆ 文件系统的基本操作

重点知识 ◆ 文件操作与函数

提高知识 ◆ 顺序文件的读写操作
◆ 二进制文件的读写操作
◆ 文件系统控件

9.1 文件的访问

VB 具有较强的文件处理能力，提供了多个用于操作文件系统的语句与函数，还提供了文件系统控件，用户可以设计出自己的文件管理界面。

文件的访问操作包括文件的读和写。在编写程序时，一般都要从文件中读取数据或向文件中写入要保存的数据。

9.1.1 文件的结构和分类

"文件"是指存储在外部介质上的数据或信息的集合。通常文件有两种形式：记录文件和流式文件。记录文件是一种有结构的文件，每个文件由若干个记录组成，每个记录由若干个相关的数据项（称为字段）组成，记录是文件存储的最小单位。流式文件是一种无结构的文件，按"流"的方式组织文件，整个文件就是一个字符流或二进制流，即文件是一个字符序列。这种文件没有记录和字段的界限，文件的存取以字符或二进制位为单位，输入输出的数据流的开始和结束只受程序而不受物理符号（例如回车换行符）的控制。

1. 文件结构

为了有效地存取数据，数据必须以某种特定的方式存放，这种特定的方式称为文件结构。VB 文件由记录组成，记录由字段组成，字段由字符组成。

- 字符：是构成文件的最基本单位，凡是单一字节、数字、标点符号或其他特殊符号都是一个字符。
- 字段：也称域。域是文件中的一个重要概念，一般是由几个字符所组成的一项独立的数据。每个域都有一个域名，每个域中具体的数据值称为该域的域值。
- 记录：是由一组域组成的一个逻辑单位，一个记录中的各个域之间应该相互有关系，每个记录有一个记录名，用来表示一个唯一的记录结构，记录是用计算机进行信息处理中的基本单位。
- 文件：是由具有同一记录结构的所有记录组成的集合。每个文件都应该有一个文件名，是对文件进行访问的唯一手段。文件名一般由主文件名（简称文件名）和扩展名组成。

2. 文件分类

文件的种类繁多，其分类方式也较多，例如按数据性质、按数据的存取方式等。

（1）按数据性质分类

如果按数据性质进行分类，可以分为程序文件和数据文件。程序文件是可以由计算机执行的程序，包括源文件和可执行文件。数据文件用来存放普通的数据，例如职员销售统计、职员工资等。这类数据必须通过程序来存取和管理。

（2）按数据的存取方式分类

如果按数据的存取方式进行分类，可分为顺序文件、随机存取文件和二进制文件。

- 顺序文件

    顺序文件是指顺序存取的文件，这是一种结构相对简单的文件。顺序存取是指数据是依次写入文件的，在读取时，数据又依次被读出来，即数据的存取顺序与其在文件中的实际次序相一致。例如，要读取最后一个数据，也必须从第一个数据开始读起，然后依次读到最后一个数据。

- 随机存取文件

  随机文件是指随机存取的文件。随机文件是以记录为单位读写数据的，一个记录一般包含有多个数据项。随机文件中的每个记录都有一个记录号，在读写记录时，只要指出记录号就可以直接读写该记录。

  随机存取文件的存取较为灵活、方便，速度较快，容易修改，但是占空间较大，数据组织较复杂。

- 二进制文件

  二进制文件是将内存中的数据按其在内存中的存储形式原样输出到磁盘上。用二进制形式输出数值时，可以节省空间和转换时间，但是不能直接输出字符形式。因此，如果数据不是输出显示或打印，而是暂时存在磁盘上，等待进一步处理，则用二进制文件保存较合适。

表 9.1 是每种文件类型的主要用途及对其进行读写操作时所使用的函数或语句。

表 9.1　文件的主要用途及其使用的函数或语句

存取类型	主要用途	函数或语句
顺序文件	文本文件	Open，LineInput＃，Print＃，Input$，Close，Input＃，Write＃
随机存取文件	固定长度的记录文件	Type…EndType，Open，Put＃，Len，Close，Get＃
二进制文件	二进制文件	Open，Close，Seek，Input$，Get＃，Put＃

9.1.2　文件操作与函数

1. 文件操作

通常情况下，可以按照下述步骤操作文件。

- 利用 Open 函数打开用户想要浏览的文件。
- 利用 Input 或 LineInput 函数来读取文件内容。
- 利用 Close 函数关闭文件。

本节主要介绍文件的打开与关闭操作。

（1）文件的打开

VB 用 Open 函数打开或建立一个文件。其语法格式如下：

```
Open file [For mode][Access access][lock]As[#]filenumber[Len=reclen]
```

各参数的说明如表 9.2 所示。

表 9.2　Open 函数的参数说明

参数	说明
file	文件名称（可以包含路径）。如果该文件在当前的目录中，只需输入文件名
mode	存取模式。包含 Append（将数据加入打开文件的末尾）、Binary（以二进制表示文字数据）、Input（输入）、Output（输出）或 Random（指定随机存取模式）
access	文件的处理模式。包含 Read（只读）、Write（只写）、ReadWrite（读写均可）

参数	说明
lock	是否允许共享该文件。包含 Shared（共享）、Lock Read（锁定读取）、Lock Write（锁定写入）、Lock Read Write（锁定读写）
filenumber	代表文件的代码，有效值为 1～511。FreeFile 函数可以帮助用户取得有效的代码，文件打开后，就以代码来代表该文件，在处理上变得十分方便。关闭文件后，该代码才可以拿来代表其他文件
reclen	所要读取的记录长度，可设为 1～32767

例如，以下语句的作用是在目前目录下打开一个 sample.txt 文件，并指定数值 1 作为此文件的代码：

```
Open Sample.txt For Input As # 1
```

（2）文件的关闭

Close 函数用来关闭文件，在打开文件之后进行的操作。其语法格式如下：

```
Close [[#]file_num][,[#]file_num]…
```

Close 函数用来结束文件的输入输出操作。例如，假定用下面的语句打开文件：

```
Open "Record.dat" For Output As #1
```

打开之后可以用下面的语句关闭该文件：

```
Close #1
```

file_num 是 Open 函数中使用的文件号。关闭一个数据文件有两个作用，把文件缓冲区中的所有数据写到文件中，或者释放与该文件相联系的文件号，以供其他 Open 函数使用。

Close 函数中的 file_num 是可选的。如果指定了文件号，则把指定的文件关闭；如果不指定文件号，则把所有打开的文件全部关闭。

2. 与文件操作有关的语句和函数

前面已经介绍过，如果按文件的存取方式分类，可以分为顺序（sequential）、随机（random）及二进制（binary）3 种类型。下面主要介绍有关文件操作的常用语句和函数。

（1）Seek 函数

文件被打开后，自动生成一个文件指针（隐含的），文件的读或写就从这个指针所指的位置开始。用 Append 方式打开一个文件后，文件指针指向文件的末尾，而如果用其他几种方式打开文件，则文件指针都指向文件的开头。完成一个读写操作后，文件指针自动移到下一个读写操作的起始位置，移动量的大小由 Open 函数和读写语句中的参数共同决定。对于随机文件来说，其文件指针的最小移动单位是一个记录的长度；而顺序文件中文件指针移动的长度与其所读写的字符串的长度相同。在 VB 中，与文件指针有关的语句和函数是 Seek。

通过 Seek 函数可以重新定位读写位置。其语法格式如下：

```
Seek [#] filenumber, position
```

其中 filenumber 是文件号。position 是读写的位置，可以用 1～2 147 483 647（$2^{31}-1$）来代

表文件中任何一个 Byte 的位置。Seek 也可以用在随机文件中，但是 position 将代表文件中的第几个记录，而非第几个 Byte。

（2）FreeFile 函数

每个已打开的文件，从打开之前到最后关闭为止，所赋予的文件号是唯一的，不得与其他打开的文件重复。为了避免指定相同的文件号给不同的文件造成错误，可以使用 FreeFile 函数让 VB 自动指定可用的文件号。例如把语句改用以下形式：

```
Dim file_num As Integer
file_num = FreeFile
Open sample.txt For Input As #file_num
```

VB 会自动返回一个适当且可用的数值，作为 sample.txt 的文件号，打开的文件都能够使用不同的变量代表。

（3）LOF 函数

LOF 函数用于返回文件的长度。其语法格式如下：

LOF（文件号）

在 VB 中，文件的基本单位是记录，每个记录的默认长度是 128 个字节。因此，对于由 VB 建立的数据文件，LOF 函数返回的将是 128 的倍数，不一定是实际的字节数。例如，假定某个文件的实际长度是 257（128*2+1）个字节，则用 LOF 函数返回的是 384（128*3）个字节。对于用其他编辑软件或字处理软件建立的文件，LOF 函数返回的将是实际分配的字节数，即文件的实际长度。

（4）Lock 和 Unlock 函数

在网络环境中，有时候几个进程可能需要对同一文件进行存取。多个进程共享一个文件，可能会引起冲突，用 Lock 和 Unlock 函数可以对文件"锁定"和"解锁"，防止出现文件存取冲突。其语法格式如下：

Lock [#]文件号[,记录|[开始] To 结束]
　　…
Unlock [#]文件号[,记录|[开始] To 结束]

Lock 和 Unlock 函数用来控制其他进程对已打开的整个文件或文件的一部分的存取。

Lock 和 Unlock 函数总是成对出现的。所使用的参数在 Lock 和 Unlock 函数中必须严格匹配。各参数含义如下。

- 文件号——打开文件时所使用的文件号。
- 记录——要锁定的记录号或字节号，其取值范围为 1～2 147 483 647。一个记录的长度最多可达 32 767 个字节。
- 开始——要锁定或解锁的第一个记录号或字节号。
- 结束——要锁定或解锁的最后一个记录号或字节号。

对于不同类型的文件，"记录"、"开始"、"结束"的含义也不一样。例如，对于随机文件，其含义代表从文件开头起算的记录号，文件的第 1 个记录的记录号为 1；对于二进制文件，其含义代表从文件开头起算的字节号，文件的第 1 个字节的字节号为 1。

提示

如果作为顺序文件打开，则 Lock 和 Unlock 函数将影响整个文件，参数"开始"、"结束"均无效。

在关闭文件或结束程序之前，必须注意用 Unlock 对整个文件进行解锁，否则会产生难以预料的结果。如果试图存取一个锁定的文件，将产生出错信息。

（5）EOF 函数

EOF 函数用来测试文件的结束状态。其语法格式如下：

EOF（文件号）

"文件号"指已经打开的文件号。利用 EOF 函数，可以避免在文件读入时出现"读入超出文件尾"的错误。因此，EOF 函数是一个很有用的函数。在文件读入期间，可以用 EOF 函数测试是否到达文件末尾。对于顺序文件来说，如果已到文件末尾，则 EOF 函数返回 True，否则返回 False。

当 EOF 函数用于随机文件时，如果最后执行的 Get 语句未能读到一个完整的记录，则返回 True，这通常发生在试图读文件结尾以后的部分时。

EOF 函数通常用来在循环中测试是否已到达文件尾。一般结构如下：

```
Do While Not EOF(file_num)
     '文件读写语句
Loop
```

例如，以下代码就是使用 EOF 函数来判断是否已经到达文件尾：

```
Open TheFileName For Input As #1
Do Until EOF(1)
    Line Input #1,OneLineText$                      ' 一次读入一行
    TextBuffer$=TextBuffer$+OneLineText$            ' 并入字符串缓冲区
Loop
Close #1
```

9.1.3 顺序文件的读写操作

在程序中访问文件通常有 3 个步骤：打开、读取或写入、关闭。访问顺序文件也是如此，前面已经讲解了文件的打开和关闭，所以这里只介绍顺序文件的读写。

1. 顺序文件的读操作

顺序文件的读操作要使用到 Input ＃语句、Line Input ＃语句和 Input$ 函数。

（1）Input #语句

Input ＃语句从一个顺序文件中读出数据项，并把这些数据项赋给程序变量。其语法格式如下：

Input #文件号，变量表

其中的"变量表"由一个或多个变量组成，这些变量既可以是数值变量，也可以是字符串变量或数组元素。从数据文件中读出的数据将赋给这些变量。文件中数据项的类型应与 Input ＃语句中变量的类型匹配。例如以下语句：

Input #1,A,B,C

将从文件中读出 3 个数据项，分别赋给 A、B、C 这 3 个变量。

（2）Line Input #语句

Line Input #语句从顺序文件中读取一个完整的行，并且将其赋给一个字符串变量，其语法格式如下：

```
Line Input #文件号，字符串变量
```

其中的"字符串变量"是一个字符串变量名，也可以是一个字符串数组元素名，用来接收从顺序文件中读出的字符行。

在文件操作中，Line Input #是非常有用的语句，可以读取顺序文件中一行的全部字符，直至遇到回车符为止。此外，对于以 ASCII 码形式存放在磁盘上的各种语言的源程序，都可以用 Line Input #语句一行一行地读取。

Line Input #与 Input #语句功能类似。只是 Input #语句读取的是文件中的数据项，而 Line Input #语句是一行一行地读取。

（3）Input$函数

Input$函数返回从指定文件中读出的 n 个字符的字符串。可以从数据文件中读取指定数目的字符。其语法格式如下：

```
Input$（n,#文件号）
```

例如下面的语句将从文件号为 1 的文件中读取 10 个字符，并将其赋给变量 Sting$：

```
String$=Input$(10,#1)  
```

下面的语句将读取文件号为 1 的整个文件：

```
Line_text = Input(LOF(1), #1)
```

Input$函数执行"二进制输入"。把一个文件作为非格式的字符流来读取。例如：不把回车换行序列看作是一次输入操作的结束标志。因此，当需要用程序从文件中读取单个字符时，或者是用程序读取一个二进制的或非 ASCII 码文件时，使用 Input$函数较为适宜。

2. 顺序文件的写操作

顺序文件的写操作由 Print #或 Write #函数来完成。

（1）Print #函数

Print #函数的功能是把数据写入文件中。其语法格式如下：

```
Print #文件号，[[Spc(n)|Tab(n)][表达式表][ ; | , ] ]
```

Print #函数与 Print 方法的功能类似。Print 方法所"写"的对象是窗体、打印机或控件，而 Print #函数所"写"的对象是文件，其中的"文件号"是指被写入文件的文件号。其他参数的含义与 Print 方法相同。例如以下语句：

```
Print #1,Text1.Text
```

将把文本框的内容写到文件号为 1 的文件中。

（2）Write #函数

用 Write #函数可以把数据写入顺序文件中。其语法格式如下：

```
Write #文件号，表达式表
```

当使用 Write #函数时，文件必须以 Output 或 Append 方式打开。"表达式表"中的各项以逗号分开。例如以下语句：

```
Write #1,a,b,c
```

将把 a、b、c 的值写入文件号为 1 的文件中。

 提示

　　Write #函数与 Print #函数的功能基本相同。但是，当用 Write #函数向文件写数据时，数据在磁盘上以紧凑格式存放，能够自动地在数据项之间插入逗号，并给字符串加上双引号。一旦最后一项被写入，就插入新的一行。

9.1.4　随机文件的读写

随机文件的读写和顺序文件的读写类似，但随机文件由一些长度相等的记录组成，所以在文件中移动、搜索数据的速度就要比顺序文件快。可以使用随机文件来创建和管理一些小数据库，这里主要通过编写小数据库来学习随机文件的使用方法。

1. 定义数据类型

从随机文件中读取的是记录中的数据信息，所以用户必须定义一个记录型变量（也称作用户自定义数据类型）。在 VB 中使用 Type 语句可创建一个记录类型，语法格式如下：

```
Type  类型名
    元素名 As 类型
    元素名 As 类型
    元素名 As 类型
    ...
End Type
```

类型名是用户自定义类型的名称，必须遵循标准的变量命名约定。元素名是用户自定义类型的元素名称；类型可以是 Byte、Boolean、Integer、Long、Currency、Single、Double、Date、String（对变长的字符串）、String * length（对定长的字符串）、Object、Variant、其他的用户自定义的类型或对象类型。如果用户想更好地访问随机文件中的记录，则用户定义的记录类型最好是长度固定的（即在计算机中的存储空间固定）。

例如，以下语句可定义一个名为 Student 的类型，其中包括学号、姓名、性别以及年龄信息：

```
Type Student
    Sno As Integer
    Sname As String*10
    Ssex As String*2
    Sage As integer
End Type
```

在定义了 Student 类型后，就可以将变量声明为 Student 类型，例如以下语句：

```
Dim Stu As Student
```

将变量 Stu 声明为 Student 类型。包括 4 个成员，在程序中可以用"变量.元素"的形式来引用各成员，举例如下：

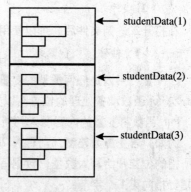

```
Stu.Sno = 1              '给元素 Sno 赋值
Stu.Sname = "齐小莉"      '给元素 Sname 赋值
```

如果根据这种类型声明 3 个记录变量，其语句如下：

```
Public studentData(1 To 3) As Student
```

就会得到一个这样的文件，其结构如图 9.1 所示。

图 9.1 定义随机文件

2. 随机文件的读操作

在打开随机文件后，可以使用 Get 函数读取随机文件中的记录。其语法格式如下：

```
Get <#文件号>, [<记录号>], <变量>
```

Get 函数将随机文件中的指定记录读取到定义的记录类型变量中。如果忽略记录号，则读取当前记录后的那一条记录。

3. 随机文件的写操作

Put 函数用来向随机文件中写入记录。其语法格式如下：

```
Put <#文件号> [<，记录号>], <变量>
```

Put 函数将记录变量的内容写入到所打开文件中指定的记录位置处。其中记录号是大于 1 的整数，表示写入的是第几条记录。如果忽略记录号，则在当前记录后插入新的记录。

4. 随机文件中记录的增加与删除

（1）增加记录

在随机文件中增加记录，实际上是在文件的末尾追加记录。其方法是，先找到文件最后一个记录的记录号，然后把要增加的记录写到它后面。

（2）删除记录

在随机文件中删除一个记录时，并不是真正删除记录，而是把下一个记录重写到要删除的记录的位置上，其后的所有记录前移。

9.1.5 二进制文件的读写

二进制文件的访问与随机文件的访问类似，不同的是，随机文件的读写是以记录为单位，二进制文件的读写则是以字节为单位。

（1）打开与关闭文件

用 Open 函数可以打开二进制文件。其语法格式如下：

```
Open <文件名> For Binary As <#文件号>
```

二进制文件的关闭操作与其他文件的关闭操作相同。

（2）写操作

在打开二进制文件后，可以使用 Put 函数对其进行写操作。其语法格式如下：

Put <#文件号> [<位置>]，<变量>

"变量"可以是任何类型的变量（包含可变长度字符串或自定义的类型），"位置"是指向下一次 Put 函数准备处理的位置，以文件的第 1 个 Byte 为 1 开始计算。

Put 函数将变量的内容写入到所打开文件中指定的位置处，一次写入的长度等于变量的长度。例如，若变量为整型，则写入 2 个字节的数据。如果忽略"位置"参数，则表示从文件指针所指的位置开始写入数据，数据写入后，文件指针会自动向后移动。在文件刚被打开时，文件指针指向第 1 个字节。

（3）读操作

可以使用 Get 函数或 InPut 函数来读取二进制文件的数据。其语法格式如下：

Get <#文件号>，[位置]，<变量>
InPut（<字节数>，<#文件号>）

InPut 函数返回从文件中读取的指定字节的字符串。

9.2 案例实训——访问顺序文件

9.2.1 基本知识要点与操作思路

编写一个读写文本文件的程序，要求能将文本文件中的内容读入到文本框中，并能将文本框中的内容保存到文本文件中。

9.2.2 操作步骤

访问顺序文件的实例，具体步骤如下。

Step 01 运行 VB 程序，新建工程文件

Step 02 在窗体上放置 1 个文本框控件、1 个通用对话框控件和 2 个按钮控件，如图 9.2 所示。

Step 03 将文本框的 Text 属性设为空，两个按钮的 Caption 属性分别设为"打开"和"写入"，然后编写如下程序代码：

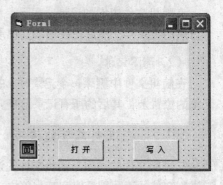

图 9.2　窗体设计

```vb
Private Sub Command1_Click()
    CommonDialog1.DialogTitle = "打开"
    CommonDialog1.Flags = 8
    CommonDialog1.Filter = "文本文件|*.txt"
    CommonDialog1.FilterIndex = 1
    CommonDialog1.Action = 1
    txtFilename = CommonDialog1.FileName
    If txtFilename <> "" Then
        Open txtFilename For Input As #1
        Do Until EOF(1)
```

```
        Line Input #1, OneLineText$
        TextBuffer$=TextBuffer$+OneLineText$+Chr$(13)+Chr$(10)
    Loop
    Close #1
    Text1.Text = TextBuffer$
End If
End Sub
Private Sub Command2_Click()
    CommonDialog1.DialogTitle = "写入"
    CommonDialog1.Flags = 8
    CommonDialog1.Filter = "文本文件|*.txt"
    CommonDialog1.FilterIndex = 1
    CommonDialog1.Action = 2
    txtFilename = CommonDialog1.FileName
    If txtFilename <> "" Then
        Open txtFilename For Output As #1
        Print #1, Text1.Text
        Close #1
    End If
End Sub
```

Step 04 运行该程序后,可以打开文本文件进行编辑,编辑完后还可以保存。

实例源文件参见配套光盘中的 Code\Chapter09\9-2-2。

9.3 案例实训——编写学生档案管理小程序

9.3.1 基本知识要点与操作思路

编写一个学生档案管理小程序,当学生信息输入后将被保存到文件中,以后可以读出输入的学生信息。

实讲实训
多媒体演示

多媒体文件参见配套光盘中的Media\Chapter09\9.3。

9.3.2 操作步骤

访问随机文件,具体步骤如下。

Step 01 运行 VB 程序,新建工程文件。

Step 02 在窗体上放置 6 个标签控件、5 个文本框控件和 2 个按钮控件,如图 9.3 所示。其中主要对象的属性设置如表 9.3 所示。

表9.3 主要对象的属性设置

对象	属性	值	对象	属性	值
随机文件的访问	Caption		"年龄"文本框	名称	TexAge
"学号"文本框	名称	TexNo		Text	置空
	Text	置空	"输入记录号"文本框	名称	TexShow
"姓名"文本框	名称	TexName		Text	置空
	Text	置空	按钮 1	名称	ComAdd
"性别"文本框	名称	TexSex		Caption	添加

（续表）

对象	属性	值	对象	属性	值
	Text	置空	按钮2	名称	ComShow
				Caption	显示

Step 03 编写代码如下：

图 9.3　窗体设计

```vb
Private Type Student
    Sno As Integer
    Sname As String * 10
    Ssex As String * 2
    Sage As Integer
End Type
Dim Stu As Student

Private Sub ComAdd_Click()
    Stu.Sno = Val(TexNo.Text)
    Stu.Sname = TexName.Text
    Stu.Ssex = TexSex.Text
    Stu.Sage = Val(TexAge.Text)
    Open "E:\Student.dat" For Random As #1 Len = Len(Stu)
    RecordNo = LOF(1) / Len(Stu) + 1
    Put #1, RecordNo, Stu
    Close #1
End Sub

Private Sub ComShow_Click()
    RecordNo = Val(TexShow.Text)
    Open "E:\Student.dat" For Random As #1 Len = Len(Stu)
    Get #1, RecordNo, Stu
    Close #1
    TexNo.Text = Stu.Sno
    TexName.Text = Stu.Sname
    TexSex.Text = Stu.Ssex
    TexAge.Text = Stu.Sage
End Sub
```

Step 04 运行该程序后，在表单中输入学生的信息，单击"添加"按钮即可将其追加到 E:盘的随机文件 Student.dat 中。在"输入记录号"文本框中输入记录号，单击"显示"按钮即可在表单中显示出该记录的内容。实例源文件参见配套光盘中的 Code\Chapter09\9-3-2。

9.4　文件管理及操作

实讲实训
多媒体演示

多媒体文件参见配套光盘中的Media\Chapter09\9.4。

VB 提供了一些用于处理文件系统的语句，使用这些语句可以在 VB 应用程序中进行更改当前目录、建立或删除目录、删除文件等操作。

9.4.1　目录操作

1. 获取指定驱动器的当前路径

要获取某驱动器的当前路径，可以使用 CurDir 函数。其语法格式如下：

```
CurDir [drive]
```

参数 drive 是指要获取信息的驱动器名称，如果忽略该参数，则 CurDir 函数返回当前驱动器的当前路径。

例如，如果驱动器 E:的当前路径为 E:\Tool\Oicq，则如下语句将在窗体上显示 E:\Tool\Oicq：

```
Print CurDir("E")
```

2. 更改当前驱动器

使用 ChDrive 函数可以更改当前驱动器。其语法格式如下：

```
ChDrive drive
```

参数 drive 为要指定为当前驱动器的名称，例如，将驱动器 A:指定为当前驱动器的语句为：

```
ChDrive "A"
```

3. 更改当前路径

使用 ChDir 函数可以更改当前路径。其语法格式如下：

```
ChDir Path
```

参数 Path 为要指定的路径，如果在路径中没有指定驱动器的名称，则表示驱动器为当前驱动器。例如，将路径 C:\Windows 指定为当前路径的语句为：

```
ChDir "C:\Windows"
```

4. 建立与删除目录

使用 MkDir 函数可以创建一个新的目录。其语法格式如下：

```
MkDir Path
```

参数 Path 用来指定要创建的目录以及目录所在的路径。Path 可以包含驱动器。如果没有指定路径，则 MkDir 会在当前路径下创建新的目录。例如：

```
MkDir "C:\aa"              '在 C:盘中创建目录 aa
MkDir "C:\Windows\bb"      '在 C:盘 Windows 目录中创建子目录 bb
MkDir "cc"                 '在当前路径下创建目录 cc
```

使用 RmDir 函数可以删除某一空目录。其语法格式如下：

```
RmDir Path
```

例如：

```
RmDir "C:\aa"             '删除 C:盘中目录 aa
RmDir "C:\Windows\bb"     '删除 C:盘 Windows 目录中的子目录 bb
RmDir "cc"                '删除当前路径下的目录 cc
```

注意

RmDir 函数只能用来删除空的目录，如果目录中还包含有子目录或文件，则必须先删除子目录和文件。

9.4.2 文件操作

文件的操作包括复制文件、删除文件、重命名文件和设置文件属性等。在操作文件时，文件必须是关闭的，否则会产生运行错误。下面逐一介绍 VB 中的各种文件操作函数。

1. 复制文件

使用 FileCopy 函数可以在磁盘介质间复制文件。其语法格式如下：

```
FileCopy    Source, Destination
```

参数 Source 用来指定源文件及其路径，参数 Destination 用来指定目标文件及其路径。如果没有指定路径，则默认路径为当前路径。举例如下：

```
'将 C:盘 Windows 目录中的文件 command.com 复制到 F:盘，并且文件名变为 cc.com
FileCopy "C:\Windows\command.com", "F:\cc.com"
'将 C:盘 Windows 目录中的文件 command.com 复制到当前路径下，且仍使用原名
FileCopy "C:\Windows\command.com", "command.com"
```

2. 删除文件

使用 Kill 函数可以删除磁盘中现有的文件。其语法格式如下：

```
Kill PathName
```

参数 PathName 用来指定所要删除的文件及其路径。如果没有指定路径，则会删除当前路径下的文件。

Kill 函数支持多字符（*）和单字符（?）通配符来指定多重文件。举例如下：

```
Kill "D:\vcd\mm.dat"            '删除 D:盘 Vcd 目录中的 mm.dat 文件
Kill "Chapter1.doc"             '删除当前路径中的 Chapter1.doc 文件
Kill "E:\temp\*.txt"            '删除 E:盘 Temp 目录中的所有后缀为 TXT 的文件
Kill "E:\temp\*.*"             '删除 E:盘 Temp 目录中的所有文件
```

3. 重命名文件

使用 Name 函数可以重命名文件或移动文件。其语法格式如下：

```
Name OldPathName As NewPathName
```

参数 OldPathname 用来指定所要重命名的文件及其路径，参数 NewPathName 用来指定文件的新名称及其路径。如果 NewPathName 参数指定的路径与 OldPathName 参数指定的路径不同，则文件将被移到新的路径下。举例如下：

```
'将 D:盘中的文件 oicq99b.exe 重命名为 oicq.exe
Name "D:\oicq99b.exe" As "D:\oicq.exe"
'将 D:盘中的文件 oicq99b.exe 移到 E:盘的 Temp 目录中，并重命名为 oicq.exe
Name "D:\oicq99b.exe" As "E:\Temp\oicq.exe"
```

Name 函数对目录也有效，举例如下：

```
'将 D:盘中的 Tool 目录重命名为 TT
Name "D:\Tool" As "D:\TT"
'将 E:盘的 Oicq 目录移到 D:盘的 Tools 目录中
Name "E:\Oicq" As "D:\Tools\Oicq"
```

4. 设置文件的属性

使用 SetAttr 函数可以设置文件或目录的属性。其语法格式如下：

```
SetAttr PathName, VbFileAttribute
```

参数 Pathname 用来指定要设置属性的文件或目录，参数 VbFileAttribute 用来指定文件或目录的属性，其取值及含义如表 9.4 所示。

表 9.4　VbFileAttribute 参数的取值及含义

常数	值	含义	常数	值	含义
VbNormal	0	常规（默认值）	VbSystem	4	系统文件
VbReadOnly	1	只读	VbArchive	32	上次备份以后，文件已经改变
VbHidden	2	隐藏			

VbFileAttribute 参数的取值也可以是各取值的和，这一点与在前面介绍的通用对话框控件的 Flags 属性类似。例如：

```
'设置 D:盘 Temp 目录中 mytext.txt 文件的属性为只读
SetAttr "D:\Temp\mytext.txt", 1
'设置 D:盘 Temp 目录的属性为隐藏
SetAttr "D:\Temp", 2
'设置 E:盘中 yy.jpg 文件的属性为只读和隐藏
SetAttr "E:\yy.jpg", 3
```

函数 GetAttr 用来返回文件的属性设置，例如，如果 GetAttr（E:\yy.jpg）的返回值为 1，则表明文件 yy.jpg 的属性为只读。如果 GetAttr 函数的返回值为 16，则表明是目录。

5. 获取文件的大小

使用 FileLen 函数可以获取文件的大小。其语法格式如下：

```
FileLen(PathName)
```

参数 PathName 用来指定要获取文件的大小及其路径。函数的返回值为一个长整型值，代表文件的大小，单位是字节。举例如下：

```
'显示 E:盘中 form1.frm 文件的大小，单位为字节
Print FileLen("E:\form1.frm")
```

9.5　文件系统控件

为使用户方便地利用文件系统，VB 提供了两种方法：一种是使用通用对话框控件创建标准的"打开"或"保存"对话框，另一种是使用 VB 提供的文件系统控件自行创建对话框。使用后一种方法创建访问文件系统的对话框更灵活。

VB 提供了 3 个文件系统控件，分别是驱动器列表框、目录列表框和文件列表框。这 3 个控件是 VB 的内部控件，总是出现在工具箱中。

9.5.1 驱动器列表框

驱动器列表框用来显示当前系统所安装的驱动器，例如，软驱、硬盘的各分区和光驱等。驱动器列表框是一个下拉式列表框，平时只显示一个驱动器（在默认情况下，显示的是当前驱动器的名称）。单击列表框右侧的下三角按钮，就会弹出一个驱动器列表，列出当前系统安装的所有驱动器，以供用户选择，如图9.4所示。

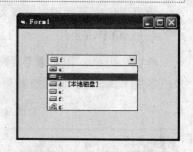

图 9.4 显示系统驱动器列表

驱动器列表框最重要的属性是 Drive，该属性用来在运行时设置或返回所选择的驱动器，但在设计时不可用。

例如，将如下语句添加到窗体的 Load 事件中，则程序启动后驱动器框中显示的将是指定的驱动器 E:，而不是当前驱动器。

```
Drive1.Drive = "E"
```

在驱动器列表框中选择驱动器并不能自动更改系统的当前驱动器，要使用户在驱动器列表框中的操作影响到系统，还需要编写一些代码。

改变驱动器列表框的 Drive 属性的设置值会触发 Change 事件。因此，在 Change 事件过程中，可用 ChDrive 函数来更改系统当前驱动器，语句如下：

```
ChDrive Drive1.Drive
```

9.5.2 目录列表框

目录列表框用于显示当前驱动器上的目录结构。它以根目录开头，显示的目录按照子目录的层次依次缩进，如图9.5所示。

双击某一目录，可打开该目录，即显示该目录中的所有子目录。被打开的目录的图标为一个打开状的文件夹。双击打开的目录可将其关闭，其中的子目录不再显示出来，并且目录的图标变成一个关闭状的文件夹。

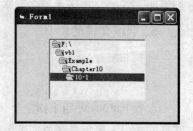

图 9.5 目录列表框

目录列表框最重要的属性是 Path，该属性用来在运行时设置或返回所选择的路径，但在设计时不可用。

同样，改变目录列表框的 Path 属性的设置值会触发 Change 事件。因此，在 Change 事件过程中，可用 ChDir 函数来更改系统的当前路径，语句如下：

```
ChDir Dir1.Path
```

目录列表框只能显示当前驱动器下的目录。如果要显示其他驱动器下的目录，则要使用 Path 属性来设置其路径，最好将目录列表框与驱动器列表框结合使用。

9.5.3 文件列表框

文件列表框用来显示当前目录中的文件列表。文件列表框有 4 个重要的属性，下面分别介绍。

1. Path 属性

Path 属性用来设置或返回列表框中所显示的文件的目录,在设计时不可用。文件列表框常常与目录列表框和驱动器列表框一起使用。在目录列表框的 Change 事件中添加如下语句:

```
File1.Path = Dir1.Path
```

即可将目录列表框与文件列表框关联起来,当在目录列表框中选择一个目录时,文件列表框中会自动同步显示出该目录中的所有文件。

当文件列表框的 Path 属性改变后,会触发 PathChange 事件。

2. Pattern 属性

Pattern 属性用来设置或返回文件列表框中所显示的文件类型,该属性既可以在设计时通过"属性"窗口设置,也可以在代码中设置。Pattern 属性的默认值为*.*,即显示所有文件。当 Pattern 属性改变后,会触发文件列表框的 PatternChange 事件。

例如,要使文件列表框中只显示文本文件,则应该将 Pattern 属性的值设置为"*.TXT"。

要设置多个文件类型,可以使用分号(;)来分隔。举例如下:

```
File1.Pattern = "*.DOC"                  '只显示 Word 文档文件
File1.Pattern = "*.EXE;*.COM"            '显示 EXE 和 COM 文件
File1.Pattern = "*.BMP;*.GIF;*.JPG"      '显示几种图形文件
```

3. FileName 属性

FileName 属性用来设置或返回文件列表框中所选文件的路径和文件名,如果没有选择任何文件,则返回一个空字符串。FileName 属性在设计时不可用。举例如下:

```
Print File1.FileName              '显示用户所选择的文件
'在文件列表框中只显示 C:盘 Windows 目录中的 Command.com 文件
File1.FileName = "C:\Windows\Command.com"
'在文件列表框中显示 C:盘 Windows 目录中的所有 EXE 文件
File1.FileName = "C:\Windows\*.exe"
```

4. 与文件属性有关的属性

表 9.5 中列出了与文件属性有关的 4 个属性,用来决定在文件列表框中显示哪一类属性的文件。

表 9.5　与文件属性有关的属性

属性	含义	默认值
Archive	当该属性值为 True 时,显示以前备份后修改过的文件,否则不显示	True
Normal	当该属性值为 True 时,显示普通文件	True
System	当该属性值为 True 时,显示系统文件	False
Hidden	当该属性值为 True 时,显示隐藏文件	False
ReadOnly	当该属性值为 True 时,显示只读文件	True

9.6 案例实训——目录列表框与驱动器列表框的应用

9.6.1 基本知识要点与操作思路

实讲实训
多媒体演示
多媒体文件参见配
套光盘中的Media
\Chapter09\9.6。

本节通过一个实例讲解目录列表框与驱动器列表框的配合使用，这样的组合应用对于实际中的程序开发是经常出现的。

9.6.2 操作步骤

目录列表框与驱动器列表框的配合使用，具体步骤如下。

Step 01 运行 VB 程序，新建工程文件。

Step 02 在窗体上放置一个驱动器列表框、一个目录列表框、一个标签控件和一个文本框控件，如图 9.6 所示，其中各对象属性的设置如表 9.6 所示。

表 9.6　各对象的属性设置

对象	属性	值	对象	属性	值
窗体	Caption	选择路径	文本框	名称	Text1
驱动器列表框	名称	Drive1		MultiLine	True
目录列表框	名称	Dir1		Text1	置空
标签	Caption	所选择的路径			

Step 03 编写代码如下：

```
Private Sub Drive1_Change()
    Dir1.Path = Drive1.Drive
End Sub
Private Sub Dir1_Change()
    Text1.Text = Dir1.Path
End Sub
```

Step 04 运行程序后，在驱动器列表框中选择驱动器，则目录列表框中的目录会同步发生相应的改变；在目录列表框中选择目录，则文本框中会显示出当前所选择的路径，如图 9.7 所示。实例源文件参见配套光盘中的 Code\Chapter09\9-6-2。

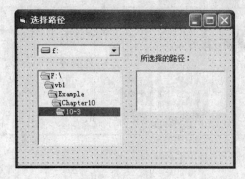

图 9.6　窗体设计

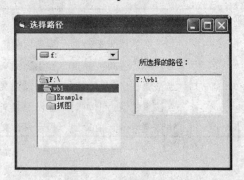

图 9.7　选择路径举例

9.7 案例实训——文件控件的使用

9.7.1 基本知识要点与操作思路

在该程序中，使用文件控件自行设计一个文件管理对话框。通过该对话框可以浏览系统中的文件，还可以进行文件的查找和删除操作。

9.7.2 操作步骤

文件控件的使用，具体操作步骤如下。

Step 01 运行 VB 程序，新建工程文件。

Step 02 在窗体中放置 1 个驱动器列表框、1 个目录列表框、1 个文件列表框、1 个标签控件、1 个文本框控件和 3 个按钮控件，如图 9.8 所示，其中各对象的属性设置如表 9.7 所示。

表 9.7 各对象的属性设置

对象	属性	值	对象	属性	值
窗体	Caption	文件控件的使用	按钮 1	名称	ComFind
驱动器列表框	名称	Drive1		Caption	查找
目录列表框	名称	Dir1	按钮 2	名称	ComDel
文件列表框	名称	File1		Caption	删除
标签	Caption	请输入所要查找的文件名称:	按钮 3	名称	ComClose
文本框	名称	TexFind		Caption	关闭
	Text	置空			

Step 03 编写代码如下：

```
Private Sub Form_Load()
Drive1.Drive = "C"
    Dir1.Path = "C:\"
End Sub

Private Sub Drive1_Change()
    Dir1.Path = Drive1.Drive
              '关联驱动器列表框和目录列表框
End Sub
Private Sub Dir1_Change()
    File1.Path = Dir1.Path
              '关联目录列表框和文件列表框
End Sub

Private Sub ComFind_Click()
    On Error GoTo ww1
    File1.FileName = TexFind.Text          '查找文件
    Exit Sub
ww1:                                       '错误处理代码
    If Err.Number = 53 Then
      MsgBox "文件未找到!", 64, "提示"
```

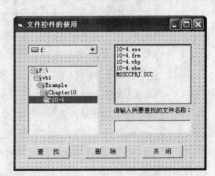

图 9.8 窗体设计

```
    Else
        MsgBox "出现未知错误!", 64, "提示"
    End If
    Resume Next
End Sub
Private Sub ComDel_Click()
    '确定所选文件的路径及文件名
    If Right(Dir1.Path, 1) = "\" Then
        Delfile = Dir1.Path & File1.FileName
    Else
        Delfile = Dir1.Path & "\" & File1.FileName
    End If
    On Error GoTo ww2
    msg = MsgBox("是否真的删除文件?", 36, "警告")
    If msg = 6 Then                                    '判断用户做出的选择
        Kill Delfile                                   '删除文件
        File1.Refresh                                  '刷新文件列表框
    End If
Exit Sub
ww2:
    If Err.Number = 75 Then
        MsgBox "文件不能被删除!", 64, "提示"
    Else
        MsgBox "出现未知错误!", 64, "提示"
    End If
    Resume Next
End Sub
Private Sub ComClose_Click()
    End
End Sub
```

在程序代码中，首先在窗体的 Load 事件中设置了文件控件的初始值，即在启动程序后，驱动器列表框显示的是 C:盘，目录列表框显示的是 C:盘的根目录。驱动器列表框和目录列表框的 Change 事件过程用来关联 3 个文件控件。

在查找文件时，如果用户输入的文件不存在，则会产生错误，并且错误号为 53。在删除文件时，也可能会出现错误，例如，要删除的文件是只读的或文件已被打开，就会产生一个错误号为 75 的错误。为了处理这些错误，在"查找"按钮和"删除"按钮的 Click 事件过程中都设置了错误陷阱及错误处理代码。

在删除文件时，首先要获得用户所选文件的路径及文件名。可以使用目录列表框的 Path 属性所返回的路径和文件列表框的 FileName 属性返回的文件名来"拼接"出 Kill 函数所需要的参数。需要注意的是，Path 属性返回根目录时，已经带有冒号（:）和反斜杠（\），例如返回的是 C:\，而不是 C 或者 C:。因此，在代码中使用了 If 语句，来判断是否有必要在文件名与路径之间添加一个反斜杠。

Step 04 运行该程序后，如图 9.9 所示，在驱动器中选择驱动器，则目录列表框和文件列表框都会同步变化。在目录列表框中选择目录，则文件列表框会同步显示出所选目录中的文件。

在文本框中输入要查找的文件名称，单击"查找"按钮，则文件列表框中就会显示出该文件，如图 9.10 所示。如果查找的文件不在当前文件列表中或不存在，则弹出消息框，提示未找到。在查找文件时也可以使用通配符，例如，输入 *.EXE，则文件列表框中显示出当前目录中的所有 EXE 文件。

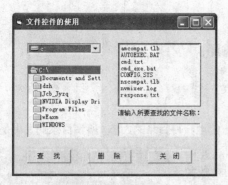

图 9.9 启动后的窗体　　　　　　　　　　图 9.10 查找到某个文件

在文件列表框中选中某个文件，单击"删除"按钮则弹出消息框，提示用户是否真的删除文件。单击"是"按钮，则被选中的文件将被删除；单击"否"按钮，则不删除该文件。

如果所要删除的文件是只读文件或文件已被打开，则执行文件的删除操作时会弹出消息框，提示用户此文件不能被删除。实例源文件参见配套光盘中的 Code\Chapter09\9-7-2。

9.8　案例实训——利用递归方法查找文件

9.8.1　基本知识要点与操作思路

VB 提供的内部函数 Dir 可用来查找文件。但是该函数只是在当前目录中查找文件，如果该目录中还有子目录，问题就比较棘手。下面编写一个查找文件的实例，可以从子目录中查找文件。

 提示

本实例的核心问题是怎样处理子目录。在子目录中查找文件与在当前目录中查找文件的过程是完全相同的。因此可以利用"递归"方法来解决此问题。

9.8.2　操作步骤

利用递归方法查找文件，具体操作步骤如下。

编写一个扫描目录的子过程，当遇到子目录时就中断当前目录的扫描，开始扫描子目录，即调用过程本身。如果子目录中还有子目录，就采取相同的方法继续调用过程，直至查找的目录（子目录）中不再含有子目录为止。

Step
01　新建工程，添加相应的控件。

Step
02　添加代码，参见配套光盘中的 Code\
Chapter09\9-8-2。

Step
03　运行程序，结果如图 9.11 所示。

图 9.11　运行结果

9.9 案例实训——获取目录的大小

9.9.1 基本知识要点与操作思路

本实例建立在 9.8 节实例的基础上，可以非常方便地获得目录的大小。所谓目录的大小是指本目录以及其中各子目录下的所有文件的大小总和。通过 FileLen 函数来获取指定文件的大小。由于目录中还可能包含有子目录，因此本例也需要使用到"递归"方法。

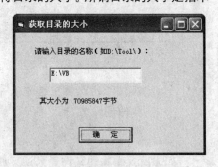

图 9.12 运行结果

9.9.2 操作步骤

Step 01 新建工程，添加相应的控件。

Step 02 添加代码，参见配套光盘中的 Code\Chapter09\9-9-2。

Step 03 程序运行的结果如图 9.12 所示。

9.10 案例实训——加密文件

9.10.1 基本知识要点与操作思路

在使用文件时，不可避免地要碰到文件加密的问题，下面来编写一个自己的加密程序。

使用 XOR（异或）运算符是实现文件加密与解密的常用方法。XOR 运算符的运算规则如表 9.8 所示。

表 9.8 XOR 运算符的运算规则

位 1	位 2	"异或"结果	位 1	位 2	"异或"结果
0	0	0	1	0	1
0	1	1	1	1	0

XOR 的一个独特属性是：将两个数的异或结果与原先的两个数之一进行"异或"，即可得到另一个数。

字符可以通过 Asc() 函数转换成数字，然后就可以进行"异或"操作。要将数字转换为字符，可以使用 Chr() 函数。例如，可以在"立即"窗口中进行如下试验：

```
Print Asc("a") Xor 23
118
Print Chr(118)
v
Print Chr(118 Xor 23)
a
```

将字符 a 转换成数字后，与数字 23 "异或"的结果为数字 118；用 Chr() 函数将 118 进行转换即得字符 v；而数字 118 与 23 "异或"后再转换成字符，又得到原来的字符 a。这样就可以将文件中的字符逐个与某一数字进行"异或"运算，从而实现加密文件；要解密文件，只需用该数字对加密的文件再进行一次"异或"运算即可。其中的数字就是密钥，没有这个密钥，文件是很难被解密的。

9.10.2　操作步骤

Step
01　新建工程，添加相应的控件。

Step
02　添加代码，参见配套光盘中的 Code\Chapter09\9-10-2。

Step
03　运行程序，结果如图 9.13 所示。

 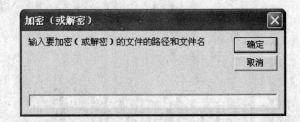

图 9.13　运行结果

9.11　习　题

（1）编写一个通用的文件内容查看程序（只用于查看 .txt 和 .frm 文件）。

（2）编写一个程序，要求可输出月历并把结果放入一个文件中。

（3）假定在磁盘上已建立了一个通讯录文件，文件中包括编号、用户名、电话号码和地址4 项内容。试编写一个程序用自己选择的检索方法（例如二分法）从文件中查找指定的用户编号，并在文本框中输出其名字、电话号码和地址。

Chapter 10

数据库编程技术

本章将介绍数据库编程方面的内容，通过对本章的学习，可以掌握数据库编程的基础、数据库控件的使用、SQL 数据库的使用等方面的知识,同时可以以自己独立开发简单的数据库应用程序。

基础知识 ◈ 数据库的基本概念

◈ VB 数据系统

重点知识 ◈ 使用 Data 控件访问数据库

提高知识 ◈ 使用 SQL 操作数据库

10.1　数据库的基本概念

数据库是一组特定数据的集合，是提供数据的基地。数据库能保存数据并允许用户访问所需的数据。数据库中保存的数据都是相关数据，为了便于保管和处理这些数据，将这些数据存入数据库时必须具有一定的数据结构和文件组织方式。了解数据库，就是了解数据库的数据结构、文件组织方式以及数据库应用程序的基本框架。

实讲实训
多媒体演示

多媒体文件参见配套光盘中的 Media \Chapter10\10.1。

数据库中数据的组织形式有多种，近几年来，关系模型已经成为数据库设计的事实上的标准。在关系型数据库中，实际保存数据的数据结构是一个或多个表（Table），每个表定义了某种特定的结构。下面介绍关系型数据库中的一些基本概念。

1. 表

关系型数据库中的数据集合用表来表示，表是数据库的基本组成单元。一个数据库由一个或多个表组成。

表实际上就是一个二维表格，例如，表 10.1 所示的是一个通讯录表，其中包含姓名、电话、手机、传呼和地址信息。

表 10.1　通讯录表

姓名	电话	手机	传呼	地址
郝春强	62777076	13700217717	191－1227255	清华 9#116
陈　伟	62779501	13801012453	191－1227263	清华 13#310
孙佳莉	8630156	13908527229	191－5284366	贵州遵义
齐小莉	7612120	13709118637	127－5535360	陕西吴旗

表中每一个人的信息称为一个记录（Record），即表的每一行就是一个记录，而且，表中的记录必须是唯一的。

表中的每一列称作一个字段（Field），描述了表所含有的数据。创建一个数据库时，要为每个字段设置字段名、数据类型、最大长度等属性。字段中存放的数据可以是各种字符、数字或者图形。同样，表中的字段也应该是唯一的。

2. 主关键字

每个表都应该有一个主关键字，主关键字是记录的唯一标识符。例如，在学生管理数据库中，可以将学号作为主关键字。对于每个记录来说，主关键字必须具有一个唯一的值，即主关键字不能为空值。

3. 索引

数据库建成之后，为了便于查找，可以在数据库中建立索引来加快查找速度。数据库的索引与书的目录索引类似，通过索引就能很快找到所需的内容。

10.2 Visual Basic 数据库系统

VB 数据库系统由 3 部分组成：用户界面、数据库引擎和数据仓库。其中数据库引擎存在于用户界面和数据仓库之间，起着中介作用，用户通过数据库引擎与要访问的特定数据库相连。对于 VB 所支持的任何数据库格式，所用的数据库编程技术都差不多。

下面简单介绍一下数据库的 3 个组成部分。

- 用户界面

  用户界面是进行人机交互的界面，用于查看、显示数据或更新数据。驱动用户界面窗体的是用 VB 编写的代码，这些代码使得用户的操作能作用到数据库上，例如添加或删除记录、执行查询等。

- 数据库引擎

  VB 默认的数据库引擎是 Microsoft Jet 数据库，其包含在一组动态链接库（DLL）中，运行时，这些动态链接库被链接到 VB 程序。数据库引擎的作用是把应用程序的请求翻译成对数据库的物理操作。

- 数据仓库

  数据仓库是包含数据库表的一个或多个文件。VB 支持多种数据库，默认的数据库是 Micosoft Access 数据库，即.mdb 文件。

10.3 用可视化数据管理器建立数据库

建立数据库的方式很多，用户既可以使用专门的数据库应用程序，例如 Microsoft Access 来创建数据库，也可以使用 VB 自带的可视化数据管理器来创建和管理数据库。可视化数据管理器是 VB 提供的一种极为方便的数据库设计工具，具有创建数据库、设计与编辑表格等功能。

实讲实训
多媒体演示
多媒体文件参见配套光盘中的 Media \Chapter10\10.3。

执行"外接程序"菜单下的"可视化数据管理器"命令即可打开可视化数据管理器，如图 10.1 所示。

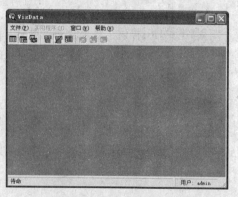

图 10.1 可视化数据管理器

10.3.1 创建 Access 格式数据库

使用可视化数据管理器可以创建 Microsoft Access、dBase、FoxPro、Paradox、ODBC 等多种

数据库。本节将创建一个名称为 TelBook 的通讯录数据库，其中只包含一个表，名称为 TelTable，其结构如表 10.1 所示。

1. 创建数据库

Step
01
在可视化数据管理器中选择"文件" | "新建" |Microsoft Access|Version 7.0 MDB 命令，打开如图 10.2 所示的对话框。

Step
02
在"文件名"下拉列表框中，输入数据库的文件名及其存储路径，选择路径为 E:\，文件名为 TelBook。

Step
03
单击"保存"按钮，打开如图 10.3 所示的窗口。在该对话框中确定要创建的数据库的文件名及其存储路径，这里，则在可视化数据管理器中出现了新建的数据库窗口，其中列出了新建的数据库的一些属性，如图 10.3 所示。

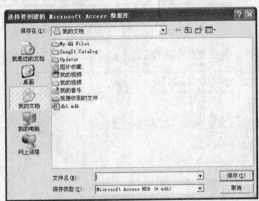

图 10.2 输入数据库文件名对话框

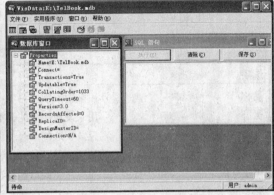

图 10.3 新建的数据库窗口

2. 创建表

以上的数据库仅仅是个空壳，除了路径有效外，没有实际内容，还需要进一步为数据库建立数据表。

Step
01
在数据库窗口中右击鼠标，在弹出的快捷菜单中单击"新建表"命令，即可打开用于创建表的"表结构"对话框，如图 10.4 所示。

Step
02
在"表名称"文本框中输入数据表的名称为 TelTable。单击"添加字段"按钮，弹出如图 10.5 所示的对话框。

Step
03
在"添加字段"对话框中，输入字段名，同时设置字段的类型及大小等选项。

Step
04
单击"确定"按钮，创建一个字段，该字段将出现在"表结构"对话框的"字段列表"框中。接着可以创建下一个字段。

表 10.2 中列出了"添加字段"对话框中主要选项的含义。

☕ 注意

不能使所有的字段都允许为零长度，在一个表中至少要有一个字段不能为空。这个字段可以作为主关键字。

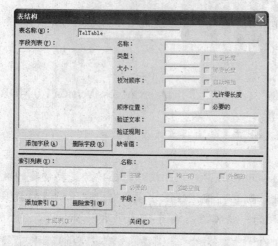

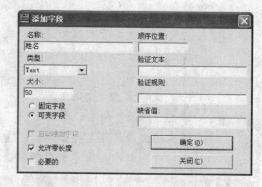

图 10.4　"表结构"对话框　　　　　　　　图 10.5　"添加字段"对话框

表 10.2　"添加字段"对话框中主要选项的含义

选项	含义
名称	用来输入字段名
类型	用来设置字段的类型，以决定字段中所存储的数据类型
大小	设置字段的最大长度（字节数）
固定字段	如果选中该单选按钮，则所输入的字段必须为定长
可变字段	如果选中该单选按钮，则所输入的字段可以不定长
必要的	选中该复选框表示该字段必须输入，不能省略
顺序位置	用来决定字段在表中的顺序位置
验证文本	当输入无效数据时显示的提示信息
默认值	生成记录时字段的初始值

本例中创建 5 个字段，分别是"姓名"、"电话"、"手机"、"传呼"和"地址"，类型均设置为 Text，并且长度是可变的。除"姓名"字段为"必要的"外，其余的字段都设置为"允许零长度"。

Step 06　添加了字段后的"表结构"对话框如图 10.6 所示。

3. 添加索引

数据库中表的索引不是必需的，但能大大加快查询的速度。索引字段一般要选择字段值唯一的字段，而且该字段不能为空值。这里将"姓名"作为表 TelTable 的索引。

Step 01　单击"表结构"对话框中的"添加索引"按钮，则弹出如图 10.7 所示的对话框。

Step 02　在"名称"文本框中输入索引名，同时从"可用字段"列表中选定用作索引的字段，这里选择"姓名"字段，并且选中"主要的"和"唯一的"复选框，这样就将姓名指定为主关键字，在输入记录时，如果输入的姓名相同，将会出错。单击"确定"按钮返回到"表结构"对话框中，单击"生成表"按钮即可完成数据表的创建，在数据库窗口会出现新创建的表。

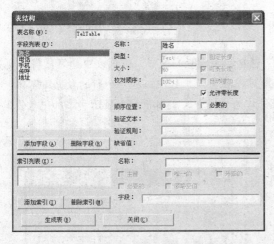

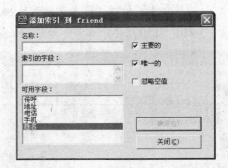

图 10.6　为表添加了字段后的"表结构"对话框　　　　图 10.7　"添加索引"对话框

用户还可以随时编辑所创建的表，方法是在数据库窗口的表名称 TelTable 上右击鼠标，在弹出的快捷菜单中单击"设计"命令即可打开"表结构"对话框，从中可进行添加或删除字段的操作。需要指出的是，在"表结构"对话框中不能更改字段的类型、大小等设置，但用户可以先将其删除，然后重新添加一个新的字段。

4. 输入记录

在完成了数据表 TelTable 的创建后，就可以向表中输入记录了。输入的方法可以是以 Data 控件模式、无 Data 控件模式或 DBGrid 控件模式。这里采用 Data 控件模式为数据表 TelTable 输入记录，其操作步骤如下。

图 10.8　添加记录对话框

Step 01　单击数据管理器工具栏中的"表类型记录集"按钮▦和 Data 控件按钮▦，这表示以 Data 控件模式向表中添加记录。

Step 02　在数据库表上右击，在弹出的快捷菜单中单击"打开"命令，则打开添加记录对话框，如图 10.8 所示。

Step 03　输入记录，单击"刷新"按钮。

Step 04　提示用户是否保存新记录，单击"是"按钮即可将记录添加到表中。

Step 05　单击"添加"按钮可以输入下一个记录。

10.3.2　使用数据窗体设计器

可视化数据管理器自带数据窗体设计器，使用数据窗体设计器可以在最短的时间内设计出符合要求的数据库管理应用程序。本节将利用数据窗体设计器为新建的 TelBook 数据库设计用户窗体。

设计窗体之前首先要打开要设计的数据库。如果 TelBook 数据库已经被关闭，可通过可视化数据管理器的"文件"菜单中的"打开数据库"命令打开。

Step 01　选择"实用程序"|"数据窗体设计器"命令，弹出"数据窗体设计器"对话框。在"窗体名称"文本框中输入要建立的窗体名称，在"记录源"下拉列表框中选

择数据表 TelTable，则在"可用的字段"列表中就会列出表 TelTable 的所有字段，如图 10.9 所示。

Step 02 单击 >> 按钮，将所有的字段复制到"包括的字段"列表中，该列表中的字段将出现在窗体上。单击"生成窗体"按钮，就可以在当前工程中添加一个新的数据库窗体，如图 10.10 所示。该窗体采用 Data 控件作为数据源，文本框来显示和添加记录。

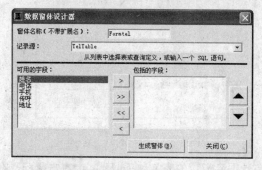

图 10.9　"数据窗体设计器"对话框

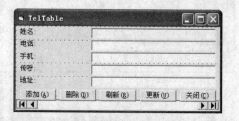

图 10.10　数据窗体设计器创建的窗体

此时，使用数据窗体设计器建立出一个数据库应用程序。将该数据库窗体设置为启动窗体，运行程序后可以通过文本框浏览数据库中的记录，也可以进行添加、删除、刷新以及更新记录操作。

10.4　使用 Data 控件访问数据库

Data 控件是 VB 提供的内部控件，使用 Data 控件不需编写任何代码就可以对数据库进行访问，从而简化了数据库的编程。此外也可以把 Data 控件和 VB 代码及 SQL 语言结合起来创建完整的应用程序，为数据处理提供高级的编程控制。

实讲实训
多媒体演示

多媒体文件参见配套光盘中的 Media \Chapter10\10.4。

在同一个窗体中可以同时使用多个 Data 控件，但是每个 Data 控件只能访问一个数据库。在设计阶段要为 Data 控件指定要访问的数据库，而且在运行期间不可以更改。

将 Data 控件放置在窗体上，其外观如图 10.11 所示，其中显示的文本由其 Caption 属性决定。各按钮的功能如下：

▶　移动到下一个记录

▶|　移动到最后一个记录

◀　移动到上一个记录

|◀　移动到第一个记录

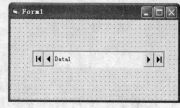

图 10.11　Data 控件

10.4.1　Data 控件的主要属性

下面简单介绍一下 Data 控件的几个主要属性。

1. Connect 属性

Connect 属性用来指定数据库的类型，VB 支持多种数据库类型，例如 Microsoft Access、Excel、

FoxPro 等。其中默认的数据库为 Access。单击 Connect 属性右侧的下三角按钮，可弹出一个 Data 控件所支持的数据库类型下拉列表，如图 10.12 所示。用户可从中选择要操作的数据库类型。

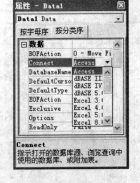

图 10.12　Connect 属性的下拉列表

2. DatabaseName 属性

该属性用于设置或返回 Data 控件所使用的数据库的名称。

3. RecordSource 属性

一个数据库中可能有多个表，RecordSource 属性用于指定 Data 控件所要操作的表。在设置了 DatabaseName 属性后，在 RecordSource 属性的下拉列表中会出现所选数据库中的所有表，用户可以从中选择一个表。有时 RecordSource 属性的值也可以不是一个完整的表，而是 SQL 查询语言的一个查询语句，这样，Data 控件可访问的数据将只是查询后的结果。

由 RecordSource 属性确定的具体可访问的数据构成一个记录集（Recordset）。Recordset 是一个对象，具有属性和方法，操作数据库其实就是使用该对象的方法。Recordset 对象的两个较重要的属性是 BOF 和 EOF，当 BOF 属性的值为 True 时，表明当前位置位于第一个记录之前；当 EOF 属性的值为 True 时，表明当前位置位于最后一个记录之后。在操作数据库时，经常要使用这两个属性来判断是否已到达数据库的首记录或尾记录。

4. RecordsetType 属性

该属性用来设置记录集的类型。记录集共有 3 种类型，分别是 Table（表）、Dynaset（动态集）和 Snapshot（快照）。

Table 类型是以表格直接显示数据，需要的系统资源最多，但是其处理速度最快。Dynaset 类型的记录集可以在表中增加、修改和删除记录，是最灵活的一种记录集类型。Snapshot 类型的记录集只能静态显示数据（只读），其灵活性最低，但是所需的系统资源最少。

5. Exclusive 属性

该属性的功能是决定 Data 控件所链接的数据库文件在运行时是否允许其他进程将该数据库打开。若该属性的值为 True，则表明不允许其他进程打开该数据库。

6. ReadOnly 属性

该属性用来决定是否能够通过数据绑定控件来编辑数据库中的记录内容。该属性的默认值为 False，表明用户可以通过数据绑定控件编辑数据库中记录的内容。

7. BOFAction 与 EOFAction 属性

BOFAction 与 EOFAction 属性用来决定当记录移动超出起点或结束位置时，程序要执行的操作。BOFAction 与 EOFAction 属性取值及含义如表 10.3 所示。

表 10.3　BOFAction 与 EOFAction 属性的取值及含义

属性	取值	操作
BOFAction	0	重定位到第一个记录
	1	移过记录集的开始位置，定位到一个无效位置，且触发 Data 控件的 Validata 事件
EOFAction	0	重定位到最后一个记录
	1	移过记录集的结束位置，定位到一个无效位置，且触发 Data 控件的 Validata 事件
	2	自动执行 Data 控件的 AddNew 方法向记录集加入新的空记录

10.4.2　数据绑定控件

Data 控件能够操作数据库，但 Data 控件本身不能显示数据库中的数据。在编写数据库应用程序时，还需要借助其他控件，例如文本框等控件来显示数据。这就需要将文本框等控件与 Data 控件关联起来，使之成为 Data 控件的数据绑定控件。

VB 中能够显示数据的控件基本都提供了数据绑定控件，例如，文本框、标签、图片框等都可以作为数据绑定控件。VB 还提供了专门的数据绑定控件，例如 DBGrid（数据网格）、DBList（数据列表框）、DBCombo（数据组合框）等。

Data 控件是 VB 和数据库之间的联系桥梁，而数据绑定控件则把 Data 控件和用户界面联系起来。

可以通过设置控件的以下两个属性，使其成为 Data 控件的数据绑定控件。

1. DataSource 属性

该属性用来指定要与控件绑定的 Data 控件。在"属性"窗口中选中该属性，然后单击其右侧的下三角按钮，随后即可在下拉列表中选择当前可用的 Data 控件。

2. DataField 属性

该属性用来设置控件对应的数据库字段。在设置了 DataSource 属性后，DataField 属性的下拉列表中将列出可用的字段，如图 10.13 所示。

图 10.13　DataField 属性

10.4.3　Data 控件的常用方法

使用 Data 控件不仅可以浏览数据库中的记录，还能编辑数据库中的记录，这些可以通过 Data 控件的方法来实现。

1. 与浏览有关的方法

可以使用 Data 控件的箭头按钮来浏览记录，也可以使用 Data 控件的 Move 方法来操作。表 10.4 中列出了 Data 控件的 5 个 Move 方法。

2. 与查询有关的方法

使用 Find 方法可在数据记录集中查找到与指定条件相符的一个记录，并使之成为当前记录。表 10.5 中列出了 Data 控件的 4 个 Find 方法。

表 10.4　Data 控件的 5 个 Move 方法

方法	功能
MoveFirst	移动至第一个记录
MoveLast	移动至最后一个记录
MoveNext	移动至下一个记录
MovePrevious	移动至上一个记录
Move(n)	向前或向后移动 n 个记录

表 10.5　Data 控件的 4 个 Find 方法

方法	功能
FindFirst	找到满足条件的第一个记录
FindLast	找到满足条件的最后一个记录
FindNext	找到满足条件的下一个记录
FindPrevious	找到满足条件的上一个记录

这 4 种 Find 方法的语法格式相同，举例如下：

```
' 查找记录集中姓名为"夏雨荷"的第一条记录
Data1.Recordset.FindFirst "姓名='夏雨荷' "
' 查找记录集中姓名为"夏雨荷"的下一条记录
Data1.Recordset.FindNext "姓名='夏雨荷' "
```

如果条件部分的常数来自于变量，例如，由用户在文本框中输入，则条件表达式应该按以下格式书写：

```
Data1.Recordset.FindFirst "姓名=" & " ' " & text1.Text & " ' "
```

除了普通的关系运算符外，还可以使用 Like 运算符来查找匹配某个模式的记录。例如，要查找住址中带"陕西"的记录，可以用以下语句：

```
Data1.Recordset.FindFirst "住址 Like ' *陕西*' "
```

在调用 Find 方法时，如果查找到符合条件的记录，则将 Data 控件定位到这个记录，并将 NoMatch 属性的值设置为 False；如果没有找到符合条件的记录，则将 NoMatch 属性的值设置为 True。

例如，可以使用下面代码来告诉用户没有找到所要查找的记录：

```
Data1.Recordset.FindFirst "传呼=" & "'" & text1.Text & "'"
If Data1.Recordset.NoMatch Then
    MsgBox "记录不存在", 64, "提示"
End If
```

3. 与编辑有关的方法

- AddNew 方法
  该方法将当前记录指向缓冲区，从而可以添加新的记录。
- Update 方法
  该方法在修改或添加记录后将数据从缓冲区读入数据库。单击 Data 控件的箭头按钮，将自动调用 Update 方法。在调用 AddNew 方法添加新记录后，必须调用 Update 方法来保存新添加的记录，否则所添加的记录无效。
- Delete 方法
  该方法用于删除当前的记录。在删除一条记录后，记录并不会自动从数据绑定控件中消失，因此，还需要调用 Refresh 方法来刷新记录集，以反映最新的变化。

10.4.4　DBGrid（数据网格）控件

如果要同时在窗体上显示多条记录，则可采用 VB 提供的 DBGrid 控件。DBGrid 控件可增强程序的功能和灵活性，该控件不仅可以显示记录，还具有编辑功能，例如，进行添加、修改、删除记录等操作。

DBGrid 控件是一个 ActiveX 控件，在"部件"对话框中选择添加 Microsoft Data Bound Grid Control 选项，即可将该控件添加到工具栏中。

DBGrid 控件的主要属性如下。

- DataSource 属性

  该属性用来设置所要绑定的 Data 控件。
- AllowAddNew、AllowDelete 和 AllowUpdate 属性

  这几个属性分别用来决定是否可以添加、删除与更新记录，值为 True 表示可以进行相应操作。AllowAddNew 和 AllowDelete 属性的默认值为 False，而 AllowUpdate 属性的默认值为 True。

10.5 案例实训——显示数据库中的数据

10.5.1 基本知识要点与操作思路

在该实例中，将创建一个简单的数据库应用程序，可以用来浏览 TelBook 数据库中的记录。

10.5.2 操作步骤

实讲实训
多媒体演示

多媒体文件参见配套光盘中的 Media\Chapter10\10.5。

显示 TelBook 数据库中的数据，具体步骤如下。

Step 01 运行 VB 程序，新建工程文件。

Step 02 在窗体上放置 5 个标签、5 个文本框和 1 个 Data 控件，如图 10.14 所示。其中各对象的属性设置如表 10.6 所示。

表 10.6　各对象的属性设置

对象	属性	值	对象	属性	值
窗体	Caption	显示记录	文本框 1	DataSource	Data1
Data 控件	名称	Data1		DataField	姓名
	DataBaseName	E:\TelBook.mdb	文本框 2	DataSource	Data1
	RecordSource	TelTable		DataField	电话
标签 1	Caption	姓名	文本框 3	DataSource	Data1
标签 2	Caption	电话		DataField	手机
标签 3	Caption	手机	文本框 4	DataSource	Data1
标签 4	Caption	传呼		DataField	传呼
标签 5	Caption	住址	文本框 5	DataSource	Data1
			DataField	住址	

Step 03 用户不需要编写任何代码，运行程序后，单击 Data 控件的 4 个箭头按钮，即可浏览整个数据库中的记录，如图 10.15 所示。实例源文件参见配套光盘中的 Code\Chapter10\10-5-2。

图 10.14 窗体设计

图 10.15 运行效果

10.6 案例实训——创建通讯录

10.6.1 基本知识要点与操作思路

本实例是对 10.5 节实例的完善，将 Data 控件的 Visible 属性设置为 False，使其在运行时不可见，而以按钮来操作数据库，使得界面更友好，并且在该程序中能执行添加、删除与查找记录的操作。

> 实讲实训
> 多媒体演示
>
> 多媒体文件参见配套光盘中的 Media \Chapter10\10.6。

10.6.2 操作步骤

创建通讯录，具体步骤如下。

Step 01 在如图 10.14 所示的窗体上再放置 5 个按钮控件、1 个组合框控件和 1 个文本框控件，如图 10.16 所示，各控件的属性设置如表 10.7 所示。

表 10.7 控件的属性设置

对象	属性	设置	对象	属性	设置
窗体	Caption	通讯录	按钮 4	名称	ComPrev
按钮 1	名称	ComAdd		Caption	上一个
	Caption	添加	按钮 5	名称	ComNext
按钮 2	名称	ComDel		Caption	下一个
	Caption	删除	组合框	名称	CobFind
按钮 3	名称	ComFind		Style	2
	Caption	查询	文本框	名称	TexFind
				Text	置空

Step 02 编写代码如下：

```
Private Sub Form_Load()
    CobFind.AddItem "姓名"
    CobFind.AddItem "电话"
    CobFind.AddItem "住址"
    CobFind.AddItem "手机"
    CobFind.AddItem "传呼"
    CobFind.Text = "姓名"
End Sub
'添加记录
```

图 10.16 窗体设计

```vb
Private Sub ComAdd_Click()
    If ComAdd.Caption =
                        "确 定" Then
        On Error GoTo errorhandler
        Data1.UpdateRecord
        Data1.Recordset.MoveLast
        ComPrev.Enabled = True
        ComNext.Enabled = True
        ComDel.Enabled = True
        ComFind.Enabled = True
        ComAdd.Caption = "添 加"
    Else
        Data1.Recordset.AddNew
        ComAdd.Caption = "确 定"
        ComPrev.Enabled = False
        ComNext.Enabled = False
        ComDel.Enabled = False
        ComFind.Enabled = False
    End If
Exit Sub
'错误处理
errorhandler:
    If Err.Number = 524 Then
        MsgBox "该记录已存在！", 48, "警告"        '输入的姓名相同
    End If
    Resume
End Sub
'删除记录
Private Sub ComDel_Click()
    Dim i As Integer
    i = MsgBox("真的要删除当前记录吗？", 52, "警告")
    If i = 6 Then
        Data1.Recordset.Delete
        Data1.Refresh
    End If
End Sub
'下一个
Private Sub ComNext_Click()
    Data1.Recordset.MoveNext
    ComPrev.Enabled = True
    If Data1.Recordset.EOF Then
        Data1.Recordset.MoveLast
        ComNext.Enabled = False
    End If
End Sub
'上一个
Private Sub ComPrev_Click()
    Data1.Recordset.MovePrevious
    ComNext.Enabled = True
    If Data1.Recordset.BOF Then
        Data1.Recordset.MoveFirst
        ComPrev.Enabled = False
    End If
End Sub
'查询
Private Sub ComFind_Click()
    If TexFind.Text = "" Then
        MsgBox "请输入查询内容！", 48, "提示"
```

```
        Exit Sub
    End If
    If CobFind.Text = "姓名" Then
        Data1.Recordset.FindFirst "姓名=" & "'" & TexFind.Text & "'"
    ElseIf CobFind.Text = "电话" Then
        Data1.Recordset.FindFirst "电话=" & "'" & TexFind.Text & "'"
    ElseIf CobFind.Text = "住址" Then
        Data1.Recordset.FindFirst "住址=" & "'" & TexFind.Text & "'"
    ElseIf CobFind.Text = "手机" Then
        Data1.Recordset.FindFirst "手机=" & "'" & TexFind.Text & "'"
    ElseIf CobFind.Text = "寻呼" Then
        Data1.Recordset.FindFirst "传呼=" & "'" & TexFind.Text & "'"
    End If
    If Data1.Recordset.NoMatch Then
        MsgBox "记录不存在", 64, "提示"
    End If
End Sub
```

Step 03 运行该程序后，窗体如图 10.17 所示，通过单击"上一个"按钮和"下一个"按钮可浏览所有记录，并且当移到首记录或尾记录后，相应的按钮会自动变为无效。

Step 04 单击"添加"按钮后，界面如图 10.18 所示，用户可以在各个文本框中输入新的记录，输入完成后，单击"确定"按钮即可将该记录添加到数据表中。如果输入的姓名在数据库的记录中已存在，则弹出消息框提示用户记录已存在，不能添加该记录。

图 10.17　通讯录显示效果

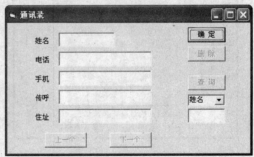

图 10.18　添加记录

Step 05 单击"删除"按钮可将当前的记录删除。为防止误删某个记录，在删除记录前，会弹出一个消息框询问用户是否确定要删除当前记录。

在该程序中，可以通过某种信息来查找记录。首先，在"查询"按钮下方的下拉列表框中选择一种查询方式，然后在该下拉列表框下面的文本框中输入相应的信息，单击"查询"按钮即可找到与查询条件相符的记录。实例源文件参见配套光盘中的 Code\Chapter10\10-6-2。

10.7　案例实训——DBGrid 控件的实例

10.7.1　基本知识要点与操作思路

使用 DBGrid 控件可以浏览多条记录，DBGrid 控件可增强程序的功能和灵活性，不仅可以显示记录，还具有编辑功能，例如，进行添加、修改、删除记录等操作。

10.7.2　操作步骤

使用 DBGrid 控件的实例，具体步骤如下。

Step 01 运行 VB 程序，新建工程文件。

Step 02 将 Data 控件和 DBGrid 控件放置在窗体上，如图 10.19 所示。
各对象的属性设置如表 10.8 所示。

表 10.8　各对象的属性设置

对象	属性	值	对象	属性	值
窗体	Caption	使用 DBGrid 控件	DBGrid 控件	Caption	通讯录
Data 控件	名称	Data1		DataSource	Data1
	DatabaseName	E:\TelBook.mdb		AllowAddNew	True
	RecordSource	TelTable		AllowDelete	True

Step 03 运行该程序后，窗体如图 10.20 所示。数据库 TelBook 中的记录出现在 DBGrid
控件中，通过拖动滚动条即可浏览所有记录。将鼠标指针移到 DBGrid 控件的列
或行的交界处，当鼠标指针变成双向箭头后，拖动鼠标可以改变列或行的宽度。

图 10.19　窗体设计

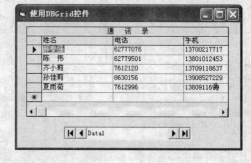

图 10.20　运行效果

记录的最后一行以星号（*）开头，表示在该行可以输入新的记录。在某行的左边单击可选
中该行（选中的行以高亮度显示），按 Del 键即可将该记录删除。实例源文件参见配套光盘中的
Code\Chapter10\10-7-2。

10.8　使用 SQL 操作数据库

SQL 是 Structure Query Language（结构化查询语言）的缩写，是操作
数据库的标准语言。SQL 语言是一种声明性语言，而 VB 是过程性语言。
在声明性语言中，指定要做什么而不是怎么做。例如，在使用 SQL 语言
操作数据库时，不需要告诉 SQL 如何访问数据库，只要告诉 SQL 需要数
据库做什么。

SQL 是完整的数据库操作语言，使用 SQL 可以对数据库进行各种操作，例如，可以用 SQL
语句生成新的数据库、生成或加入表格、修改数据库等。但 SQL 最常用于从数据库中获取数据。

从数据库中获取数据被称为"查询数据库"。查询数据库时所使用的 SQL 语句为 Select（选择）语句，本节只介绍 SQL 的 Select（选择）语句。

Select 语句的常见格式如下：

```
Select <字段表> From <表清单> Where <表达式>
```

1. 字段表

字段表是指查询结果中要显示的字段清单，字段之间用逗号分开。若要选择表中的所有字段，可以使用星号（*）来替代字段表。如果字段名中包含空格，则要将名称用方括号"[ ]"括起来。

在 DBGrid 控件中，第 1 行显示的是字段名。在显示查询结果时，如果要在 DBGrid 控件的第 1 行显示其他标题，可以在字段后用 As <新名>子句来指定标题。

2. 表清单

指定所要查询的表的名称。如果要查询多个表，各表名间用逗号隔开；如果表名中包含有空格，也要将名称用方括号括起来。如果有多个表，最好在字段名前加上所属的表名，例如 TelTable.姓名。

3. 表达式

Where 子句的表达式用来指定查询的条件。Where 子句的表达式是一个逻辑表达式，可以使用大多数的 VB 内部函数与运算符。还有以下几种 SQL 所特有的形式：

- 字段名 Between 值 1 And 值 2
  选择字段的值在值 1 与值 2 之间的记录，例如以下语句：

  ```
  电话 Between '62777076' And '62777090'
  ```

  表示选择电话号码在 62777076～62777090 之间的记录。

- 字段名 in（值 1，值 2…）
  选择字段的值为括号中所列值之一的记录，例如以下语句：

  ```
  电话 in( '62777076','7613136')
  ```

  表示选择电话号码为 62777076 或 7613136 的记录。

- Like 运算符
  Like 是很灵活的一个 SQL 运算符，可以使用样式字符串来选择记录。表 10.9 中列出了可用的字符。

表 10.9 Like 运算符所使用的特殊字符

字符	功能	举例	匹配实例	不匹配实例
*	代表任何字符集合	h*	hao，hun	jh，ahb
?	代表任一字符	h?h	hph，hah	hhhh，23h
#	代表任一数字位	h#h	h1h，h9h	h10h，hah
[ ]	方括号中的任一字符	[abc]k	ak，bk，ck	dk，ek
[!]	不在方括号中的	[!ab]k	dk，ek	ak，bk
[–]	指定某一范围内的字符	[a–d]k	ck，bk，ak	ek，fk

下面是几个 Select 语句的例子：

```
' 选择姓名为"夏雨荷"的记录
Select * From TelTable Where (姓名 = '夏雨荷' )
```

```
' 选择电话号码为 62777076 或 7613136 的记录，且只显示姓名
Select 姓名 From TelTable Where (电话 in( '62777076','7613136'))
' 选择姓为 "齐" 的所有记录，且只显示姓名与电话
Select 姓名,电话 From TelTable Where (姓名 Like '齐*')
```

在 Select 语句中较常用的还有 Order By 子句和 Top 谓词。

- Order By 子句

  该子句用来决定查找出来的多个记录的排列顺序。在 Order By 子句中可以指定以多个字段进行排序，各字段间用逗号隔开。Order By 子句中的 ASC 选项表示以升序排列，DESC 选项则表示以降序排列。例如以下语句：

  ```
  Select * From TelTable Where (姓名 Like '齐*') Order By 电话,传呼 ASC
  ```

  表示查找所有姓 "齐" 的记录，并且以电话号码按升序排列。如果电话号码相同，则以传呼号按升序排列。

- Top 谓词

  在使用 Select 语句选择记录时，满足条件的记录可能有多个，使用 Top 谓词可以返回指定数目的记录。例如以下语句：

  ```
  Select Top 2 * From TelTable Where (姓名 Like '齐*')
   Order By 电话,传呼 ASC
  ```

  表示只返回前两个满足条件的记录。如果不使用 Order By 语句对记录排序，则从所有满足条件的记录中随机返回两个记录。

10.9　案例实训——SQL 语言的使用实例

10.9.1　基本知识要点与操作思路

Data 控件的 RecordSource 属性可以是数据表的名称，也可在代码中通过 SQL 语句将选择的结果赋给 RecordSource 属性，从而达到查询的目的。

这里对 10.7 节中的实例进行完善，使用 SQL 语句使之具有查找与排序功能。

实讲实训
多媒体演示

多媒体文件参见配套光盘中的 Media
\Chapter10\10.9。

10.9.2　操作步骤

SQL 语言的使用实例，具体步骤如下。

Step 01 在 10.7 节中的实例的窗体上放置两个按钮控件和一个文本框控件，如图 10.21 所示。新添控件的属性设置如表 10.10 所示。

表 10.10　新添控件的属性设置

对象	属性	值	对象	属性	值
按钮 1	名称	ComFind	文本框	名称	TexFind
	Caption	查找		Text	置空
按钮 2	名称	ComSord			
	Caption	排序			

Step 02 编写按钮的 Click 事件过程如下：

```
Private Sub ComFind_Click()
    Data1.RecordSource =
    "Select 姓名,电话 From TelTable _
        Where (姓名 Like ' " &
    TexName.Text & "*" & " ') "
    Data1.Refresh
End Sub

Private Sub ComSord_Click()
    Data1.RecordSource = "Select *
        From TelTable Order By 电话,
        传呼 ASC"
    Data1.Refresh
End Sub
```

Step 03 运行该程序后，DBGrid 控件中列出了当前表中的所有记录，如图 10.22 所示。在"查找"按钮后的文本框中输入一个姓，单击"查找"按钮，则 DBGrid 控件中只列出该姓的记录，并且只显示"姓名"和"电话"字段，如图 10.23 所示。

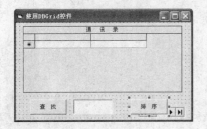

图 10.21 窗体设计

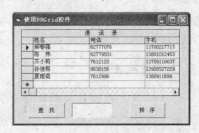

图 10.22 启动后的窗体

若在图 10.22 中单击"排序"按钮，则所有记录根据电话号码按升序排列，如图 10.24 所示。实例源文件参见配套光盘中的 Code\Chapter10\10-9-2。

图 10.23 查找姓齐的记录

图 10.24 排列后的记录

10.10 案例实训——使用数据库保存用户的个性化设置

10.10.1 基本知识要点与操作思路

在编写应用程序时，要考虑保存用户对应用程序界面的个性化设置，以便用户下次运行应用程序时自动采用个性化的设置来启动程序。下面通过一个实例来介绍如何使用数据库来保存用户的个性化设置。

10.10.2 操作步骤

Step 01 新建工程文件，创建一个数据库，再为数据库创建一个表，然后为表创建若干个字段，每个字段用来保存一种设置的结果。

Step 02 在设置数据库的同时将设置的结果保存到数据库中，然后在程序启动时从数据库中读取设置。

Step 03 运行程序的结果如图 10.25 所示。添加代码参见配套光盘中的 Code\Chapter10\10-10-2。

图 10.25　运行结果

10.11　案例实训——从 Excel 文件中读取数据到数据库

10.11.1 基本知识要点与操作思路

在进行数据分析处理时，有时需要将 Excel 中的数据读取到 Access 数据库中。下面通过实例来练习从 Excel 中读取数据。

10.11.2 操作步骤

Step 01 新建工程，添加相应的控件。

Step 02 为了能使用 VB 操作 Excel 程序，需要使用 CreateObject 函数，创建并返回一个对 Excel 对象的引用。

Step 03 CreateObject 函数的功能是创建并返回一个对 ActiveX 对象的引用。要创建 ActiveX 对象，只需将 CreateObject 返回的对象赋给一个对象变量即可。对象创建后，就可以在代码中使用自定义的对象变量来引用该对象。

Step 04 如果当该对象当前没有案例时，应使用 CreateObject。如果该对象已有案例在运行，就会启动一个新的案例，并创建一个指定类型的对象。要使用当前正在运行的案例，可以使用 GetObject 函数。

Step 05 添加代码，参见配套光盘中的 Code\Chapter10\10-11-2。

Step 06 运行程序，结果如图 10.26 所示。

图 10.26　运行结果

10.12　案例实训——使用图表显示数据

10.12.1 基本知识要点与操作思路

在应用程序中，经常需要将数据库中的数据用图表表现出来，下面通过实例来练习图表的设计。

使用图表（MSChart）控件可以非常方便地实现数据的图表显示。在"部件"对话框中选择 Microsoft Chart Control 6.0 选项，即可将该控件添加到工具箱中。

10.12.2 操作步骤

Step 01 新建工程，添加相应的控件。

Step 02 添加代码，参见配套光盘中的 Code\Chapter10\10-12-2。

Step 03 运行程序，结果如图 10.27 所示。

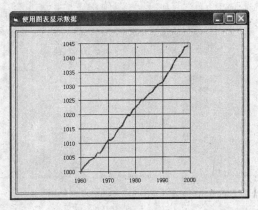

图 10.27 运行结果

10.13 习 题

（1）编写一个程序，要求能将 Access 数据库文件转换为文本文件。

（2）制作一个通讯录，要求可存储姓名、电话、手机、呼机、地址信息，还能进行添加、删除和查询操作。

Chapter 11

打印

　　打印程序在实际系统中的应用非常广泛，通过本章的学习，可以掌握如何开发打印程序、如何控制打印等实用的技巧。

基础知识 ◆ 使用 Printer 对象直接打印

重点知识 ◆ 打印窗体

提高知识 ◆ 打印控制

11.1　Visual Basic 打印简介

VB 提供了两种打印输出的方式。

* 直接使用 PrinterX 对象将打印数据送到打印机上。
* 先将打印数据送到窗体上面，然后将窗体打印出来。

VB 没有提供打印预览功能，如果要实现打印预览，只有通过编写程序模拟预览效果来完成。此外还可以使用第三方控件来实现打印预览。

VB 本身也没有提供报表打印的功能，如果要打印报表，一般是借助 Visual Studio 中的 Crystal Reports 组件程序来实现，具体实现方法请查看 Crystal Reports 的使用帮助。当然，也可以使用第三方控件来实现报表打印功能。

11.2　直接打印

VB 用打印机对象 Printer 来代表系统目前所安装的打印机，Printer 对象与打印机型号和驱动程序无关。Printer 对象拥有颜色、字体、页面大小等属性，也具有 Print、NewPage、EndDoc、KillDoc 以及 Line、Circle 等方法，使用 Printer 对象可以轻松地实现简单打印功能。

11.2.1　打印文本

Printer 对象的 Print 方法用来将打印数据直接送到打印机，其语法格式如下：

```
[Printer.]Print[{Spc(n)|Tab(n)}][expressionlist][{;|,}]
```

因此，要在打印机上打印各种字体和字形非常方便，举例如下：

```
Printer.Forecolor=RGB(255,0,0)          '设置打印颜色
Printer.FontName="Arial"                '设置字体
Printer.FontSize=18                     '设置字体大小
Printer.Fontltalic=True                 '设为斜体
Printer.Print  "打印红色斜体字"          '输出文字
Printer.FontName="黑体"
Printer.FontSize=32
Printer.Print  "打印红色黑体字"
Printer.EndDoc                          '开始打印
```

Ptinter 对象具有 CurrentX 及 CurrentY 两个属性，用来设置打印位置，因此打印机打印起始点的设置也非常容易，例如以下代码：

```
Printer.CurrentX=0
Printer.CurrentY=0
```

可以将打印位置移到打印范围的左上角。

Printer 对象没有字间距属性，如果要修改字间距，可用以下方法实现：

```
Dim i As Integer
  For i=1 To Len(s)                              's 是字符串
  Printer.Print Mid(S,i,1);
   Printer.CurrentX=Printer.CurrentX+n           'n 是间距
Next
```

同样，也可以通过修改 Printer.CurrentY 属性的方式来调整行距。举例如下：

```
Printer.Print  "第 1 行"
Printer.CurrentY=Printer.CurrentY+10
Printer.Print"第 2 行"
```

在一般情况下，打印机每打印完一页后会自动换页。如果要强行换页打印，可以运用 NewPage 方法，举例如下：

```
Printer.Print  "第 1 页"
  Printer.NewPage
Printer.Print  "第 2 页"
  Printer.NewPage
```

在换页之后，如果只是继续打印两三行后就结束，那么打印机不会自动将这一页送出来。一定要用 EndDoc 方法才能将缓冲区中的打印数据（不满一页）全部作为一页打印出来。例如以下代码：

```
Printer.Print "第 1 页"
  Printer.NewPage
Printer.Print "第 2 页"
  Printer.EndDoc
```

在运行 NewPage 方法之后，如果马上就运行 EndDoc 方法，则不会打印空白页。Printer 对象有一个 Page 属性，是专门用来记录页数的。其起始值等于 1，每运行一次 NewPage 方法，此值就会自动加 1。而每次运行 EndDoc 方法之后，此值会被重置为 1，因此可用它来打印页号。例如，执行以下代码：

```
Printer.Print "页号:"+Str$(Printer.Page)
  Printer.NewPage
Printer. Print "页号:"+Str$(Printer. Page)
  Printer. EndDoc
```

会在第 1 页上打印"页号：1"，在第 2 页上打印"页号：2"。

11.2.2　打印图像

Printer 对象支持 PaintPicture 方法，可以打印位图。其语法格式如下：

```
Printer.PaintPicturepicture,x1,y1,width1,height1,x2,y2,width2,
height2,opcode
```

其中各参数的含义如下：

- picture——用来指明要绘制到打印机上的图形，通常是对象的 Picture 或 Image 属性。
- x1，y1——单精度数值，用来指定由参数 picture 所确定的图形在打印机上绘制的坐标。其值的单位由 Printer 对象的 ScaleMode 属性来决定。

- width1，height1——可选参数，都是单精度数值，用来指定图像的目标宽度和高度。如果目标宽度、高度比原宽度(width2)、高度(height2)大或者小，将适当地拉伸或压缩图形。如果省略这两个参数，则使用图形的原始尺寸。
- x2，y2，width2，height2——可选参数。用来指示由参数 picture 所确定的图像内剪贴区的坐标（x轴和 y 轴）和大小。利用这四个参数，可以打印图像的一部分。默认是打印整个图像。
- Opcode——可选参数，长整型数值。用来定义在将图像绘制到打印机上时对图像执行的位操作(例如，vbMergeCopy 或 vbSrcAnd 操作符)。关于位操作符常数的完整列表，请参阅 VB 帮助文件中的有关内容。对于打印机来说，这个参数较少使用；而在屏幕显示图像时往往利用这个参数实现一些特殊效果。

通过使用负的目标高度值（height1）或目标宽度值（width1），可以水平或垂直翻转位图。下面是一个简单的例子：

```
Printer.PaintPicture Picture1.Image,0,0
```

还可以直接使用 Printers 对象的绘图方法绘制图形，这些图形将在执行 EndDoc 方法后在打印机上打印出来。

例如：

```
Printer.DrawWidth=10                    '设置画线的宽度为 10
Printer.ScaleMode=3
Dim CX,CY,Radius,Limit
CX=Printer.ScaleWidth/2                 'ScaleWidth 为页面中打印区域的宽度
CY=Printer.ScaleHeight/2                'ScaleHeight 为页面中打印区域的高度
   If CX > CY Then Limit=CY Else Limit=CX
       Printer.Line(0,CY)-(CX*2,CY)     '在页面中央画水平线
       Printer.Line (CX,0)-(CX,CY*2)    '在页面中央画垂直线
     '用循环画同心圆
    For Radius=0 To Limit Step 100
     Printer.Circle(CX,CY),Radius,RGB(Rnd*255,Rnd*255,Rnd*255)
      Next Radius
Printer.EndDoc                          '开始打印
```

上面只是用到了 Line 和 Circle 方法，Printer 对象还提供了 PSet 方法，这些绘图方法与在窗体上绘图方法的使用方式相同，具体请查看第 8 章或 MSDN 文档。

11.3　打印窗体

前面介绍了直接在打印机上打印信息的操作。在 VB 中，还可以用 PrintForm 方法把窗体上的内容打印出来，其语法格式如下：

```
[窗体.]PrintForm
```

其中的"窗体"是要打印的窗体名。如果打印当前窗体的内容，或仅对一个窗体进行操作，则窗体名可以省略。由于 PrintForm 方法是将屏幕上的像素（Pixel）直接送到打印机上，因此当打印机的分辨率高于屏幕分辨率时（例如，激光打印机），所得到的效果并不好，例如使用以下代码的打印效果：

```
Form1.FontName="宋体"
Form1.FontSize=20
Form1.Print"新概念 Visual Basic 6.0 教程"
Form1.PrintForm
```

如果将 Truetype 字体直接送到打印机上，效果会更加清晰，代码如下：

```
Printer.FontName="宋体"
Printer.FontSize=20
Printer.Print "新概念 Visual Basic 6.0 教程"        .
```

用 PrintForm 方法不仅可以打印窗体上的文本，而且可以打印窗体上的任何可见控件及图形。但只能打印出窗体上的可见部分，当窗体上有滚动条时，并不能打印窗体上未显示出来的内容。

 注意

> 要使用窗体输出，必须将窗体的 AutoRedraw 属性设置为 True。

11.4　直接使用打印端口打印

在 DOS 或 Windows 操作系统中，LPT1 都是一个保留字，可以利用 LPT1 直接通过打印端口进行打印。例如先使用以下语句：

```
OPEN "LPT1" FOR OUTPUT AS #1
```

打开一个文本文件，然后使用若干条以下语句：

```
PRINT #1,"......"
```

将要打印的文本文件一行一行地输出到打印机上。如果要打印的文件是二进制格式，就使用以下语句：

```
OPEN "LPT1" FOR BINARY AS #1
```

然后用以下语句输出即可：

```
PUT #1,,<变量名>
```

直接使用 LPT1 打印文字相当于绕过 Windows 打印驱动直接向打印机输出，因此只能输出英文字符。如果要打印中文字符，则打印机必须带有硬汉字库。例如，早期的针式打印机都带有硬汉字库，可以直接打印汉字，但现在大多数激光和喷墨打印机都没有汉字库，所以无法直接打印汉字。

11.5　打印控制

在发布程序时，由于不确定用户是否安装了打印机，以及打印机的默认设置是否满足程序的要求，所以还要在打印前程序中对打印机进行控制，例如，检测打印机，设置默认打印机、打印方向、打印份数、打印页面大小等。在第 6 章曾提到"打印"对话框的使用，但有时需要不显示"打印"对话框而进行打印设置，这就要通过程序来进行。

11.5.1 检测打印机

要检测系统是否安装了打印机，只需要检查 Printers.Count 的值是否为零即可，Printers.Count 表示系统安装的打印机的数目。例如使用如下代码：

```
Dim X AS Printer
    If Printers.Count>0 Then
      Print "系统安装的打印机数目为："&Printers.Count
      Print "名称分别为："
      For Each X In Printers
          Print X.DeviceName
      Next
    Else
      Print "当前系统没有安装打印机"
    End If
```

此外，还可以通过查看 Printer 对象的 DeviceName 属性值是否为空来检测系统是否安装了默认打印机，其返回的是系统当前默认打印机的名称。举例如下：

```
If Printer.DeviceName=" "Then
    Print "系统没有安装打印机"
Else
    Print Printer.DeviceName
End If
```

Printer 对象表示当前系统默认打印机，要知道 Printer 对象在 Printers 中的序号，可以使用下面的代码：

```
For i=0 To Printers.Count-1
    If Printers(i).DeviceName=Printer.DeviceName Then
      Print i
    End If
Next
```

 注意

Printers 中打印机的序号范围为 0~Printers.Count-1。

11.5.2 设置默认打印机

如果要指定使用某台打印机，可以使用下面的过程：

```
Sub SetPrinterByName(s As String)
    Dim x
    For Each x In Printers
  If x.DeviceName=S Then
    Set Printer=x      '设置默认打印机
    Exit Sub
  End If
    Next
End Sub
```

在打印前，调用以下语句：

```
SetPrinterByName  "PIC-PRINTER"
```

就可以切换到打印机 PIC-PRINTER，以后使用 Printer 对象执行输出就是通过 PIC-PRINTER 进行打印。

这种修改方法可以改变输出的打印机，但不会改变系统默认打印机，所以退出程序后，系统的默认打印机不变，不会给用户带来不便。此外，也可以使用以下语句设置默认打印机：

```
Set Printer=Printers(i)        '设置默认打印机为第 i-1 个打印机
```

11.5.3　设置打印方向

要设置打印的方向，可以修改 Printer 对象的 Orientation 属性值。如果该属性值为 1（vbPRORPortrait），表示纵向；如果该属性值为 2（vbPRORLandscape），则表示横向。举例如下：

```
Printer.Orientation=vbPRORLandscape
  If Printer.Orientation=vbPRORPortrait Then
      Print "当前打印方向是纵向打印"
      Printer.Orientation=vbPRORLandscape
      Print "已经改为横向打印"
  End If
```

11.5.4　设置打印份数

Printer 对象的 Copies 属性可以用来检测和设置打印的份数，例如下面语句将设置打印份数为 2：

```
Printer.Copies=2
```

11.5.5　设置打印页宽度和高度

可以使用 Printer 对象的 Papersize 属性来设置和获得打印纸张的型号（详细型号说明请查看 MSDN 文档），使用 Printer 对象的 Height 和 Width 属性来设置和获得纸张大小。

如果设置 Printer 对象的 PaperSize 属性为 vbPRPSUser，则表示使用"用户定义"纸张，此时纸张大小由 Printer 对象的 Height 和 Width 属性决定。

如果设置 Printer 对象的 Height 和 Width 属性，则自动将 PaperSize 属性设置为 vbPRPSUser。

11.6　案例实训——竖排打印文字实例

11.6.1　基本知识要点与操作思路

在 VB 中，要实现文字的特殊打印效果，例如文字的竖排、环绕等，只有通过程序来实现。

11.6.2　操作步骤

Printer 对象具有 CurrentX、CurrentY、TextWidth、TextHeight 等属性和函数，所以可以实现任何排版效果。例如，要实现文字竖排效果，可以使用下面的函数：

```
Public Sub VPrint(objPrint As Object,strPrint As String)
    Dim x As Integer,i As Integer
    x=objPrint.CurrentX
    For i=1 To Len(strPrint)
        objPrint.Print Mid(strPrint,i,1)
        objPrint.CurrentX=x
    Next
        objPrint.EndDoc
End Sub
```

只要在程序中调用"VPrintPrinter, '文字竖排打印'",就可以在打印机上实现竖排打印文字的效果。程序源文件请查看光盘上的 Code\Chapter11\11-6-2。

11.7 案例实训——打印多行文本框中的文本

11.7.1 基本知识要点与操作思路

使用 Printer. Print 执行输出时不会自动换行,而且当每次从新行打印时,都是从最左端开始,不能实现长的文字自动换行打印,超出纸张宽度的部分就打不出来。要实现自动换行打印效果,只有通过统计文本打印时占用的空间来设置打印位置,从而实现自动换行打印效果。

11.7.2 操作步骤

实现本例的思想是,先计算一段文字能分成多少行,然后分行进行打印。程序代码如下:

```
 Private Sub Command1_Click()
 Dim Str As String,strLine As String
Printer.CurrentY=150
    str=Text1.Text
    pos=InStr(s,vbCrLf)
    Do While pos>0
        sLine=Left(str,pos-1)
        S=Mid(str,pos+2)
        PrintSingleLine Trim(strLine),100,50
        pos=InStr(str,vbCrLf)
    Loop
        PrintSingleLine Trim(str),100,50
    Printer.EndDoc
End Sub
```

PrintSingleLine 的第 1 个参数为文字,第 2 个参数为每行的左侧的坐标,第 3 个参数表示一行可以打印多少字符。该函数的定义如下:

```
Sub PrintSingleLine(s As String,X As Long,n As Integer)
    Dim numLines As Integer
    numLines=Len(str)/n
        If Len{str}>n*numLines Then numLines=numLines+1
        If Len(str)=0 Then numLines=1     '空行
        For i=0 To numLines-1
```

```
        Printer.CurrentX=X
        Printer.Print Mid(str,i*n+1,n)
    Next
End Sub
```

函数 PrintSingleLine() 比较简单，只能用于全部是汉字或全部是英文的情况，如果是中英文混排的情况，则打印出的效果不是很美观。这主要是因为 VB 的 Len() 和 Mid() 函数的原因。而且这里假设字体都是等宽的，如果是非等宽的字体，应该使用 TextWidth() 函数计算字符的实际宽度。程序源文件请查看光盘上的 Code\Chapter11\11-7-2.vbp。

11.8 案例实训——打印多个 Word 文档

11.8.1 基本知识要点与操作思路

如果需要一次打印多个 Word 文档，可以通过使用 VB 编写程序来实现。

11.8.2 操作步骤

打印多个 Word 文档的具体操作步骤如下。

Step 01 定义一个对象变量 Word。

Step 02 使用 CreateObject 创建一个 Word 对象并赋值给 Word。

Step 03 以 FileListBox 控件的列表部分项目的个数作为最大数进行循环打印。

Step 04 判断目录名的最后一个字符是否为 "\"，如果不是，则添加 "\" 进行修正。

Step 05 通过目录名和文件名获得完整的文件名。

Step 06 使用 Word 对象的 FileOpen 方法打开文件。

Step 07 使用 Word 对象的 FilePrint 方法进行文件打印。

Step 08 使用 Word 对象的 FileClose 方法关闭文件。

Step 09 最后调用 Word 对象的 AppClose 方法关闭 Word 程序，使用语句 SetWord=Nothing 释放对象资源。

程序源文件请查看光盘上的 Code\Chapter11\11-8-2。

11.9 习 题

编写一个简单的多行文本框输入程序，要求能实现打印预览和打印功能。

Chapter 12

精典案例

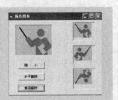

本章将进入实战阶段，通过几个完整的实例，来对前面章节介绍的知识进行综合应用，可以提高读者的实践能力。

基础知识	◆ 窗体知识
	◆ 控件知识
重点知识	◆ 函数
提高知识	◆ 自定义函数

12.1 案例实训——窗体的变形

12.1.1 基本知识要点与操作思路

非常规的窗体形状经常被用在一些特殊的场合，例如某些音频播放器界面。要实现非规则窗体，可以首先利用 CreatePolygonRgn 函数创建一个非规则的区域，然后再结合 SetWindowRgn 函数在先前创建的区域上进行窗体重画即可。本节以制作一个箭头形窗体为例介绍了整个制作的流程。

12.1.2 操作步骤

Step 01 新建一个工程文件。

Step 02 选择窗体，在 Form1 上添加两个命令按钮，Caption 属性分别为 "变形窗体"、"退出"，如图 12.1 所示。

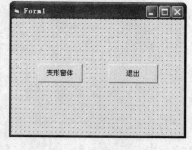

图 12.1 窗体设计

Step 03 添加如下代码：

```
Option Explicit
Private Type POINTAPI
    X As Long
    Y As Long
End Type
Dim coord() As POINTAPI
Private Declare Function CreatePolygonRgn Lib "gdi32" (lpPoint As
POINTAPI, ByVal nCount As Long, ByVal nPolyFillMode As Long) As Long
Private Declare Function SetWindowRgn Lib "user32" (ByVal hWnd As Long,
ByVal hRgn As Long, ByVal bRedraw As Boolean) As Long
Private Sub Command1_Click()
Dim hRgn As Long
Dim lRes As Long
ReDim coord(7) As POINTAPI    '箭头形窗体共 8 个点，箭头顶点为 2 个位置的重合点
With Me                       '8 个点的具体坐标值
    coord(0).X = ScaleWidth / 2
    coord(0).Y = 0
    coord(1).X = .ScaleWidth / 2
    coord(1).Y = 0
    coord(2).X = .ScaleWidth
    coord(2).Y = .ScaleHeight / 2
    coord(3).X = .ScaleWidth - (.ScaleWidth / 3)
    coord(3).Y = .ScaleHeight / 2
    coord(4).X = .ScaleWidth - (.ScaleWidth / 3)
    coord(4).Y = .ScaleHeight
    coord(5).X = .ScaleWidth / 3
    coord(5).Y = .ScaleHeight
    coord(6).X = .ScaleWidth / 3
    coord(6).Y = .ScaleHeight / 2
    coord(7).X = 0
    coord(7).Y = .ScaleHeight / 2
End With
hRgn = CreatePolygonRgn(coord(0), 8, 2)        '创建由这个 8 个点围成的区域
lRes = SetWindowRgn(Me.hWnd, hRgn, True)       '创建箭头形窗体
End Sub
```

```
Private Sub Command2_Click()
Unload Me
End Sub
Private Sub Form_Load()
Me.ScaleMode = vbPixels
End Sub
```

Step
04
运行程序，结果如图 12.2 和图 12.3 所示。实例源文件参见配套光盘中的 Code\Chapter12\12-1-2。

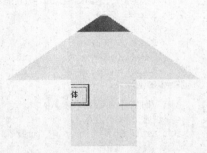

图 12.2 运行界面　　　　　　　　　　　图 12.3 窗体变形

12.2 案例实训——文字的淡入淡出效果

12.2.1 基本知识要点与操作思路

本例将通过改变文字的颜色来实现文字的淡入和淡出效果，当字符的颜色比较鲜艳时，就令字符颜色由深变浅来实现"淡入"；而当字符的颜色比较淡时，就令字符颜色由浅逐渐变深来实现"淡出"。因此用计时器控件改变 Label 控件的 ForeColor 属性使其颜色由深到浅来实现"淡入"或由浅到深来实现"淡出"。运行程序，窗体上会显示"中国加油，奥运加油！"的浅色文字，这时单击"淡出"按钮，文字颜色会逐渐由浅到深变化，到达鲜艳后，"淡出"按钮会变为"淡入"按钮，单击即可完成"淡入"操作。

12.2.2 操作步骤

Step
01
新建一个工程文件，设置窗体 Caption 属性为"文字的淡入淡出"，StartUpPosition 属性设为"2-屏幕中心"。

Step
02
在 Form1 上添加一个 Label 控件，设置其 Caption 属性为"中国加油，奥运加油！"，设置 Font 属性为"常规小一号隶书"。

Step
03
在 Form1 上添加一个 Timer 控件，设置其 Interval 属性为 30。

Step
04
在 Form1 上添加两个 CommandButton 控件，分别设置其 Caption 属性为"淡出"和"退出"。窗体布局如图 12.4 所示。

Step
05
添加如下代码：

```
Option Explicit
'红、绿、蓝三种颜色分量
Dim Red As Integer
Dim Green As Integer
```

```
Dim Blue As Integer
Dim Bool As Boolean        '标识淡入还是淡出
'退出演示程序
Private Sub Command2_Click()
 End
End Sub

'加载窗体，初始化字符颜色
Private Sub Form_Load()
    Timer1.Enabled = False
    Red = 200
    Green = 200
    Blue = 200
    Label1.ForeColor = RGB(Red, Green, Blue)
    Bool = False
End Sub

'响应时钟中断事件
'实现淡入淡出效果
Private Sub Timer1_Timer()
 If Bool Then
  If Red < 300 Then
  Red = Red + 1
  Green = Green - 2
  Blue = Blue - 2
  Else
   '满足淡入条件
   Timer1.Enabled = False
   Command1.Caption = "淡入"
   Command1.Enabled = True
  End If
 Else
  If Red > 200 Then
  Red = Red - 1
  Green = Green + 2
  Blue = Blue + 2
  Else
   '满足淡出条件
   Timer1.Enabled = False
   Command1.Caption = "淡出"
   Command1.Enabled = True
  End If
 End If
 Label1.ForeColor = RGB(Red,
                         Green, Blue)
End Sub

'淡入/淡出演示
Private Sub Command1_Click()
 Timer1.Enabled = True
 Command1.Enabled = False
 Bool = Not Bool
End Sub
```

图 12.4　窗体布局

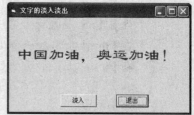

图 12.5　运行结果

Step 06 运行程序，结果如图 12.5 所示。实例源文件参见配套光盘中的 Code\Chapter12\12-2-2。

12.3　案例实训——实现手机号抽奖的功能

12.3.1　基本知识要点与操作思路

在日常生活中，经常会看到利用手机号码来进行随机抽奖。本例结合 Timer 控件，利用 Randomize 和 Rnd 函数来实现这个功能。在本实例中，当单击"开始"按钮后，手机号码将不断滚动，当单击"停止"按钮后，抽中的手机号码将显示在 ComboBox 中。

12.3.2　操作步骤

Step 01 新建一个工程文件。

Step 02 在 Form1 上添加一个文本框控件，设置 Text 属性为"中大奖啦"；添加两个命令按钮，设置 Command1 的 Caption 属性为"开始"，设置 Command2 的 Caption 属性为"退出"；添加一个 ComboBox 控件，设置 Text 属性为"你有可能中奖哦"，窗体布局如图 12.6 所示。

Step 03 添加如下代码：

```
Private Sub Command1_Click()
If Timer1.Enabled = False Then
    Timer1.Enabled = True
    Command1.Caption = "停止"
Else
    Timer1.Enabled = False
    Command1.Caption = "开始"
    Combo1.AddItem Text1.Text  '将抽中的手机号码存放在 ComboBox 中
    Combo1.ListIndex = Combo1.ListIndex + 1 '显示当前抽中的号码
End If
End Sub

Private Sub Command2_Click()
Unload Me
End Sub

Private Sub Form_Load()
'以下为初始化控件的相关属性
Command1.FontSize = 18
Command2.FontSize = 18
Command1.Caption = "开始"
Command2.Caption = "退出"
Text1.FontSize = 18
Timer1.Interval = 50
Timer1.Enabled = False
Combo1.FontSize = 18
End Sub

Private Sub Timer1_Timer()
Randomize
Dim num(9) As Integer
For i = 0 To 8
    num(i) = 9 * Rnd '产生一个 0～9 间的随机数
Next i
'显示抽中的手机号码
```

```
Text1.Text = "13" & num(1) & num(2) & num(3) & num(4) & num(5) & num(6)
& num(7) & num(8) & num(0)
End Sub
```

Step 04 运行程序，结果如图 12.7 所示。实例源文件参见配套光盘中的 Code\Chapter12\12-3-2。

图 12.6　窗体布局　　　　　　　　　　　图 12.7　运行结果

12.4　案例实训——绘制三角函数曲线

12.4.1　基本知识要点与操作思路

本范例主要实现如何在 PictureBox 中绘制三角函数曲线，单击"正弦曲线"、"余弦曲线"、"正切曲线"或"余切曲线"按钮后，PictureBox 中会分别显示相应的函数图形。重点请注意 PSet 函数的使用。

12.4.2　操作步骤

Step 01 新建一个工程文件。

Step 02 选择 Form1，设置 Caption 属性为"绘制三角函数曲线"，在 Form1 上添加 4 个按钮，Caption 属性分别为　"正弦曲线"、"余弦曲线"、"正切曲线"、"余切曲线"，添加 1 个 PictureBox 控件，窗体布局如图 12.8 所示。

Step 03 添加如下代码：

```
Private Const Pi = 3.1415926
Dim x, y As Single
Private Sub Command1_Click()
Label1.Caption = "y=sin(x),-Pi<=x<=2*Pi"
Picture1.Cls
'清除 PictureBox 内原来的图像
DrawWidth = 2
'设置画笔宽度
Picture1.Scale (-Pi, 1.5)-(2 * Pi, -1.5)
Picture1.Line (-Pi, 0)-(2 * Pi, 0)
Picture1.Line (0, -1.5)-(0, 1.5)
'设置 PictureBox 的大小
```

图 12.8　窗体布局

```
  x = -Pi
 Do While x <= 2 * Pi
   y = Sin(x)
   Picture1.PSet (x, y)
   x = x + 0.005 * Pi
 Loop
End Sub
'绘制正弦曲线

Private Sub Command2_Click()
 Label1.Caption = "y=cos(x),-Pi<=x<=2*Pi"
 Picture1.Cls
 DrawWidth = 2
 Picture1.Scale (-Pi, 1.5)-(2 * Pi, -1.5)
 Picture1.Line (-Pi, 0)-(2 * Pi, 0)
 Picture1.Line (0, -1.5)-(0, 1.5)
 x = -Pi
 Do While x <= 2 * Pi
   y = Cos(x)
   Picture1.PSet (x, y)
   x = x + 0.005 * Pi
 Loop
End Sub
'绘制余弦曲线

Private Sub Command3_Click()
 Label1.Caption = "y=tan(x),-Pi/2<x<Pi/2"
 Picture1.Cls
 DrawWidth = 2
 Picture1.Scale (-Pi, 100)-(Pi, -100)
 Picture1.Line (-Pi, 0)-(Pi, 0)
 Picture1.Line (0, -100)-(0, 100)
 x = -Pi / 2 + Pi / 10000
 Do While x < Pi / 2
   y = Tan(x)
   Picture1.PSet (x, y)
   x = x + Pi / 10000
 Loop
End Sub
'绘制正切曲线

Private Sub Command4_Click()
 Label1.Caption = "y=ctan(x),0<x<Pi"
 Picture1.Cls
 DrawWidth = 2
 Picture1.Scale (-Pi / 2, 100)-(3 * Pi / 2, -100)
 Picture1.Line (-Pi / 2, 0)-(3 * Pi / 2, 0)
 Picture1.Line (0, -100)-(0, 100)
 x = Pi / 10000
 Do While x < Pi
   y = 1 / Tan(x)
   Picture1.PSet (x, y)
   x = x + Pi / 10000
 Loop
End Sub
'绘制余切曲线
```

Step 04 运行程序,绘制的正弦曲线、余弦曲线、正切曲线和余切曲线如图 12.9~图 12.12 所示。实例源文件参见配套光盘中的 Code\Chapter12\12-4-2。

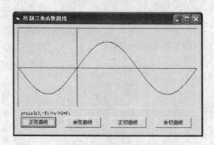

图 12.9　正弦曲线

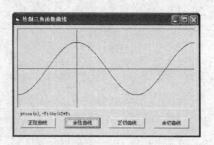

图 12.10　余弦曲线

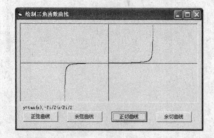

图 12.11　正切曲线

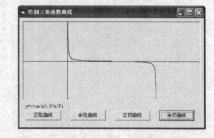

图 12.12　余切曲线

12.5　案例实训——闰年的判断

12.5.1　基本知识要点与操作思路

判断闰年一般采用年份判断法，即通过年与某些数相除求余进而判断是否是闰年。但该法需要对闰年的定义非常熟悉，且还需要进行一系列的判断，比较繁琐。本例通过月份判断法来实现判断闰年，即闰年时，2 月有 29 天，否则为 28 天，结合日历控件就可以很容易的通过判断 2 月的天数进而判断是否为闰年。

12.5.2　操作步骤

Step 01 新建一个工程文件。

Step 02 在 Form1 上添加两个命令按钮，设置 Command1 的 Caption 属性为"判断"，设置 Command2 的 Caption 属性为"退出"。

Step 03 在 Form1 上添加一个标签控件，Caption 属性设置为"选择年份"，添加一个组合框控件，属性默认。

Step 04 在工具箱空白处右击鼠标，在弹出的快捷菜单中选择"部件"，在弹出的部件对话框中，勾选"Microsoft 日历控件 11.0"，此时会在工具箱上出现本例所要用到的日历控件▦，窗体布局如图 12.13 所示。

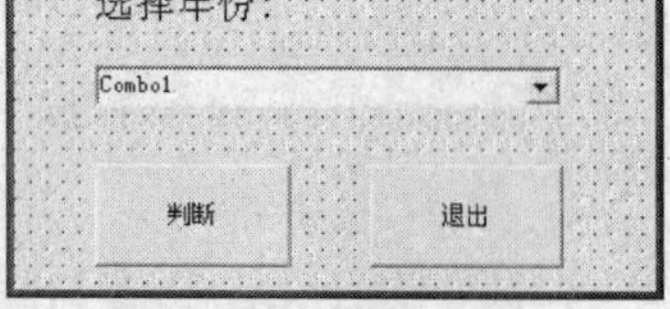

图 12.13　窗体布局

Step 05 添加如下代码：

```
Private Sub Command1_Click()
Calendar1.Year = 1900 + Combo1.ListIndex '设置日历的年
```

```
Calendar1.Month = 2  '设置日历的月份
Calendar1.Day = 29  '设置 2 月的最后一天
temstr = Right(Calendar1.Value, 2) '取出 2 月的天数
If temstr = "29" Then
    MsgBox Combo1.List(Combo1.ListIndex) & "是闰年"
Else
    MsgBox Combo1.List(Combo1.ListIndex) & "不是闰年"
End If
End Sub

Private Sub Command2_Click()
Unload Me
End Sub

Private Sub Form_Load()
'初始化控件的相关属性
Command1.Caption = "判断"
Command1.FontSize = 14
Command2.Caption = "退出"
Command2.FontSize = 14
For i = 0 To 200
    j = 1900 + i
    Combo1.AddItem j & "年"
Next i
Combo1.ListIndex = 100
Combo1.FontSize = 14
Calendar1.Visible = False
End Sub
```

Step 06 运行程序，结果如图 12.14 所示。实例源文件
参见配套光盘中的 Code\Chapter12\12-5-2。

图 12.14　运行结果

12.6　案例实训——获取 Windows 系统中的字体

12.6.1　基本知识要点与操作思路

Windows 系统中会自带一些字体，本范例实现统计并获取系统字体数的功能。本例的主要思路是使用 Screen 对象的 Fonts 属性返回当前显示器或活动打印机可用的所有字体名。重点请注意 Fonts 和 FontCount 函数的使用。

12.6.2　操作步骤

Step 01 新建一个工程文件。

Step 02 选择窗体，设置窗体 Caption 为"获取系统字体数"，其他属性默认。

Step 03 在 Form1 上添加一个 Label 控件、一个 ListBox 控件和两个命令按钮。Label 控件的 Capation 属性为空。命令按钮的 Caption 属性分别为："获取字体数"和"退出"，其他属性默认，窗体布局如图 12.15 所示。

图 12.15　窗体布局

Step 04 添加如下代码：

```
Private Sub Command1_Click()
  Dim i As Integer
  List1.Clear
  '计算系统所拥有的字体
  For i = 0 To Screen.FontCount - 1
      '显示系统所拥有的字体
      List1.AddItem Screen.Fonts(i)
  Next i
  i = List1.ListCount
  Label1.Caption = "本系统共有 " & i & " 种字体"
End Sub
Private Sub Form_Load()
  '设定Label1中字体大小
  Label1.FontSize = "15"
End Sub
Private Sub List1_Click()
  '在Label1中显示字体
  Label1.Font = List1.Text
End Sub
Private Sub Command2_Click()
  End
End Sub
```

Step 05 运行程序，结果如图 12.16 所示。实例源文件参见配套光盘中的 Code\Chapter12\12-6-2。

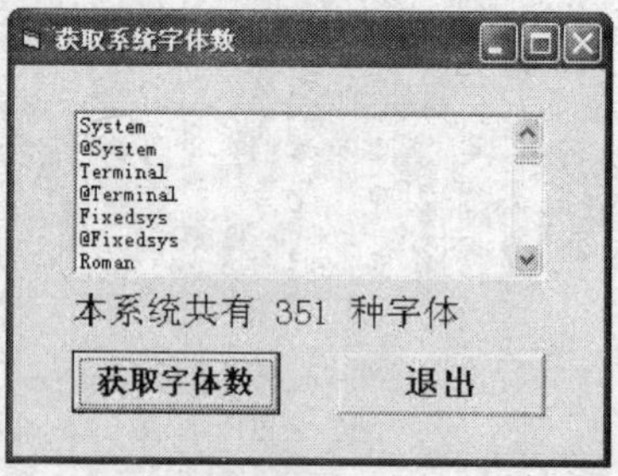

图 12.16　运行结果

12.7　案例实训——打字机效果实现

12.7.1　基本知识要点与操作思路

本例演示的是打字机效果。本例主要应用了 Timer 控件和 SendKey 语句来模仿打字效果，并且应用字符串函数 StrConv 和 Len 来实现对输入字符串的长度统计。运行程序，单击"开始"按钮，以红色字体显示的"欢迎您学习 VB！"和 Welcome to study Visual Basic！的语句会相继在文本框中打印出来，单击"停止"按钮，打印过程会暂停。

12.7.2　操作步骤

Step 01 新建一个工程文件，设置窗体 Caption 属性为"打字机效果"，StartUpPosition 设为"2-屏幕中心"。

Step 02 在 Form1 上添加一个 TextBox 控件，设置其 Caption 属性为空。

Step 03 在 Form1 上添加两个 CommandButton 控件，分别设置其 Caption 属性为"开始"和"停止"。

Step 04 在 Form1 上添加一个 Timer 控件，设置 Enabled 属性为 False；设置 Interval 属性为 250，窗体布局如图 12.17 所示。

Step 05 添加如下代码：

```
'开始
Private Sub Command1_Click()
```

```
Timer1.Enabled = True
Text1.SetFocus
End Sub
'暂停
Private Sub Command2_Click()
Timer1.Enabled = False
Text1.SetFocus
End Sub

Private Sub Timer1_Timer()
 Static i As Integer
 Dim Str1 As String, Str2 As String, Str3 As String
 Dim Len1 As Integer, Len2 As Integer,
      Len3 As Integer
 Str1 = "欢迎您学习VB!   "
 Str2 = " Welcome to study Visual Basic! "
 '要打出的文字
 Len1 = Len(StrConv(Str1, vbFromUnicode))
 Len2 = Len(Str2)
 Str2 = Mid$(Str1 + Str2, i + 1, 1)
 '对文本框中显示字体设置
 With Text1
  .FontSize = 42
  .FontName = "华文隶书"
  .ForeColor = RGB(250, 0, 0)
 End With
 SendKeys Str2
 i = i + 1
 '打印第一条信息
 If i = Len1 Then
  Text1.Text = ""
 '打印第二条信息
 ElseIf i = Len1 + Len2 + 1 Then
  i = 0
  Text1.Text = ""
 End If
End Sub
```

图 12.17　窗体布局

图 12.18　运行结果

Step
06　运行程序，结果如图 12.18 所示。实例源文件参见
　　配套光盘中的 Code\Chapter12\12-7-2。

12.8　案例实训——带记忆功能的 mp3 播放器

12.8.1　基本知识要点与操作思路

　　mp3 音乐文件是目前比较流行的音乐存储格式，该格式具有较好的音质以及较高的数据压缩比。本例利用 VB 提供的 WindowsMediaPlayer 控件来播放此类文件，并将播放过的文件存储在组合框中，使其具有记忆播放历史的功能，用户还可以通过单击某一历史文件来打开播放。

12.8.2　操作步骤

Step
01　新建一个标准 EXE 工程。

Step
02　在工具栏空白处右击，在弹出的菜单中选择"部件"，在弹出的"部件"对话框中，选择 Windows Media Player 和 Microsoft Common Dialog Control 6.0（SP6），此时会在工具栏中出现 Windows Media Player ⊙ 和 CommonDialog 控件图标🎛。

Step 03 在 Form1 上添加两个命令按钮，分别设置其 Caption 属性为"开始"和"停止"。

Step 04 在 Form1 上添加一个 WindowsMediaPlayer 控件，注意调整大小以适合所要播放的文件。

Step 05 在 Form1 上添加一个 ComboBox 控件，属性默认。

Step 06 在 Form1 上添加一个 CommonDialog 控件，Name 属性设为 CommonDlg，窗体布局如图 12.19 所示。

Step 07 添加如下代码：

```
Private Sub Combo1_Click()
MediaPlayer1.URL = Combo1.List(Combo1.ListIndex) '播放选中的文件
End Sub

Private Sub Command1_Click()
On Error Resume Next
'以下为打开文件
fnFilter$ = "All Files (*.*)|*.*|"
fnFilter$ = fnFilter$ & "mp3 音乐文件 (*.mp3)|*.mp3"
CommonDlg1.CancelError = True
CommonDlg1.Filter = fnFilter$
CommonDlg1.ShowOpen
fname$ = CommonDlg1.FileName
Combo1.AddItem fname
Combo1.ListIndex = 0
MediaPlayer1.URL = fname '播放 mp3
文件
End Sub

Private Sub Command2_Click()
Unload Me
End Sub

Private Sub Form_Load()
Command1.FontSize = 18
Command1.Caption = "打开"
Command2.FontSize = 18
Command2.Caption = "退出"
End Sub
```

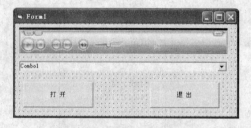

图 12.19　窗体布局

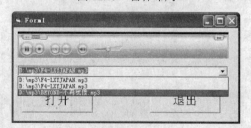

图 12.20　运行结果

Step 08 运行程序，结果如图 12.20 所示。实例源文件参见配套光盘中的 Code\Chapter12\12-8-2。

12.9　案例实训——检测光驱中是否有光盘

12.9.1　基本知识要点与操作思路

某些通过光盘的安装程序通常要具有检测光驱中是否有光盘的功能，并做出判断将结果用于提示用户。本例通过 mciSendString 函数来实现检测光驱中是否有光盘的功能。

12.9.2 操作步骤

Step
01 新建一个工程文件。

Step
02 在 Form1 上添加两个命令按钮，Caption 属性依次为"检测光驱"和"退出"。

Step
03 在 Form1 上添加一个文本框控件，窗体布局如图 12.21 所示。

Step
04 添加如下代码：

```
Private Declare Function mciSendString Lib "winmm.dll" Alias
"mciSendStringA" _
(ByVal lpstrCommand As String, ByVal lpstrReturnString As String, _
ByVal uReturnLength As Long, ByVal hwndCallback As Long) As Long
Dim cdstate As String

Private Sub Command1_Click()
If cdstate = True Then
    Text1.Text = "光驱中有光盘！"
  Else
    Text1.Text = "光驱中无光盘！"
  End If
End Sub

Private Sub Command2_Click()
Unload Me
End Sub

Private Sub Form_Load()
Text1.FontSize = 18
Text1.Text = ""
Dim cdSet As String * 20
Dim ErRunm As Long
cd = mciSendString("status cdaudio media
present", cdSet, 20, 0)
'检测光驱
If cd = 0 Then
    cdstate = cdSet
End If
End Sub
```

图 12.21 窗体布局

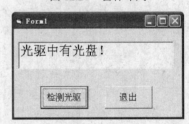

图 12.22 运行结果

Step
05 运行程序，结果如图 12.22 所示。实例源文件参见配套光盘中的 Code\Chapter12\12-9-2。

12.10 案例实训——开发猜数字游戏

12.10.1 基本知识要点与操作思路

本例演示的是一个猜数字小游戏。运行程序，在数字输入栏中输入 1~9 中的四个数字，输入数字不能重复，否则会弹出出错信息。单击"我猜"按钮，在窗体右边列表框中会列出本次输入数字及与程序随即产生的数字组合的比较结果，其中 nA 表示本次输入数字组合中有 n 个数字与程序产生参考数字组合相同，并且在组合中的位置也相同，nB 表示本次输入数字组合中有 n 个数字与程序产生参考数字组合相同，但是在组合中的位置不同。在窗体左下角会显示前面所猜结果中与参考数字组合最接近的一组信息。

本例主要用到 Randomize、Rnd、Int 等重要的函数。

12.10.2 操作步骤

Step 01 新建一个工程文件。设置 Form1 的 Caption 属性为 "猜数字游戏"；设置 StartUpPosition 属性为 "2-屏幕中心"。

Step 02 选择 "工具" | "菜单编辑器" 选项，打开菜单编辑器，设置菜单结构如表 12-1 所示。

表 12-1 菜单结构

标题	名称	说明	标题	名称	说明
游戏	mnfile	菜单	新游戏	mnnew	"游戏" 菜单项
看结果	mnabout	菜单	退出	mnexit	"游戏" 菜单项

Step 03 在 Form1 上添加两个 Frame 控件，分别设置其 Caption 属性为 "输入数字" 和 "最接近成功的一次"。

Step 04 在 Frame1 中添加四个 TextBox 控件和一个 CommandButton 控件，设置 TextBox 控件的 BackColor 属性为&H80000005&，ForeColor 属性为&H00FF0000&，Text 属性为空；设置 CommandButton 控件的 Caption 属性为 "我猜"。

Step 05 在 Frame2 中添加五个 Label 控件，设置 Label1 的 Caption 属性为空，其余 Label 控件的 Caption 属性设为 8。

Step 06 在 Form1 上添加一个 ListBox 控件和两个 Label 控件，设置 ListBox 控件 BackColor 属性为&H80000005&；分别设置 Label 控件的 Caption 属性为 16 和 OK，窗体布局如图 12.23 所示。

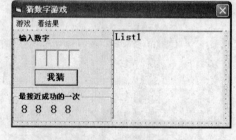

图 12.23 窗体布局

Step 07 添加如下代码：

```
Option Explicit
Private a As Integer
Private b As Integer
Private c As Integer
Private d As Integer
Private jishu As Integer
Private ba As Integer
Private bb As Integer
Function getabcd(a As Integer, b As Integer, c As Integer, d As Integer)
  Randomize
100
  a = Int(10 * Rnd)
  If a = 0 Then
   GoTo 100
  End If
110
  b = Int(10 * Rnd)
  If b = a Or b = 0 Then
```

精典案例 | Chapter 12

```vb
   GoTo 110
  End If
120
  c = Int(10 * Rnd)
  If c = a Or c = b Or c = 0 Then
   GoTo 120
  End If
130
  d = Int(10 * Rnd)
  If d = a Or d = b Or d = c Or d = 0 Then
   GoTo 130
  End If
End Function
'输完数字后检查输入数字是否合法，如果输入不合法则弹出错误信息
Private Sub Command1_GotFocus()
  If Text1.Text = Text2.Text Or Text1.Text = Text2.Text Or Text1.Text
= Text3.Text Or Text1.Text = Text4.Text Or Text2.Text = Text3.Text Or
Text2.Text = Text4.Text Or Text3.Text = Text4.Text Then
   Call MsgBox(" 输入有错！请重来！", 0, "错误!")
   Text1.Text = ""
   Text2.Text = ""
   Text3.Text = ""
   Text1.SetFocus
   Command1.Enabled = False
  End If
End Sub
Private Sub Form_Load()
 getabcd a, b, c, d                         '初始化数字
End Sub
Private Sub mnexit_Click()                   '"游戏"菜单中的"退出"选项
  Unload Me
End Sub
Private Sub mnkjg_Click()                    '"看结果"菜单
  Label1.Visible = False
  Label2.Visible = True
  Label3.Visible = True
  Label4.Visible = True
  Label5.Visible = True
  Label2.Caption = b
  Label3.Caption = c
  Label4.Caption = d
  Label5.Caption = a
End Sub
Private Sub mnnew_Click()                    '"游戏"菜单中的"新游戏"选项
  List1.Visible = True
  Text1.Text = ""
  Text2.Text = ""
  Text3.Text = ""
  Text4.Text = ""
  Label1.Visible = True
  Label1.Caption = ""
  Command1.Enabled = False
  Text1.SetFocus
  List1.Clear
  getabcd a, b, c, d
  Label2.Visible = False
  Label3.Visible = False
  Label4.Visible = False
```

275

```
      Label5.Visible = False
      jishu = 0
      ba = 0
      bb = 0
      Frame2.Caption = "最接近成功的一次"
    End Sub
    Private Sub Text1_KeyPress(KeyAscii As Integer)
      If KeyAscii < 49 Or KeyAscii > 57 Then   '按的是非数字键时，按键无效
       KeyAscii = 0
      Else
       Text2.SetFocus
      End If
    End Sub
    Private Sub Text1_GotFocus()
      Text1.Text = ""
      Text2.Text = ""
      Text3.Text = ""
      Text4.Text = ""
      Command1.Enabled = False
    End Sub
    Private Sub Text2_KeyPress(KeyAscii As Integer)
      If KeyAscii < 49 Or KeyAscii > 57 Then  '按的是非数字键时，按键无效
       KeyAscii = 0
      Else
       Text3.SetFocus
      End If
    End Sub
    Private Sub Text2_GotFocus()
      Text2.Text = ""
    End Sub
    Private Sub Text3_KeyPress(KeyAscii As Integer)
      If KeyAscii < 49 Or KeyAscii > 57 Then   '按的是非数字键时，按键无效
       KeyAscii = 0
      Else
       Text4.SetFocus
      End If
    End Sub
    Private Sub Text3_GotFocus()
      Text3.Text = ""
    End Sub
    Private Sub Text4_KeyPress(KeyAscii As Integer)
      If KeyAscii < 49 Or KeyAscii > 57 Then   '按的是非数字键时，按键无效
       KeyAscii = 0
      Else
       If Text1.Text = "" Or Text2.Text = "" Or Text3.Text = "" Then
         Text1.SetFocus
         Text1.Text = ""
         Text2.Text = ""
         Text3.Text = ""
         Text4.Text = ""
       Else
         Command1.Enabled = True
         Command1.SetFocus
       End If
      End If
    End Sub
    Private Sub Text4_GotFocus()
      Text4.Text = ""
```

```
End Sub
Private Sub Command1_Click() ' "我猜" 按钮
  Dim a1 As Integer
  Dim b1 As Integer
  Dim e As String
  Dim f As String
  Dim g As String
  Dim h As String
  Dim s As String
  jishu = jishu + 1
  If Text1.Text = a Then '第一个数字猜对
   a1 = a1 + 1
   Else
     If Text1.Text = b Or Text1.Text = c Or Text1.Text = d Then
       b1 = b1 + 1
     End If
  End If
  If Text2.Text = b Then '第二个数字猜对
   a1 = a1 + 1
   Else
     If Text2.Text = a Or Text2.Text = c Or Text2.Text = d Then
       b1 = b1 + 1
     End If
  End If
  If Text3.Text = c Then '第三个数字猜对
   a1 = a1 + 1
   Else
     If Text3.Text = b Or Text3.Text = a Or Text3.Text = d Then
       b1 = b1 + 1
     End If
  End If
  If Text4.Text = d Then '第四个数字猜对
   a1 = a1 + 1
   Else
     If Text4.Text = b Or Text4.Text = c Or Text4.Text = a Then
       b1 = b1 + 1
     End If
  End If
  If jishu < 10 Then
   s = " " & jishu & " " & Text1.Text & Text2.Text & Text3.Text & Text4.Text
& " " & a1 & "A" & b1 & "B"
   Else
   s = jishu & " " & Text1.Text & Text2.Text & Text3.Text & Text4.Text
& " " & a1 & "A" & b1 & "B"
  End If
  List1.AddItem s, 0
  If a1 > ba Then
   Label1.Caption = s
   ba = a1
   bb = b1
   Else
   If a1 = ba And b1 >= bb Then
     Label1.Caption = s
     ba = a1
     bb = b1
   End If
  End If
  If a1 = 4 Then        '四个数字全猜对
```

```
    Frame2.Caption = "******成了******"
    List1.Visible = False
    Label1.Visible = False
    Label2.Visible = True
    Label3.Visible = True
    Label4.Visible = True
    Label5.Visible = True
    Label2.Caption = b
    Label3.Caption = c
    Label4.Caption = d
    Label5.Caption = a
    Label6.Caption = jishu
  End If
 Text1.SetFocus
End Sub
```

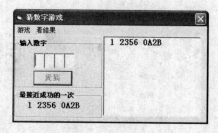

Step 08 运行程序，结果如图 12.24 所示。实例源文件
参见配套光盘中的 Code\Chapter12\12-10-2。

图 12.24　运行结果

附录 习题参考答案

第1章

1．填空题

(1) 面向对象　　　　　　　(2) 程序代码、数据　　　　　(3) 纯代码性质的

(4) frm　　　　　　　　　(5) vbp　　　　　　　　　　(6) Ctrl+R

2．简答题

(1) 提示：见1.1节。　　　　　　　　　(2) 提示：见1.3.1节。

第2章

1．填空题

(1) 初始值、不改变　　　　　　　　　(2) 代码

(3) 对象、用户动作、程序代码、系统　　(4) 特性、执行的动作

(5) 活动窗口、活动窗口、一个对象

2．简答题

(1) 提示：见2.1节。　　　　　　　　　(2) 提示：见2.1.2节。

(3) 提示：见2.1.2节。　　　　　　　　(4) 提示：见2.2.4节。

(5) 提示：见2.1.2和2.1.3节。　　　　　(6) 提示：见2.3节。

(7) 提示：见2.4.2节。　　　　　　　　(8) 提示：见2.4.2节。

3．程序设计题

(1) 提示：完整程序代码请查看光盘上的 Code\Exercise\Chapter02\2—1\2—1.vbp。

(2) 提示：完整程序代码请查看光盘上的 Code\Exercise\Chapter02\2—2\2—2.vbp。

(3) 提示：完整程序代码请查看光盘上的 Code\Exercise\Chapter02\2—3\2—3.vbp。

第3章

(1) 提示：完整程序代码请查看光盘上的 Code\Exercise\Chapter03\1\1.vbp。

(2) 提示：完整程序代码请查看光盘上的 Code\Exercise\Chapter03\2\2.vbp。

(3) 提示：完整程序代码请查看光盘上的 Code\Exercise\Chapter03\3\3.vbp。

(4) 提示：完整程序代码请查看光盘上的 Code\Exercise\Chapter03\4\4.vbp。

(5) 提示：完整程序代码请查看光盘上的 Code\Exercise\Chapter03\5\5.vbp。

(6) 提示：完整程序代码请查看光盘上的 Code\Exercise\Chapter03\6\6.vbp。

第4章

(1) 提示：完整程序代码请查看光盘上的 Code\Exercise\Chapter04\1\1.vbp。

(2) 提示：完整程序代码请查看光盘上的 Code\Exercise\Chapter04\2\2.vbp。

(3) 提示：完整程序代码请查看光盘上的 Code\Exercise\Chapter04\3\3.vbp。

(4) 提示：完整程序代码请查看光盘上的 Code\Exercise\Chapter04\4\4.vbp。

第5章

(1) 提示：完整程序代码请查看光盘上的 Code\Exercise\Chapter05\1\1.vbp。

(2) 提示：完整程序代码请查看光盘上的 Code\Exercise\Chapter05\2\2.vbp。

(3) 提示：完整程序代码请查看光盘上的 Code\Exercise\Chapter05\3\3.vbp。

(4) 提示：完整程序代码请查看光盘上的 Code\Exercise\Chapter05\4\4.vbp。

(5) 提示：完整程序代码请查看光盘上的 Code\Exercise\Chapter05\5\5.vbp。

(6) 提示：完整程序代码请查看光盘上的 Code\Exercise\Chapter05\6\6.vbp。

(7) 提示：完整程序代码请查看光盘上的 Code\Exercise\Chapter05\7\7.vbp。

(8) 提示：完整程序代码请查看光盘上的 Code\Exercise\Chapter05\8\8.vbp。

(9) 提示：完整程序代码请查看光盘上的 Code\Exercise\Chapter05\9\9.vbp。

第6章

(1) 提示：完整程序代码请查看光盘上的 Code\Exercise\Chapter06\1\1.vbp。

(2) 提示：完整程序代码请查看光盘上的 Code\Exercise\Chapter06\2\2.vbp。

(3) 提示：完整程序代码请查看光盘上的 Code\Exercise\Chapter06\3\3.vbp。

第7章

(1) 提示：完整程序代码请查看光盘上的 Code\Exercise\Chapter07\1\1.vbp。

(2) 提示：完整程序代码请查看光盘上的 Code\Exercise\Chapter07\2\2.vbp。

第8章

(1) 提示：完整程序代码请查看光盘上的 Code\Exercise\Chapter08\1\1.vbp。

(2) 提示：完整程序代码请查看光盘上的 Code\Exercise\Chapter08\2\2.vbp。

(4) 提示：完整程序代码请查看光盘上的 Code\Exercise\Chapter08\4\4.vbp。

(5) 提示：完整程序代码请查看光盘上的 Code\Exercise\Chapter08\5\5.vbp。

(6) 提示：完整程序代码请查看光盘上的 Code\Exercise\Chapter08\6\6.vbp。

第9章

(1) 提示：完整程序代码请查看光盘上的 Code\Exercise\Chapter09\1\1.svbp。

(2) 提示：完整程序代码请查看光盘上的 Code\Exercise\Chapter09\2\2.vbp。

(3) 提示：完整程序代码请查看光盘上的 Code\Exercise\Chapter09\3\3.vbp。

第10章

(1) 提示：完整程序代码请查看光盘上的 Code\Exercise\Chapter10\1\1.vbp。

(2) 提示：完整程序代码请查看光盘上的 Code\Exercise\Chapter10\2\2.vbp。

第11章

提示：完整程序代码请查看光盘上的 Code\Exercise\Chapter11\1\1.vbp。